理工类地方本科院校新形态系列教材

材料工程基础

主　编　耿　飞　王玉丰

副主编　左明明　袁　婷　颜小香

南京大学出版社

图书在版编目(CIP)数据

材料工程基础 / 耿飞,王玉丰主编. —南京:南
京大学出版社,2021.6
ISBN 978 - 7 - 305 - 24526 - 8

Ⅰ.①材… Ⅱ.①耿… ②王… Ⅲ.①工程材料
Ⅳ.①TB3

中国版本图书馆 CIP 数据核字(2021)第 103671 号

出版发行 南京大学出版社
社　　址 南京市汉口路 22 号　　邮　　编 210093
出 版 人 金鑫荣
书　　名 材料工程基础
主　　编 耿 飞　王玉丰
责任编辑 刘 飞　　　　　编辑热线 025 - 83592123
照　　排 南京开卷文化传媒有限公司
印　　刷 丹阳兴华印务有限公司
开　　本 787×1092 1/16　印张 13.5　字数 315 千
版　　次 2021 年 6 月第 1 版　2021 年 6 月第 1 次印刷
ISBN　978 - 7 - 305 - 24526 - 8
定　　价 42.80 元

网　　址:http://www.njupco.com
官方微博:http://weibo.com/njupco
官方微信:njuyuexue
销售咨询热线:025 - 83594756

扫码可获取
本书相关资源

前　言

　　"材料工程基础"是材料科学与工程专业学生学习和掌握材料制备与加工过程中所涉及的工程基础理论、工程研究方法和相关单元操作原理的基础工程课程,是材料科学与工程专业的一门专业核心课程。本书是依据应用型本科院校的材料工程基础课程教学需要编写的。教材编写以"强化基础、拓宽知识面、理论联系实践、注重培养学生工程应用及分析解决问题的能力"为主导思想,力求在内容和体系上实现科学性和实用性的有机统一。

　　本书以材料工程领域中的共性基础理论为主线,突出应用型人才培养的特点,系统而简明地阐述了典型的单元操作的基本原理、过程计算方法及典型设备。本书内容包括绪论、流体流动、流体输送机械、非均相混合物的分离、传热、干燥和燃烧等章节。

　　本书由常熟理工学院的耿飞、王玉丰担任主编。耿飞,左明明、颜小香负责编写了绪论、流体流动;耿飞、王玉丰、颜小香、吴晶晶负责编写了流体输送机械、非均相混合物的分离、传热;耿飞、袁婷、吴晶晶负责编写了干燥和燃烧。

　　教材在编写过程中,认真总结了现有材料工程基础课程教学的经验,着重基本概念和基础理论的阐述,注重理论联系实际,重点突出,适用于应用型本科院校的教学与研究。

　　限于编者的理论水平和实际经验,文中难免存在一些不足之处,恳请读者和同行专家批评指正。

编　者

2021 年 6 月

目　录

绪　论

0.1　材料工程基础

任何材料的制造和加工都是由一系列单元操作所组成的一个复杂过程。而每一个单元操作都具有其特殊的原理和特有的技术,如材料的分选、干燥、分离、成形、输送等。材料是五花八门的,各种材料的制造和加工过程及其组成单元也是变化无穷的。然而,各种单元过程所涉及的基本理论却有惊人的共同性,它们无非是动量的传递(力学)、能量的传递(热学)、质量的传递(传质学)、化学反应动力学和涉及过程与效率的热力学。

材料工程基础课程是材料科学与工程专业学生学习和掌握材料制备与加工过程中所涉及的工程基础理论、工程研究方法和相关单元操作原理的基础工程课程。材料工程基础课程的特点是整合了材料工程领域中的共性理论的基本规律,以及上述理论典型运用的单元过程及设备。材料工程基础是探讨材料制造和加工所依据的基本理论和基础知识的课程,主要突出的是三种传递现象(动量、能量和质量的传递现象)的研究及典型运用实例(也是具有普遍意义的单元操作)。

单元操作的特点如下:所有的单元操作都是物理性操作,只改变物料的状态或物理性质,并不改变化学性质;单元操作是材料生产过程中共有的操作,只是不同的材料制造和生产中所包含的单元操作数目、名称与排列顺序不同;单元操作作用于不同的加工过程时,基本原理相同,所用的设备也是通用的。

根据各单元操作所遵循的基本规律不同,将其划分为以下四种类型:

(1) 遵循流体动力学基本规律,用动量传递理论研究的单元,如流体输送、沉降、过滤、固体流态化、搅拌等;

(2) 遵循传热基本规律,用热量传递理论研究的单元,如加热、冷却、蒸发等;

(3) 遵循传质基本规律,用质量传递理论研究的单元,如气体吸收、萃取、吸附等;

(4) 同时遵循传热和传质基本规律的单元,如干燥、结晶等。

单元操作的研究内容包括"过程"和"设备"两个方面,所以材料工程基础课程主要讲述各种单元操作的基本原理、典型设备的结构、工艺计算、设备选型等内容。

0.2 材料工程基础的研究基础和方法

0.2.1 材料加工过程计算的理论基础

在进行材料工程研究、材料加工过程开发及设备的设计、操作时,经常涉及物料衡算、能量衡算、平衡关系和过程速率等基本概念。

1. 物料衡算

物料衡算基于物质守恒定律,是对任何材料加工生产过程的进入物料量、排出物料量和累积物料量进行衡算,其衡算式如下:

$$输入物料量-输出物料量=累积物料量$$

对于连续操作过程,若各物理量不随时间改变,即处于稳定操作状态,过程中无物料的积累。对间歇操作过程,物料一次加入,输入物料量就是累积物料量。

物料衡算的范围依据衡算的目的而定,可以是一个设备或部分,还可以是一个生产过程的全流程。

通过物料衡算可确定原料、产品、副产品中某些未知的物料量,从而了解物料消耗,寻求减少副产品和废料、提高原料利用率的途径。物料衡算是材料加工计算的最基本、最重要的计算,它是其他材料加工计算的基础。

2. 能量衡算

能量衡算以能量守恒定律为依据。它指出进入系统的能量与排出系统能量之差等于系统内积累能量。

能量可随进、出系统的物料一起输入、输出,也可以分别加入与引出。

热量衡算以物料衡算为基础,它可确定有热传递设备的热负荷,进而确定传热面积以及加热和冷却载体的消耗量。还可以考察过程能量损耗情况,寻求节能和综合利用热量的途径。

3. 平衡关系

平衡是在一定条件下物系变化可能达到的极限。不论传热、传质还是反应过程,在经过足够的时间后,最终均能达到平衡状态。例如,热量从热物体传向冷物体,过程的极限是两物体的温度相等。

4. 过程速率

物系所处状态与平衡状态的偏离是造成这种过程进行的推动力,其大小决定着过程的速率。推动力越大,过程速率越大;物系越接近于平衡态,推动力和过程速率越小;当达到平衡,过程速率变为零。自然界任何过程的速率都可表示如下:

$$过程速率=过程推动力/过程阻力$$

推动力和阻力的性质决定于过程的内容。传热过程推动力是温度差,阻力为热阻;传质过程推动力是浓度差,阻力则为扩散阻力。阻力的具体形式与过程中物料特性和操作条件有关。

【**例 0-1**】　在两个蒸发器中,每小时将 5 000 kg 的无机盐水溶液从 12%(质量分数)浓缩到 30%。第二蒸发器比第一蒸发器多蒸出 5% 的水分。试求:

(1) 各蒸发器每小时蒸出水分的量;

(2) 第一蒸发器送出的溶液浓度。

解:首先画一个流程图表示进行的过程。

用方框表示设备,输入、输出设备的物流方向用箭头表示。

划定衡算的范围为求各蒸发器蒸发的水量,以整个流程为衡算范围,用一圈封闭的虚线画出。

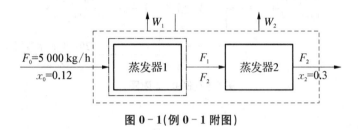

图 0-1(例 0-1 附图)

选择衡算基准(连续操作以单位时间为基准,间歇操作以一批操作为基准)

由于连续操作,以 1 小时为基准。

确定衡算对象

此题中有两个未知数,蒸发的水量及送出的无机盐溶液量,因此,我们就以不同衡算对象列出两个衡算式。

对盐做物料衡算:$F_0 x_0 = F_2 x_2$

对总物料做衡算:$5\ 000 = F_2 + W_1 + W_2$

代入已知数据,得:$5\ 000 \times 0.12 = 0.3 F_2$

$$F_2 = 2\ 000\ \text{kg/h}$$

$$W_1 + W_2 = 3\ 000\ \text{kg/h}$$

由题意知:$W_2 = 1.05 W_1$

$$\therefore W_1 = 1\ 463.4\ \text{kg/h} \qquad W_2 = 1\ 536.6/\text{h}$$

求第一个蒸发器送出的溶液浓度,选择第一个蒸发器为衡算范围。

对盐做物料衡算:$F_0 x_0 = F_1 x_1$

对总物料做衡算:$F_0 = W_1 + F_1$

代入已知数据,得:$5\ 000 \times 0.12 = F_1 x_1$

$$5\ 000 = 1\ 463.4 + F_1$$

解得:

$$F_1 = 3\ 536.6\ \text{kg/h}$$

$$x_1 = 0.169\ 7 = 16.97\%$$

【例 0-2】 在换热器里将平均比热为 3.56 kJ/(kg·℃)的某溶液自 25 ℃加热到 80 ℃,溶液流量为 1.0 kg/s,加热介质为 120 ℃的饱和水蒸气,其消耗量为 0.095 kg/s, 蒸气冷凝成同温度的饱和水排出。试计算此换热器的热损失占水蒸气所提供热量的百分数。

解:根据题意画出流程图

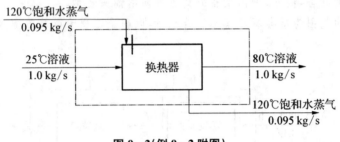

图 0-2(例 0-2 附图)

基准:1 s

在图中虚线范围内做热量衡算

从附录查出 120 ℃饱和水蒸气的焓值为 2 708.9 kJ/kg,120 ℃饱和水的焓值为 503.67 kJ/kg。

在此系统中输入的热量:$\sum Q_I = Q_1 + Q_2$

蒸气带入的热量:$Q_1 = 0.095 \times 2\,708.9 = 257.3$ kW

溶液带入的热量:$Q_2 = 1.0 \times 3.56 \times (25-0) = 89$ kW

$$\therefore \sum Q_I = 257.3 + 89 = 346.3 \text{ kW}$$

输出的热量:$\sum Q_0 = Q_3 + Q_4$

冷凝水带出的热量:$Q_3 = 0.095 \times 503.67 = 47.8$ kW

溶液带出的热量:$Q_4 = 1.0 \times 3.56 \times (80-0) = 284.8$ kW

$$\therefore \sum Q_0 = Q_3 + Q_4 = 47.8 + 284.8 = 332.6 \text{ kW}$$

根据能量衡算式,有:$\sum Q_I = \sum Q_0 + Q_L$

$$Q_L = \sum Q_I - \sum Q_0 = 346.3 - 332.6 = 13.7 \text{ kW}$$

$$热量损失的百分数 = \frac{13.7}{257.3 - 47.8} = 6.54\%$$

0.3 单位制和单位换算

0.3.1 单位制

在工程和科学中,由于历史、地区及学科的不同,使用的单位制也有所不同。目前,国际上逐渐统一采用国际单位制,即 SI 单位制。欧美国家常采用英制单位,可以通过附录中的换算表进行换算。我国采用中华人民共和国法定计量单位(简称法定单位),见附录 A。

（1）CGS 制(物理单位制)　基本物理量为长度、质量及时间,基本单位为厘米(cm)、克(g)、秒(s)。

（2）MKS 制(绝对单位制)　基本物理量为长度、质量及时间,基本单位为米(m)、千克(kg)、秒(s)。

（3）工程单位制(重力单位制)　基本物理量为长度、力(或重力)及时间,基本单位为米(m)、千克力(kgf)、秒(s)。

（4）SI 单位制(国际单位制)　在 MKS 制的基础上发展起来的。基本物理量为长度、质量、时间、温度、物质的量,基本单位为米(m)、千克(kg)、秒(s)。在科学和工程应用领域中最重要的是 SI 单位制。

0.3.2　单位换算

目前,国际上各学科领域都有采用 SI 单位制的趋势,但旧文献资料的许多数据、图表和经验公式仍出现其他单位制,所以需要将它们换算后才能用于计算。

【例 0-3】　已知 1 atm = 1.033 kgf cm^2,试将此压力换算为 SI 单位。

解:因为

$$力\ 1\ kgf = 1\ kg \times 9.81\ m/s^2 = 9.81\ N$$

$$面积\ 1\ cm^2 = 10^{-4}\ m^2$$

所以 1 atm = 1.033 kgf cm^2 = 1.033 × 9.81/10^{-4} N/m^2 = 1.013 × 10^5 N/m^2

0.4　量纲分析理论与相似原理

面对自然界的工程技术领域中存在的大量物理现象以及复杂的化学物理过程,通常采用理论分析方法、数值计算方法和实验方法对各种现象进行研究。这些研究方法的有机结合可以有效解决工程实际中出现的大量复杂问题。

（1）理论分析方法

该法是运用基本物理概念、定律和数学工具对具体问题进行定量分析,以得到定量的结论。这种方法的主要步骤可概括为:① 通过实验和观察对现象的性质及特性进行分析,确定主要影响因素和次要因素,设计出合理的理论模型;② 利用物理学上的普遍规律(例如质量守恒定律、动量定理、能量守恒定律和热力学定律等),建立描述现象的方程;③ 利用各种数学工具,求解出方程;④ 对方程的解进行分析,揭示现象规律,并将其与实验或观察结果进行比较,以确定解的准确度和适用范围。

理论分析方法过程严谨,结论准确。但是对于复杂的实际工程问题,目前无法直接采用理论分析方法进行求解。

（2）实验研究方法

通过一定的测试技术,对现象进行观测和研究,从中发现并确立支配所研究现象的规律。实验研究方法的一般步骤为：① 对所给定的问题,分析影响因素,确定主要影响因素;② 制订实验方案并进行实验;③ 整理和分析实验结果,得到所研究现象的规律;④ 对现象规律进行验证,并解释数据分析的结果,提出研究结论。

实验研究方法能够直接解决生产中的复杂问题,其结果可以作为检验其他方法是否正确的依据。任何实验都是在一定条件下进行的,所得的实验结果并不都具有普适性。实际工程中的一些问题,在实验室内进行研究有一定困难,或者无法直接进行实验研究,只能采用数值计算方法以及其他的方法进行研究。

（3）数值计算方法

该法是一种研究并解决数学问题的数值近似解方法。这种方法的主要步骤是:① 依据理论分析的结果确定数学模型及其边界条件;② 选用适当的数值方法;③ 编制程序,进行具体计算;④ 对计算结果进行分析、比较以确定计算的精确度。

随着计算机技术的发展,一些原来不能用解析方法求解的问题得到解决,它是理论分析方法的延伸和拓宽,特别是在某些无法进行实验或实验耗费巨大的工程领域,数值计算方法体现了其优越性。但是数值计算方法的数学模型必须以理论分析和实验研究为基础,而且往往难以包括所用的物理特性。

综上所述,理论分析方法、实验研究方法和数值计算方法这三种方法各有利弊,在研究过程中,可以互相补充、取长补短。用理论分析来指导实验研究和数值计算,使其进行得更有成效,少出偏差。通过实验研究对理论分析和数值计算的正确性与可靠性进行检验,提供建立理论模型的依据。数值计算则可以弥补理论分析和实验方法的不足,对复杂问题快速开展有效的研究。

对于许多的复杂工程问题,一些现象或过程由于描述现象或过程的基础方程在数学求解上存在困难,单凭数学分析方法难以得到实用的结果;一些现象或过程是因为人们对其本质了解不深入,还难以用方程进行描述,需要借助于实验。因此,必须应用定性理论分析方法和实验研究方法结合,对问题进行分析与研究。在有限的实验次数内,获得具有通用性的规律。量纲分析和相似原理为科学地组织实验及整理实验结果提供理论依据和指导。

当所研究的现象影响因素很复杂,人们不得不借助模型实验时,就提出了模型现象与原型现象的相似问题,以及如何把模型实验的成果推广并应用到实际过程中等一系列的问题。相似理论是关于现象相似的基本原理,确定了相似现象之间存在着的相似关系,是进行模型实验的理论基础。量纲分析理论或称作量纲分析方法,是研究物理量的量纲之间固有联系的理论。它通过研究决定现象的各参量的量纲,建立物理量之间的关系。利用量纲分析和相似原理,可以得到有助于进行实验设计的相似准则,为有效完成模型实验提供可靠依据。在流体力学、弹性力学、传热学以及燃烧动力学等领域的研究中,量纲分析和相似原理都是重要的工具。随着人们研究各类物理现象越来越复杂,量纲分析与相似理论在解决工程实际问题中成为有力工具,应用领域也在不断扩大。

0.4.1 量纲分析原理

1. 物理量的单位和单位制度

描述自然现象的物理量如质量、黏度、温度、速度、压强等,在使用时不仅要给出数值,还要标明计量单位。显然,给描述自然现象的每个物理量都赋予一个独立的、与其他物理量没有任何联系的单位会是繁琐的,也是没有必要的。事实上,自然界中的各种现象总是相互联系的,各种物理量通过一定的物理基本定理发生联系。为了便于应用,约定选取某些彼此独立的物理量作为基本物理量,并规定它们的量度单位。基本物理量所采用的量度单位称为物理量的基本量度单位,简称为基本单位。其余各物理量的量度单位,以基本物理的量度单位为基础,根据其自身的物理意义,由相关基本单位组合而成。这种组合单位称为导出单位。

由于基本物理量和基本物理量的量度单位的选取是人为的,并具有一定的任意性,这样便形成了不同的单位制度。由确定的一组基本物理量、基本物理量的量度单位以及根据定义方程式而确定的导出单位,所构成的单位体系称为单位制度。显然选取的基本物理量不同,基本单位不同,单位制度也就不同。

对于力学问题,只需选三个量纲独立的基本物理量并确定其量度单位,通过力学定律就可以对所有的力学问题进行表述。通常取长度、质量和时间为基本物理量,以厘米(cm)、克(g)和秒(s)作为基本单位的单位制度称为厘米·克·秒制(CGS制)。以米(m)、千克(kg)和秒(s)作为基本单位的单位制度称为米·千克·秒制(MKS制)。若取长度、力和时间为基本物理量,用米(m)、千克力(kgf)和秒(s)作为基本量度单位,则形成工程单位制。

1960年第十一届国际计量大会通过并建立了一种科学、简单并适用的计量单位制——国际单位,简称为SI制。SI制是一种完整的单位制,它包括了所有领域中的计量单位,具有通用性和一贯性。目前SI制是世界上公认的先进、科学的单位制,也是我国的法定计量单位。本教材中主要采用国际单位制,为了方便应用,对一些工程中常用的其他单位制的单位、非法定计量单位也会进行相应的说明。

在国际单位制(SI制)中确定了七个基本单位和两个辅助单位,表1-1中列出了各个基本物理量及相应的单位。

表1-1　国际单位制(SI)制的基本物理量和量度单位

物理量		单位名称	单位代号
基本单位量	长度	米	m
	质量	公斤、千克	kg
	时间	秒	s,sec
	电流(强度)	安培	A
	温度	开尔文或摄氏度	K 或℃
	光强	烛光(埃得拉)	cd
	物质的量	摩尔	mol
辅助单位量	平面角	弧度径	rad
	立体角	球面度	Sr

2. 量纲的概念

(1) 物理量的量纲

"量纲"一词在英、德、法语中都是"dimension",用在量纲分析中可译成"量纲"或"因次"。在量纲分析中,量纲只是涉及物理量的属性,表示物理量的实质。例如某物体以1 m/s 速度运动,这个运动速度也表示为 100 cm/s 或者 3 600 m/h。如果设 1 m=1×$[L]$,1 s=1×$[T]$,那么有:

$$1 \text{ cm}=L/100,1 \text{ h}=3\ 600\times[T]$$

将其代入三种不同的速度表示式中,可得到

$$v=1 \text{ m/s}=\frac{[L]}{[T]}$$

$$v=100 \text{ cm/s}=\frac{100\times\dfrac{L}{100}}{[T]}=\frac{[L]}{[T]}$$

$$v=3\ 600 \text{ m/h}=\frac{3\ 600\times[L]}{3\ 600\times[T]}=\frac{[L]}{[T]}$$

从以上 3 个式子比较可以看出,无论速度采用何种单位表示,速度 v 与距离 L、时间 T 的关系是确定的。这种确定的关系反映了速度这个物理量的实质。

某一单位制中的基本物理量用来确定某一体系特点和本质时,该单位制的基本物理量为基本量纲。用一般来说,在选定了足够的基本物理量之后,任何物理量都可以根据物理定义或物理定律用基本物理量表示出来。通过基本物理量(基本量纲)去表示某一物理量的式子就称为该物理量的量纲。通常用符号 L、M、T、Θ 依次代表长度、质量、时间和温度这几个物理量的量纲,则其他物理量(指力学、传热学问题)的量纲就是这些基本量纲依照一定规律的组合。

$$[y]=M^a L^b T^c \Theta^d \qquad (1-1)$$

式(1-1)称为物理量 y 的量纲表达式,用"[]"表示某一物理量的量纲。式中指数 a、b、c 和 d 称为量纲指数。

面积和速度的量纲分别可以表示如下:

$$[\text{面积}]=[A]=L^2,[\text{速度}]=[v]=LT^{-1}$$

只有在确定的单位制中才有确定物理量的量纲。同一个物理量在不同的单位制中可能具有不同的量纲。例如在 SI 制、CGS 制和 MKS 制中,力的量纲都是 MLT^{-2}。在工程单位制中,力的量纲是 F。造成这一差别的原因在于不同单位制中基本物理量的不同。

物理量的单位和量纲有着密切的联系,又有一定的区别。单位是量纲的基础,物理量的单位与量纲之间存在一定的对应关系。量纲只是涉及物理量的特点和性质,是对物理本质即内在关系的表述。单位除指明物理量性质外,还涉及物理量数值的大小。也就是说,物理量的量纲与量度单位无关。采用不同的单位制,只会改变物理量的数值,但是不会改变物理量的性质。量纲比单位更具有普遍性。一个物理量的单位可以有多种,对某一量纲体系,量纲只能有一个。常用物理量的量纲见表1-2。

表 1 - 2　常用的物理量纲(SI 制)

物理量	量纲	单位
质量	$[M]$	千克,kg
时间	$[T]$	秒,s
长度	$[L]$	米,m
热力学温度	$[\Theta]$	开(尔文),K
角度	$[M^0 L^0 T^0]$	径,弧度,rad
面积	$[L^2]$	平方米,m²
体积	$[L^3]$	立方米,m³
线速度	$[LT^{-1}]$	米/秒,m/s
角速度	$[T^{-1}]$	径/秒,弧度/秒,rad/s
线加速度	$[LT^{-2}]$	米/秒²,m/s²
体积流量	$[L^3 T^{-1}]$	米³/秒,m³/s
力	$[MLT^{-2}]$	牛(顿),N
力矩	$[ML^2 T^{-2}]$	牛·米,焦耳,N·m,J
密度	$[ML^{-3}]$	千克/米³,kg/m³
压强、压力	$[ML^{-1} T^{-2}]$	牛顿/米²或帕,N/m²,Pa
体积弹性模量	$[ML^{-1} T^{-2}]$	牛顿/米²或帕,N/m²,Pa
动量	$[MLT^{-1}]$	千克·米/秒,kg·m/s
动量矩	$[ML^2 T^{-1}]$	千克·米²/秒,kg·m²/s
功、能量、热量	$[ML^2 T^{-2}]$	焦(耳),J
功率	$[ML^2 T^{-3}]$	瓦(特),W
动力黏性系数	$[ML^{-1} T^{-1}]$	帕·秒,Pa·s
运动黏性系数	$[L^2 T^{-1}]$	米²/秒,m²/s
表面张力系数	$[MT^{-2}]$	牛顿/米,N/m
气体常数(R),比热容	$[L^2 T^{-2} \Theta^{-1}]$	焦耳/(千克·开),J/(kg·K)

　　在对实际问题的研究过程中,量纲的应用有重要的意义。任何学科领域中的规律、定律都是通过各个相关量的函数关系式表达,即通过一组选定的基本量以及导出量来表示。所有的物理量都具有一定的量纲,因此,量纲可以反映出各个相关物理量之间的关系。

　　(2)无量纲量

　　一个物理量是有量纲量还是无量纲量是一个相对的概念,与所选用的量度单位有密切的关系。

例如,几何图形中的角可以用度、弧度和直角的倍数等单位来量度。这时角就是有量纲量。当把角定义为它所张圆弧的弧长与半径之比,并在所有量度单位制中只用弧度来量度角时,则角就是无量纲量。

当物理量的量纲表达式中各个量纲指数均为零时,该物理量是无量纲量。当量纲指数 $a=b=c=d=0$,则 $[M^0 L^0 T^0 \Theta^0]$,物理量 y 为无量纲量。

无量纲量可由两个具有相同量纲的物理量相比得到,如线应变 $\varepsilon = \Delta L / L$。也可以由两个有量纲物理量通过乘除组合,使组合量的量纲指数为零。例如,

$$[R_e] = \left[\frac{vd p}{\mu}\right] = \frac{LT^{-1} \times L \times ML^{-3}}{ML^{-1}T^{-1}} = M^0 L^0 T^0$$

R_e 数是由 3 个有量纲量组合得到的无量纲量,关于 R_e 数的物理意义将在后面进行详细讨论。

根据无量纲量的定义和构成,无量纲量具有以下特点:

① 客观性　凡是有量纲的物理量都有单位。同一物理量,因选取的度量单位不同,数值不同。如果用有量纲的物理量作为自变量,由此得到的方程中因变量的数值将会随着选取单位的不同而不同。如果把方程各项物理量组合成无量纲量,方程的求解结果不受单位制变化的影响。从这个意义上,由无量纲量组成的方程式是真正客观的方程式。

② 不受运动规模的影响　无量纲量是纯数,数值大小与度量单位无关,也不受运动规模的影响。规模大小不同的运动,若两者是相似的运动,则相应的无量纲数相同。

③ 可进行超越函数的运算　由于有量纲量之间只能进行简单的代数运算,对数、指数和三角函数的运算是没有意义的。经过无量纲化的无量纲量可以解析这些函数的运算。例如

气体等温压缩功的计算式

$$W = P_1 V_1 \ln \frac{V_1}{V_2}$$

其中压缩前后的体积比 $\dfrac{V_1}{V_2}$ 组成了无量纲数。

【例 0-4】　物理方程中各项的量纲相同且与度量单位无关。

凡各项量纲相同且与度量单位无关的方程,称为量纲齐次性方程,即量纲和谐方程。

写出物理量的量纲表达式是量纲分析的基础。量纲表达式的导出方法可根据物理量的性能或定义,直接写出物理量的量纲表达式。如,面积的量纲为 L^2;体积的量纲为 L^3;速度的定义式为 $v = L/t$,其量纲表达式为 LT^{-1}。也可以根据物理定律来导出物理量的量纲。例如,根据牛顿第二定律,$F = ma$,则有 $[F] = MLT^{-2}$。

习　题

1. 含水分 52% 的木材共 120 kg,经日光照晒,木材含水分降至 25%。问:共失去水分多少千克? 以上含水分均指质量百分数。

2. 用两个串联的蒸发器对 NaOH 水溶液予以浓缩流程及各符号意义如本题附图所

示，F、G、E 皆为 NaOH 水溶液的质量流量，x 表示溶液中含 NaOH 的质量分数，W 表示各蒸发器产生水蒸气的质量流量。若 $F = 6.2$ kg/s，$x_0 = 0.105$，$x_2 = 0.30$，$W_1 : W_2 = 1 : 1.15$，问：W_1，W_2，E，x_1 各为多少？

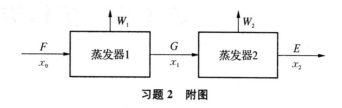

习题 2　附图

3. 某连续操作的精馏塔分离苯与甲苯。原料液含苯 0.45（摩尔分率，下同），塔顶产品含苯 0.94。已知塔顶产品含苯量占原料液中含苯量的 95%。问：塔底产品中苯的浓度是多少？按摩尔分率计。

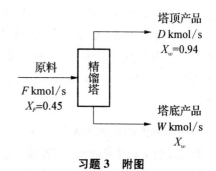

习题 3　附图

4. 导热系数的 SI 单位是 W/(m·℃)，工程制单位是 kcal/(m·h·℃)。试问 1 kcal/(m·h·℃) 相当于多少 W/(m·℃)？并写出其因次式。

5. 以 L，M，τ 为基本量纲，写出下列各量的量纲。
(1) 力、压强、功、动能、功率、力矩；
(2) 密度、重量、体积流量、质量流量、重量流量。

第1章　流体流动

学习要求

通过本章学习,要求掌握流体和流体流动有关的概念、基本原理和规律,并能够运用这些原理和规律去分析和计算流体流动过程的有关问题。

具体学习要求:掌握流体混合物的密度及影响因素,压力的表示方法及单位换算,流体静力学方程及其应用,连续性方程,伯努利方程及其应用,雷诺数、流动类型及其判据,管路阻力(直管阻力、局部阻力和总阻力)的计算,了解简单管路的计算及流速与流量的测量。

气体和液体统称为流体。化工生产过程中所处理的物料大多数是流体。流体具有较好的流动性,无固定形状,随容器形状变化而变化,在外力作用下其内部发生相对运动。利用流体的特征,可使化学反应趋于均匀,便于运输,容易实现生产过程的连续化和自动化。流体流动规律在化学工程学科中极为重要,研究范围不但包括流体输送、流体搅拌、非均相物系分离及固体流态化等单元操作所依据的基本规律,而且与热量传递、质量传递和化学反应等过程都有着密切的关系。

在研究流体流动时,常将流体视为由无数流体微团所组成的连续介质。把每个流体微团称为质点,其大小与容器或管路相比是微不足道的。质点在流体内部一个紧挨一个,它们之间没有任何空隙,即认为流体充满其所占据的空间。一般液体可作为不可压缩的流体处理。气体具有较大的压缩性,但当温度或压力变化很小时也可作为不可压缩的流体处理。

流体流动的规律包括流体静力学和流体动力学两大部分,本章将结合化工过程的特点,对流体静力学原理和流体动力学基本规律进行讨论,并运用这些原理与规律去分析和计算流体的输送问题。

1.1　流体静力学方程

流体静力学是研究流体在外力作用下处于静止或平衡状态时其内部质点间、流体与固体边壁间的作用规律。流体静力学与流体的密度、压力等性质有关,下面先介绍这些性质。

1.1.1　密度

1. 密度的定义及表达式

单位体积流体的质量,称为流体的密度,其表达式如下:

$$\rho=\frac{m}{V} \tag{1-1}$$

式中,ρ 为流体的密度,kg/m^3;m 为流体的质量,kg;V 为流体的体积,m^3。

气体具有可压缩性及膨胀性,气体的密度随压力和温度发生变化,即 $\rho=f(p,T)$,通常在温度不太低、压力不太大的情况下,气体密度可近似用理想气体状态方程进行计算。

$$pV=nRT=\frac{m}{M}RT\Rightarrow\rho=\frac{m}{V}=\frac{pM}{RT} \tag{1-2}$$

式中,p 为气体的压力(绝对压力),kPa;T 为气体的热力学温度,K;M 为气体分子的千摩尔质量,$kg/kmol$;R 为摩尔气体常数,$8.314\ kg/(kmol \cdot K)$;n 为气体的物质的量,$kmol$。

理想气体在标准状况($T^{\ominus}=273.15\ K$,$p^{\ominus}=101.325\ kPa$)下的摩尔体积为 $V^{\ominus}=22.4\ m^3/kmol$,密度为

$$\rho^{\ominus}=\frac{M}{22.4} \tag{1-3}$$

已知标准状态下的气体密度 $\rho^{\ominus}$,可以按照下式计算出其他温度 T 和压力 p 下的该气体的密度:

$$\rho=\rho^{\ominus}\frac{T^{\ominus}p}{Tp^{\ominus}} \tag{1-4}$$

化工生产中所遇到的流体,往往是含有几个组分的混合物,则混合流体的密度计算方法相应有所改变。

对于液体混合物,若混合液为理想溶液,则其体积等于各组分单独存在时的体积之和。现以 $1\ kg$ 混合液为基准,液体混合物中各组分用质量分数表示,根据混合液总体积等于各组分单独存在时的体积之和,混合液的密度 ρ_m 可由下式计算:

$$\rho_m=\sum_{i=1}^{n}\frac{w_i}{\rho_i} \tag{1-5}$$

式中,ρ_i 为液体混合物中纯组分 i 的密度,kg/m^3,w_i 为液体混合物中纯组分 i 的质量分数。

对于气体混合物,各组分的浓度常用体积分数来表示。混合气体的密度 ρ_m 的计算现以 $1\ m^3$ 混合气体为基准,若各组分在混合前后其质量不变,则 $1\ m^3$ 混合气体的质量等于各组分的质量之和,即

$$\rho_m=\sum_{i=1}^{n}(\rho_i y_i) \tag{1-6}$$

式中，ρ_i 为气体混合物中纯组分 i 的密度，kg/m^3，y_i 为液体混合物中纯组分 i 的体积分数。

气体混合物的平均密度 ρ_m 也可按式(1-2)计算，此时应以气体混合物的平均相对分子质量 M_m 代替式中的气体相对分子质量 M，则

$$M_m = \sum_{i=1}^{n} (M_i y_i) \tag{1-7}$$

式中，M_i 为气体混合物中各组分的相对分子质量，$kg/kmol$；y_i 为气体混合物中各组分的体积分数。

【例 1-1】 已知甲醇水溶液中各组分的质量分数分别为：甲醇 0.9、水 0.1。试求该溶液在 293 K 时的密度。

解：混合液的密度可以用 $\dfrac{1}{\rho} = \dfrac{w_1}{\rho_1} + \dfrac{w_2}{\rho_2}$ 计算，式中 $w_1 = 0.9$，$w_2 = 0.1$。

查有关资料，得 293 K 时甲醇的密度为 $791\ kg/m^3$，

查有关资料，得 293 K 时水的密度为 $998.2\ kg/m^3$，

所以 $\dfrac{1}{\rho} = \dfrac{0.9}{791} + \dfrac{0.1}{998.2} = 0.001\,238$ 或 $\rho = 808(kg/m^3)$，

即该混合液的密度为 $808\ kg/m^3$。

【例 1-2】 若空气的组成近似看作为：氧气和氮气的体积分数分别为 0.21 和 0.79。试求 100 kPa 和 300 K 时空气密度。

解：方法 1：先分别求出氧气和氮气的密度，再求取平均密度。

氧气的密度：$\rho_1 = \dfrac{pM_1}{RT} = \dfrac{100 \times 32}{8.314 \times 300} = 1.283(kg/m^3)$，

氮气的密度：$\rho_2 = \dfrac{pM_2}{RT} = \dfrac{100 \times 28}{8.314 \times 300} = 1.123(kg/m^3)$，

空气的密度：$\rho = \rho_1 \varphi_1 + \rho_2 \varphi_2 = 1.283 \times 0.21 + 1.123 \times 0.79 = 1.16(kg/m^3)$。

方法 2：通过平均千摩尔质量求取空气的密度

空气的平均千摩尔质量为

$$M = M_1 \varphi_1 + M_2 \varphi_2 = 32 \times 0.21 + 28 \times 0.79 = 28.84(kg/kmol)$$

空气的密度为 $\rho = \dfrac{pM}{RT} = \dfrac{100 \times 28.84}{8.314 \times 300} = 1.16(kg/m^3)$

或 $\quad \rho = \rho_0 \dfrac{pT_0}{p_0 T} = \dfrac{M}{22.4} \cdot \dfrac{pT_0}{p_0 T} = \dfrac{28.84}{22.4} \times \dfrac{100 \times 273}{101.325 \times 300} = 1.16(kg/m^3)$

2. 比容

单位质量流体具有的体积，称为比容。比容是密度的倒数，符号 ν 表示，单位为 m^3/kg，则

$$\nu = \frac{V}{m} = \frac{1}{\rho} \tag{1-8}$$

1.1.2　流体的压力

1. 定义

流体垂直作用于单位面积的力称为流体的静压强,习惯上称为流体的压力(本书中所述压力,如不特别指明,均指压强),密度随压力或温度改变很小的流体称为不可压缩流体;若有显著改变,则称为可压缩流体。通常认为液体是不可压缩流体,气体是可压缩流体。

2. 压力的单位

在 SI 单位中,压力的单位是 N/m²,称为帕斯卡,以 Pa 表示。此外,压力的大小也间接地以流体柱高度表示,如米水柱或毫米汞柱等。需要注意的是,用液柱高度表示压力时,必须指明流体的种类,如 600 mmHg、10 mH₂O 等。压力还可以用 atm(标准大气压)、kgf/cm²、at(工程大气压)等表示,其换算关系如下:

$$1 \text{ atm}=1.013\times10^5 \text{ Pa}=760 \text{ mmHg}=10.33 \text{ mH}_2\text{O}=1.033/\text{kgf cm}^2$$

$$1\text{at}=9.81\times10^4 \text{ Pa}=735 \text{ mmHg}=10 \text{ mH}_2\text{O}=1 \text{ kgf cm}^2$$

3. 绝对压力、表压、真空度

压力可以有不同的计量标准。以绝对真空为基准测得的压力称为绝对压力,以外界大气压为基准测得的压力称为表压或真空度。工程上用压力表测得的流体压力就是以外界大气压为基准的压力。绝对压力、表压和真空度的关系如图 1-1 所示。

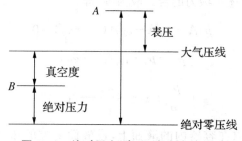

图 1-1　绝对压力、表压、真空度的关系

从图 1-1 中可以看出:表压=绝对压力-大气压力

真空度=大气压力-绝对压力

真空度=-表压

一般为避免混淆,在书写流体压力的时候需注明是表压或真空度,如 3×10^4 Pa(表压)、10 mmHg(真空度),还应指明当地大气压力。

【例 1-3】　要求某精馏塔塔顶压力维持在 3.5 kPa,若操作条件下,当地大气压为 100 kPa,问塔顶应该安装压力表还是真空表?其读数是多少?

解:由题意可知,塔顶压力比当地大气压低,因此应该安装真空表,真空表的读数为 100-3.5=96.5(kPa)

【例1-4】 安装在某生产设备进、出口处的真空表的读数是3.5 kPa,压力表的读数为76.5 kPa,试求该设备进出口的压力差。

解:设备进出口的压力差＝出口压力－进口压力

　　　　　　　　　　　＝(大气压＋表压)－(大气压－真空度)

　　　　　　　　　　　＝表压＋真空度

　　　　　　　　　　　＝76.5＋3.5＝80.0(kPa)

1.1.3　流体静力学基本方程

流体静力学基本方程是用于描述静止流体内部的压力沿着高度变化的数学表达式。对于不可压缩流体,密度随压力变化可忽略,其静力学基本方程可用下述方法推导。

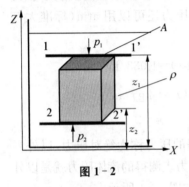

图1-2

如图1-2所示,容器内装有密度为ρ的液体,液体可视为不可压缩流体。在静止液体中取一段液柱,其截面积为A,以容器底面为基准水平面,液柱的上、下端面与基准水平面的垂直距离分别为z_1和z_2,作用在上、下两端面的压力分别为p_1和p_2。

重力场中在垂直方向上对液柱进行受力分析:

(1) 上端面所受总压力$p_1=p_1A$,方向向下;

(2) 下端面所受总压力$p_2=p_2A$,方向向上;

(3) 液柱的重力$G=\rho gA(z_1-z_2)$,方向向下。

液柱处于静止时,上述三项力的合力应为零,即

$$p_2A-p_1A-\rho gA(z_1-z_2)=0$$

整理并消去A,得

$$p_2=p_1+\rho g(z_1-z_2) \tag{1-9}$$

或

$$\frac{p_1}{\rho}+z_1g=\frac{p_2}{\rho}+z_2g \tag{1-9a}$$

若将液柱的上端面取在容器内的液面上,设液面上方的压力位p_0,液柱高度为h,$p=p_2$,则式(1-9)可改写为

$$p=p_0+\rho gh \tag{1-9b}$$

式(1-9)、式(1-9a)以及式(1-9b)均称为流体静力学基本方程。

流体静力学基本方程通用于在重力场中静止、连续的同种不可压缩流体,如液体。而对于气体来说,密度随压力变化,但当气体的压力变化不大,密度近似地取其平均值而视为常数时,式(1-9)、式(1-9a)及式(1-9b)也适用。

由流体静力学方程分析可知以下几点:

(1) 当容器液面上方的压力p_0一定时,静止液体内部任一点压力p的大小仅与液体本身的密度ρ和该点距液面的深度h有关。因此,在静止的、连续的同一液体内,处于同一水平面上各点的压力都相等,压力相等的水平面称为等压面。

(2) 压力具有传递性,液面上方压力变化时,液体内部各点的压力也将发生相应的

变化。

（3）式(1-9a)中，zg、$\dfrac{p}{\rho}$分别为单位质量流体所具有的位能和静压能,此式反映出在同一静止流体中,处在不同位置流体的位能和静压能各不相同,但总和恒为常量。因此,静力学基本方程也反映了静止流体内部能量守恒与转换的关系。

（4）式(1-9b)可改写为

$$\frac{p-p_0}{\rho g}=h \tag{1-9c}$$

上式说明压差的大小可以用一定高度的液体柱来表示。由此可以引申出压力的大小也可用一定高度的液体柱表示,这就是前面所介绍的压力可以用 mmHg、$\mathrm{mH_2O}$ 单位来计量的依据。当用液柱高度来表示压力或压差时,必须注明是何种液体,否则就失去了意义。

【例1-5】 如图1-3所示的开口容器内盛有油和水,油层的高度 $h_1=0.6\ \mathrm{m}$,密度 $\rho_1=800\ \mathrm{kg/cm^3}$;水层高度 $h_2=0.7\ \mathrm{m}$,密度 $\rho_2=1\,000\ \mathrm{kg/m^3}$。(1)判断下列两个关系是否成立,即 $p_A=p_{A'}$,$p_B=p_{B'}$;(2)计算水在玻璃管内的高度 h。

解:(1)判断题给两个关系是否成立。

∵ $A—A'$ 在静止的连通着的同一种液体的同一水平面上,

∴ $p_A=p_{A'}$。

$B—B'$ 在同一水平面上,但不是连通着的同一种液体,

$p_B=p_{B'}$ 不成立。

(2)计算水在玻璃管内的高度 h。

∵ $p_A=p_{A'}$

$p_A=p_a+\rho_{油}\,gh_1+\rho_{水}\,gh_2$

$p_{A'}=\rho_{水}\,gh+p_a$

解得 $h=1.16\ \mathrm{m}$

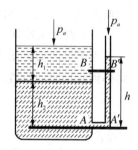

图1-3(例1-5附图)

1.1.4 流体静力学方程的应用

利用静力学基本方程原理可以测量流体的压力、容器中液位及计算液封高度等。

1. 压力测量

测量流体压力的仪表很多,现仅介绍以流体静力学基本方程为依据的液柱压差计。液柱压差计可测量流体中某点的压力,也可测量两点之间的压差。

（1）U形管压差计

U形管压差计是一根内装指示液的U形玻璃管,如图1-4所示。常用的指示液有汞、水、着色水、$\mathrm{CCl_4}$ 等。要求指示液的密度大于所测流体的密度,且与所测流体不发生化学反应,不互溶。测量时,U形管两端分别接到流体系统的两个测压口,被测流体流入U形管内。如果

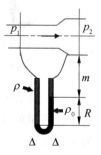

图1-4 U形管压差计

U 形管两端的压力 p_1 和 p_2 不等(图 1-4 中 $p_1 > p_2$),则指示液就在 U 形管两端出现高度差 R,利用 R 的数值,根据静力学基本方程,就可算出液体两点间的压差。若指示液的密度为 ρ_0,被测流体的密度为 ρ,根据流体静力学基本方程,有

$$p_a = p_1 + \rho g(m + R)$$

$$p_b = p_2 + \rho gm + \rho_0 gR$$

因为 $$p_a = p_b$$

则 $$p_1 + \rho g(m + R) = p_2 + \rho gm + \rho_0 gR$$

化简得 $$p_1 - p_2 = Rg(\rho_0 - \rho) \tag{1-10}$$

测量气体时,由于气体的密度 ρ 比指示液的密度 ρ_0 小得多,故 $\rho_0 - \rho \approx \rho_0$,则有

$$p_1 - p_2 = Rg\rho_0 \tag{1-10a}$$

U 形管压差计也可以测流体某点的压力。当将 U 形管一端与被测点连接、另一端与大气相通时,也可测得流体的表压或真空度,如图 1-5 所示。

为防止在使用 U 形压差计时水银蒸气向空气中扩散,通常在与大气相通的一侧水银液面上充入少量水,计算时其高度可忽略不计。

(2)斜管压差计

当被测的流体压力或压差不大时,可采用如图 1-6 所示的斜管压差计进行测量,从而得到较精确的读数。R_1 与 R 的关系为

$$R_1 = \frac{R}{\sin \alpha} \tag{1-11}$$

式中,α 为倾斜角,其值越小,则 R 放大为 R_1 的倍数越大。

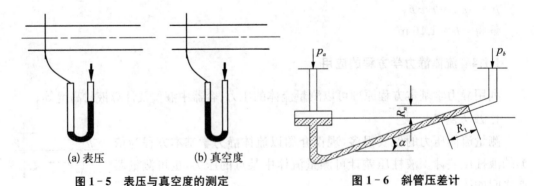

(a) 表压　　　　　(b) 真空度

图 1-5　表压与真空度的测定　　　　**图 1-6　斜管压差计**

(3)微差压差计

若所量的压差很小,U 形管压差计的读数 R 也就很小,有时难以准确读出 R 值。为把数 R 放大,除了在选用指示液时,尽可能使其密度与被测流体的密度相接近外,还可采用如图 1-7 所示的微差压差计,压差计内装密度接近但不互溶的两种液体 A 和 C($\rho_A > \rho_C$).为了读数方便,U 形管的两侧臂顶端装有扩大室。扩大室内径与

U 形管内径之比应大于 10。这样,扩大室的截面积比 U 形管的截面积大很多,即便 U 形管内指示液的液面差 R 很大,两扩大室内的指示液的液面变化仍很微小,可以认为维持等高。于是压力差 p_1-p_2 便可用下式计算:

$$p_1-p_2=Rg(\rho_A-\rho_C) \tag{1-12}$$

注意:上式的 $\rho_A-\rho_C$ 是两种指示液的密度差,不是指示液与被测流体的密度差。

从式(1-12)可看出,对于一定的压差,$\rho_A-\rho_C$ 越小,则度数 R 越大,所以应该使用两种密度接近的指示液。

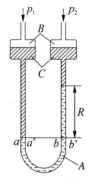

图 1-7 微差压差计

【例 1-6】 用 3 种压差计测量气体的微小压差 $\Delta p=100\,\text{Pa}$。试问:

(1) 用普通压差计,以苯为指示液,其读数 R 为多少?

(2) 用倾斜 U 形管压差计,$\theta=30°$,指示液为苯,其读数 R' 为多少?

(3) 若用微差压差计,其中加入苯和水两种指示液,扩大室截面积远远大于 U 形管截面积,此时读数 R'' 为多少? R'' 为 R 的多少倍?

已知:苯的密度 $\rho_C=879\,\text{kg/m}^3$,水的密度 $\rho_A=998\,\text{kg/m}^3$

计算时可忽略气体密度影响。

解:(1) 普通 U 形管压差计

$$R=\frac{\Delta p}{\rho_C g}=\frac{100}{879\times9.807}=0.011\,6\,\text{m}$$

(2) 倾斜 U 形管压差计

$$R'=\frac{\Delta p}{\rho_C g\sin30°}=\frac{100}{879\times9.807\times0.5}=0.023\,2\,\text{m}$$

(3) 微差压差计

$$R''=\frac{\Delta p}{(\rho_A-\rho_C)g}=\frac{100}{(998-879)\times9.807}=0.085\,7\,\text{m}$$

故

$$\frac{R''}{R}=\frac{0.085\,7}{0.011\,6}=7.39$$

2. 液位的测量

化工厂中经常要了解容器里液体的储存量或要控制设备里的液面。因此要进行液位的测量。大多数液位计的作用原理均遵循静止液体内部压力变化的规律。如图 1-8 所示,将一装有密度为 ρ_0 的指示剂的 U 形管压差计的两端分别与容器底部和平衡室(扩大室)相连,平衡室上方用气相平衡管与容器连接。平衡室中装的液体与容器里的液体相同且密度为 ρ,所装液体量能使平衡室里液面高度维持在容器液面容许到达的最高液位。压差计的读数 R 指示容器里的液面高度,液面越高,读数越小。当液面达到最高容许液位时,压差计的读数为零。其贮槽内的液位高度为

$$h=\frac{\rho_0-\rho}{\rho}R \tag{1-13}$$

若容器离操作室较远或埋在地面以下,可采用远程压力测量装置来测量其液位,如图1-9所示。在管内通入压缩氮气,用阀1调节其流量,测量时控制流量使在观察器中有少许气泡逸出。用U形压差计测量吹气管内的压力,其读数R的大小即可反映出容器内的液位高度,若指示液密度为ρ_0,容器内液体密度为ρ,则有

$$h=\frac{\rho_0}{\rho}R \tag{1-14}$$

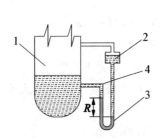
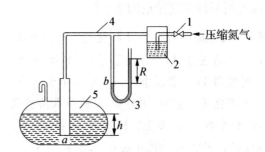

图1-8　压差法测量装置
1—容器;2—平衡室;
3—U形管压差计;4—气相平衡管

图1-9　远程压力测量装置
1—调节阀;2—鼓泡观察室;
3—U形管压差计;4—吹风管;5—贮罐

【例1-7】　利用远距离测量控制装置测定一分相槽内油和水的两相界面位置,已知两吹气管出口的间距为$H=1$ m,压差计中指示液为水银。煤油、水、水银的密度分别为820 kg/m³、1 000 kg/m³、13 600 kg/m³。求当压差计指示$R=67$ mm时,界面距离上吹气管出口端距离h。

解:忽略吹气管出口端到U形管两侧的气体流动阻力造成的压强差,则:

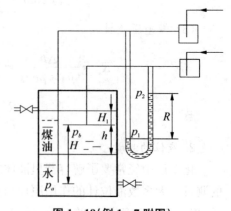

$p_a=p_1,p_b=p_2$

$p_a=\rho_{油}g(H_1+h)+\rho_{水}g(H-h)$(表)

$p_b=\rho_{油}gH_1$(表)

$\therefore p_1-p_2=\rho_{Hg}gR$

$\therefore \rho_{油}gh+\rho_{水}g(H-h)=\rho_{Hg}gR$

$\therefore h=\dfrac{\rho_{水}H-\rho_{Hg}R}{\rho_{水}-\rho_{油}}$

$=\dfrac{1\ 000\times1.0-13\ 600\times0.067}{1\ 000-820}$

$=0.493$ m

图1-10(例1-7附图)

3. 液封高度的计算

液封装置是利用液柱高度封闭气体的一种装置,在化工生产中被广泛应用。通过液封装置的液柱高度,控制容器内压力不变或者防止气体泄漏。为了控制容器内气体压力

不超过给定的数值,常常使用安全液封装置(或称水封装置),如图 1-11 所示,其目的是确保设备的安全。若气体压力超过给定值,气体则从液封装置排出。液封还可达到防止气体泄漏的目的,液封效果极佳,甚至比阀门还要严密。例如煤气柜通常用水来封住,以防止煤气泄漏。在化工生产中常遇到设备的液封问题,主要根据流体静力学基本方程来确定液封的高度。若设备要求压力不超过 p(表压),液体密度为 ρ,按静力学基本方程,则液封管插入液面下的高度为

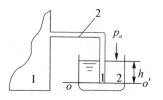

图 1-11　液封装置
1—乙炔发生炉;2—液封管

$$h_0 = \frac{p(\text{表压})}{\rho g} \qquad (1-15)$$

为保证安全,在实际安装时,应使管子插入液面下的深度比计算值略小些,使超压力及时排放,但要严格保证气体不泄漏。

【例 1-8】　如图 1-11 所示,某厂为了控制乙炔发生炉内的压强不超过 10.7×10^3 Pa(表压),需在炉外装有安全液封,其作用是当炉内压强超过规定,气体就从液封管口排出,试求此炉的安全液封管应插入槽内水面下的深度 h。

解:过液封管口作基准水平面 $o-o'$,在其上取 1,2 两点。

$p_1 = $ 炉内压强 $= p_a + 10.7 \times 10^3$

$p_2 = p_a + \rho g h$

$\because p_1 = p_2$

$\therefore p_a + 10.7 \times 10^3 = p_a + \rho g h$

$h = 10.9$ m

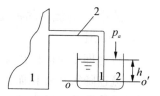

图 1-11(例 1-8 附图)
1—乙炔发生炉;2—液封管

【例 1-9】　真空蒸发器操作中产生的水蒸气,往往送入本题附图所示的混合冷凝器中与冷水直接接触而冷凝。为了维持操作的真空度,冷凝器的上方与真空泵相通,不时将器内的不凝气体(空气)抽走。同时为了防止外界空气由气压管漏入,致使设备内真空度降低,因此,气压管必须插入液封槽中,水即在管内上升一定高度 h,这种措施称为液封。若真空表读数为 8.0×10^4 Pa,试求气压管内水上升的高度 h。

解:设气压管内水面上方的绝对压强为 p,作用于液封槽内水面的压强为大气压强 p_a,根据流体静力学基本方程式知:

$$p_a = p + \rho g h$$

$$\therefore h = \frac{p_a - p}{\rho g}$$

$$= \frac{\text{真空度}}{\rho g}$$

$$= \frac{8.0 \times 10^4}{1\ 000 \times 9.81}$$

$$= 8.15 \text{ m}$$

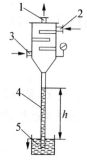

图 1-12(例 1-9 附图)
1—与真空泵相通的不凝性气体出口;2—冷水进口;3—水蒸气进口;
4—气压管;5—液封管

1.2　流体在管内的流动

前面讨论了静止流体内部压力的变化规律。本节介绍反映流体流动规律的连续性方程与伯努利方程,从而了解流动流体内部压力变化的规律,解决液体从低位流到高位、从低压流到高压所需提供的能量,以及从高位槽向设备输送一定量的料液时,高位槽的安装高度等问题。

1.2.1　流体流量与流速

1. 流量

单位时间里流过管道任一截面的流体量,称为流量。常用体积流量和质量流量来表示,体积流量即单位时间内通过管路任一截面的体积,用符号 V_S 表示,其单位为 m^3/s;质量流量,即单位时间内通过管路任一截面的质量,用 W_S 表示,其单位为 kg/s,二者之间的关系为

$$W_s = \rho V_s \tag{1-16}$$

式中,ρ 为流体的密度,kg/m^3。

2. 流速

流速即单位时间内流体在流动方向上所流过的距离。因流体流经管道任一截面上各点的流速随管径变化而变化,故流体的流速通常是指整个管截面上的平均流速。工程上通常用体积流量除以管路截面积所得的值来表示流体在管路中的流速,以 u 表示。其单位为 m/s,流速与流量之间的关系为

$$u = \frac{V}{A} = \frac{W}{A\rho} \tag{1-17}$$

式中,A 为与流体流动方向相垂直的管道截面积,单位 m^2。

由于气体的体积流量随温度和压力的变化而变化,显然气体的流速也随之而变,但是其质量流量不变,因此,采用质量流速较为方便。质量流速即为单位时间内流体流过管道单位截面积的质量,以 G 表示,其单位为 $kg/(m^2 \cdot s)$。其表达式为

$$G = \frac{W}{A} = \frac{V\rho}{A} = u\rho \tag{1-18}$$

一般情况下,流体输送管路的截面均为圆形,流量一般由生产任务决定,根据流体的流速可以估算及选择管路的直径,若以 d 表示管路内径,则

$$d = \sqrt{\frac{4V}{\pi u}} = \sqrt{\frac{V}{0.785u}} \tag{1-19}$$

式中,d 为管内径,单位 m。

流速可由有关手册查得,表 1-1 列出了一些流体常用的流速数据。在选择流速时,应综合考虑操作费用和投资费用。如图 1-13 所示,当生产任务决定流体的 V 时,如果流

体流速选择越大,那么管径可以越小,管路设备费用可以减小,但是流速大引起的阻力损耗也随之变大,从而使得操作费用也增大;反之,流速选择越小,操作费用虽然减小了,但是管路设备费用又增加了,因此在实际生产过程中,需要选择合适的流体流速。

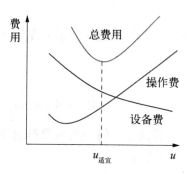

图 1-13 费用与流速之间的关系

表 1-1 一些流体常用的流速数据

流体种类	流速范围/(m/s)	流体种类	流速范围/(m/s)
一般液体	1~3	低压气体	<8
黏度较大的液体	0.5~1	饱和水蒸气	20~60
低压气体	8~15	过热水蒸气	30~50
高压气体	15~25	—	—

【例 1-10】 将密度为 960 kg/m³ 的料液送入某设备。已知进料量是 10 000 kg/h,进料管流速是 1.42 m/s,问进料管的直径是多少?

解:进料管的直径为

$$d=\sqrt{\frac{4V_s}{\pi u}}=\sqrt{\frac{4}{\pi u}\cdot\frac{W_s}{\rho}}=\sqrt{\frac{4}{3.14\times1.42}\times\frac{10\ 000}{3\ 600\times960}}=0.051(\text{m})$$

1.2.2 稳定流动和不稳定流动

流体在管道中流动时,在任一点上的流速、压力等有关物理参数都不随时间改变而改变,这种流动称为稳定流动或定态流动,如图 1-14(a)所示。若流动的流体中,任一点上的物理参数有部分或全部随时间改变而改变,这种流动称为不稳定流动或非定态流动,如图 1-14(b)所示。

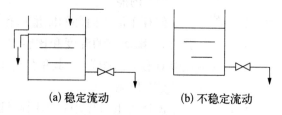

(a) 稳定流动   (b) 不稳定流动

图 1-14 流体流动现象

在化工厂中，流体的流动情况大多为稳定流动。故除有特别指明（如开车、停车以及间歇操作）外，本书中所讨论的均为稳定流动。

1.2.3 连续性方程

对稳态流动体系，如图 1-15 所示，单位时间进入截面 1—1′ 的流体质量与流出截面 2—2′ 的流体质量相等，即

$$W_1 = W_2 \Rightarrow \rho_1 A_1 u_1 = \rho_2 A_2 u_2 \qquad (1-20)$$

管路上任何一截面都符合质量守恒定律，所以有如下连续性方程：

图 1-15 连续性方程的推导

$$W = \rho_1 A_1 u_1 = \rho_2 A_2 u_2 = \rho u A = 常数 \qquad (1-21)$$

由此可知，在连续稳定的不可压缩流体的流动中，流体的流速与管道的截面积成反比，截面积愈大之处流速愈小，反之亦然。

对于圆形管道，则有

$$\frac{\pi}{4} d_1^2 u_1 = \frac{\pi}{4} d_2^2 u_2 \qquad (1-22)$$

即

$$\frac{u_1}{u_2} = \left(\frac{d_2}{d_1}\right)^2 \qquad (1-23)$$

式中，d_1 为管道上截面 1—1′ 处的管内径，m；d_2 为管道上截面 2—2′ 处的管内径，m。

式（1-23）说明不可压缩流体在管道中的流速与管道内径的平方成反比。

1.2.4 定态流动系统的机械能衡算式——伯努利方程

伯努利方程反映了流体在流动过程中，各种形式机械能之间相互转换的关系。伯努利方程的推导方法有很多种，以下介绍较简便的机械能衡算法。

1. 流体流动系统的总能量衡算

如图 1-16 所示的定态流动系统中，流体从 1—1′ 截面流入，2—2′ 截面流出。以 1—1′、2—2′ 截面以及管内壁所围成的空间为衡算范围，以 1 kg 流体为衡算基准，选取 0—0′ 截面为基准水平面。假设流体为不可压缩流体，流体在流动过程中将伴随以下几种形式的能量变化。

（1）内能

储存于流体内部的能量总和，其大小取决于流体状态，并随流体的温度和比容的变化而改变，设 1 kg 流体具有的内能为 U，其单位为 J/kg。

（2）位能

流体受重力作用在不同高度处所具有的能量称为位能，计算位能时应先规定一个基准水平面，如

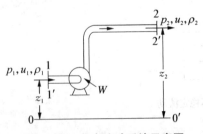

图 1-16 定态流动系统示意图

0—0′面,将质量为 1 kg 的流体自基准水平面 0—0′升举到 z 处所做的功为位能,1 kg 的流体所具有的位能为 zg,其单位为 J/kg。

（3）动能

流体以一定速度流动,便具有动能,1 kg 流体所具有的动能为 $1/2 \mu^2$,其单位为 J/kg。

（4）静压能

流体内部有一定的压力,流体流动时必须克服该压力对流体做功。克服该压力所需要的功称为静压能。1 kg 流体所具有的静压能为 $\dfrac{p}{\rho}$,其单位为 J/kg。

位能、动能以及静压能三种能量均为流体所具有的机械能,三者之和称之为流体的总机械能。流体力学中讨论的能量衡算主要是总机械能的衡算。

（5）热

流体在流动过程中,还有通过其他外界条件与衡算系统交换的能量,若管路中有加热器、冷却器等,流体通过时必与之换热。设换热器向 1 kg 流体提供的热量为 Q,其单位为 J/kg。

（6）外功

在图 1—16 所示的流动系统中,还有流动输送机械(泵或风机)向流体做功,1 kg 流体从流体输送机械所获得的能量称为外功或有效功,用 W 表示,其单位为 J/kg。

根据能量守恒原则,对于衡算范围,其输入的总能量必等于输出的总能量。在图 1—16 中,在 1—1′截面与 2—2′截面之间的衡算范围内,有

$$U_1 + z_1 g + \frac{1}{2} u_1^2 + \frac{p_1}{\rho} + W_e + Q_e = U_2 + z_2 g + \frac{1}{2} u_2^2 + \frac{p_2}{\rho} \qquad (1-24)$$

或

$$W_e + Q_e = \Delta U + \Delta z g + \Delta \frac{1}{2} u^2 + \Delta \frac{p}{\rho} \qquad (1-24a)$$

在以上能量形式中,可分为两类:

（1）机械能,即位能、动能、静压能及外功,可用于输送流体;

（2）内能与热,不能直接转变为输送流体的机械能。

假设流体为理想流体,即流体在流动过程中没有阻力损失,无须外加功,$W=0$,同时满足:不可压缩,及 $\rho_1 = \rho_2$;流动系统无热交换,即 $Q=0$;流体温度不变,即 $U_1 = U_2$,则式（1-24）可简化为

$$z_1 g + \frac{1}{2} u_1^2 + \frac{p_1}{\rho} = z_2 g + \frac{1}{2} u_2^2 + \frac{p_2}{\rho} \qquad (1-25)$$

式（1-25）即为理想流体的机械能衡算式,即理想流体的伯努利方程,位能、静压能和动能三种形式的能量可以相互转换,但理想流体的总能量不会有所增减。

2. 实际流体的机械能衡算

因实际流体具有黏性,在流动过程中必消耗一定的能量,根据能量守恒原则,这些消耗的机械能转变成热能,此热能不能用于流体输送,只能使流体的温度略微升高。从流体输送角度来看,这些能量是"损失"掉了,称为能量损失。将 1 kg 流体在流动过程中因克

服摩擦阻力而损失的能量用 $\sum h_f$ 表示，其单位为 J/kg。在图 1-16 所示的实际流体定态流动系统中，有流体输送机械向流体做功，则式(1-25)可修正为

$$z_1 g + \frac{1}{2}u_1^2 + \frac{p_1}{\rho} + W_e = z_2 g + \frac{1}{2}u_2^2 + \frac{p_2}{\rho} + \sum h_f \qquad (1-26)$$

式(1-26)即为不可压缩实际流体的机械能衡算式，以单位质量流体为基准，每项的单位均为 J/kg。

若以单位重量流体为基准，则将式(1-26)各项同除以重力加速度 g，可得

$$z_1 + \frac{1}{2g}u_1^2 + \frac{p_1}{\rho g} + \frac{W_e}{g} = z_2 + \frac{1}{2g}u_2^2 + \frac{p_2}{\rho g} + \frac{\sum h_f}{g} \qquad (1-26a)$$

令

$$H_e = \frac{W_e}{g}, H_f = \frac{\sum h_f}{g}$$

则有

$$z_1 + \frac{1}{2g}u_1^2 + \frac{p_1}{\rho g} + H_e = z_2 + \frac{1}{2g}u_2^2 + \frac{p_2}{\rho g} + H_f \qquad (1-26b)$$

上式中各项的单位均为 J/N=m，表示单位重量(1 N)流体所具有的能量。虽然各项的单位为 m，与长度的单位相同，但在这里应理解为 m 液柱，其物理意义是指单位重量流体所具有的机械能可以把它自身从基准水平面升举的高度。习惯上将 z、$\frac{u^2}{2g}$ 和 $\frac{p}{\rho g}$ 分别称为位压头、动压头和静压头，三者之和称为总压头，H_f 称为压头损失，H_e 为单位重量流体从流体输送机械所获得的能量，称为外加压头。

3. 伯努利方程

(1) 若系统中的流体处于静止状态，则 $\mu = 0$，且无能量损失，即 $\sum h_f = 0$，当然也不需要外加功，$W_e = 0$，则式(1-26)简化为

$$z_1 g + \frac{p_1}{\rho} = z_2 g + \frac{p_2}{\rho}$$

(2) 伯努利方程式(1-25)表明不可压缩理想流体做定态流动时，管道中各截面上每种形式的能量并不一定相等，管道中各截面上总机械能为常数，即

$$z g + \frac{1}{2}u^2 + \frac{p}{\rho} = 常数$$

(3) 在伯努利方程式(1-26)中，z、$\frac{u^2}{2}$ 和 $\frac{p}{\rho}$ 分别表示单位质量流体在某截面上所具有的位能、动能和静压能；而 W_e、$\sum h_f$ 是指单位质量流体在两截面流动时从外界获得的能量以及消耗的能量。W_e 是输送机械对 1 kg 流体所做的有效功，单位时间输送机械所做的有效功称为有效功率，用 N_e 表示，单位为 J/s 或 W_e，即

$$N_e = W_e \omega_e$$

实际上,泵所做的功并不是全部有效的,若考虑泵的效率 η,则泵消耗的轴功率应为

$$N = \frac{N_\eta}{\eta}$$

(4) 伯努利方程是通过不可压缩流体推导出来的,对于可压缩流体,当所取系统两截面间的绝对压力变化小于原来绝对压力的 20%,即 $\frac{p_1-p_2}{p_1}<20\%$,仍可用该方程计算,但式中密度 ρ 应用两截面间流体的平均密度 ρ_m 代替。

1.2.5　伯努利方程的应用

伯努利方程是流体流动的基本方程,它的应用范围很广。就化工生产过程来说,利用伯努利方程与连续性方程主要可以确定管内流体的流量、管路中流体的压力和容器间的相对位置。下面举例说明伯努利方程的应用。

【例 1 - 11】　如图 1 - 17 所示,密度为 $850\ \text{kg/m}^3$ 的料从高位槽送入塔中,高位槽内的液面维持恒定。塔内表压强为 $9.81\times10^3\ \text{Pa}$,进料量为 $5\ \text{m}^3/\text{h}$。连接管直径为 $\Phi38\times2.5\ \text{mm}$,料液在连接管内流动时的能量损失为 $30\ \text{J/kg}$(不包括出口的能量损失)。求高位槽内的液面应比塔的进料口高出多少。

解:以高位槽液面为上游截面 1—1′,连接管出口内侧为下游截面 2—2′,并以截面 1—1′ 为基准水平面。在两截面间列伯努利方程式。

$$gz_1+\frac{u_1^2}{2}+\frac{p_1}{\rho}=gz_2+\frac{u_2^2}{2}+\frac{p_2}{\rho}+\sum h_f$$

$$u_2=\frac{V_S}{A}=\frac{5}{3\,600\times\frac{\pi}{4}\times0.033^2}=1.62$$

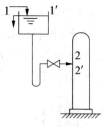

式中　　　　　　　$z_1=0, u_1\approx0\ \text{m/s}$

图 1 - 17(例 1 - 11 附图)

$p_1=0$(表压)(表压), $p_2=9.81\times10^3$(表压), $\sum h_f=30\ \text{J/kg}$

将上述数值代入伯努利方程,解得

$$z_2=-\left(\frac{1.62^2}{2}+\frac{9\,810}{850}+30\right)/9.81=-4.37\ \text{m}$$

高位槽内的液面应比塔的进料口高 4.37 m。

【例 1 - 12】　如图 1 - 18 所示,用泵将储槽中密度为 $1\,200\ \text{kg/m}^3$ 的溶液送到蒸发器内。储槽内液面维持恒定,其上方与大气相通。蒸发器内的操作压强为 $200\ \text{mmHg}$(真空度),蒸发器进料口高于储槽内的液面 15 m,输送管道的直径为 $\Phi68\times4\ \text{mm}$,送料量为 $20\ \text{m}^3/\text{h}$,溶液流经全部管道的能量损失为 $120\ \text{J/kg}$,求泵的有效功率。

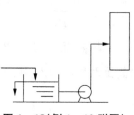

图 1 - 18(例 1 - 12 附图)

解：以储槽的液面为上游截面 1—1′，管路出口内侧为下游截面 2—2′，并以截面 1—1′为基准水平面。在两截面间列伯努利方程。

$$gz_1 + \frac{u_1^2}{2} + \frac{p_1}{\rho} + w_e = gz_2 + \frac{u_2^2}{2} + \frac{p_2}{\rho} + \sum h_f$$

式中 $z_1 = 0$，$z_2 = 15$ m，$p_1 = 0$（表压），$p_2 = -\frac{200}{760} \times 101\,300 = -26\,670$ Pa（表压）

$$u_2 = \frac{20}{3\,600 \times \frac{\pi}{4} \times 0.06^2} = 1.97$$

$$u_1 \approx 0 \text{ m/s}, \quad \sum h_f = 120 \text{ J/kg}$$

将以上各项数值代入伯努利方程中

$$W_e = 15 \times 9.81 + \frac{1.97^2}{2} - \frac{26\,670}{1\,200} + 120 = 246.9 \text{ J/kg}$$

$$W_S = V \cdot \rho \quad \frac{20 \times 1\,200}{3\,600} = 6.67 \text{ kg/s}$$

$$N_e = W_e \times W_S = 246.9 \times 6.67 = 1\,647 \text{ W}$$

【例 1-13】 20 ℃的空气在直径为 80 mm 的水平管流过，现于管路中接一文丘里管，如本题附图所示，文丘里管的上游接一水银 U 管压差计，在直径为 20 mm 的喉径处接一细管，其下部插入水槽中。空气流入文丘里管的能量损失可忽略不计，当 U 管压差计读数 $R = 25$ mm，$h = 0.5$ m 时，试求此时空气的流量为多少 m³/h。当地大气压强为 101.33×10^3 Pa。

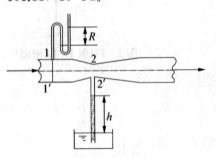

图 1-19（例 1-13 附图）

解：取测压处及喉颈分别为截面 1—1′和截面 2—2′

截面 1—1′处压强：

$$p_1 = \rho_{Hg} g R = 13\,600 \times 9.81 \times 0.025 = 3\,335 \text{ Pa（表压）}$$

截面 2—2′处压强为：

$$p_2 = -\rho g h = -1\,000 \times 9.81 \times 0.5 = -4\,905 \text{ Pa（表压）}$$

流经截面 1—1′与 2—2′的压强变化为：

$$\frac{p_1 - p_2}{p_1} = -\frac{(101\,330 + 3\,335) - (101\,330 - 4\,905)}{101\,330 + 3\,335} = 0.079 = 7.9\% < 20\%$$

在截面 1—1′和 2—2′之间列伯努利方程式。以管道中心线作基准水平面。由于两截面无外功加入，$W_e = 0$。能量损失可忽略不计，$\sum h_f = 0$。伯努利方程式可写为：

$$gz_1 + \frac{u_1^2}{2} + \frac{p_1}{\rho} = gz_2 + \frac{u_2^2}{2} + \frac{p_2}{\rho}$$

式中：$z_1=z_2=0$，$p_1=3\,335$ Pa(表压)，$p_2=-4\,905$ Pa(表压)；

$$\rho=\rho_m=\frac{M}{22.4}\times\frac{T_0 p_m}{T p_0}$$

$$\frac{29}{22.4}\times\frac{273[101\,330+1/2(3\,335-4\,905)]}{293\times101\,330}=1.20\ \text{kg/m}^3$$

$$\frac{u_1^2}{2}+\frac{3\,335}{1.20}=\frac{u_2^2}{2}-\frac{4\,905}{1.20}$$

化简得：

$$u_2^2-u_1^2=13\,733 \tag{a}$$

由连续性方程有：$u_1 A_1=u_2 A_2$

$$u_2=u_1\left(\frac{d_1}{d_2}\right)^2=u_1\left(\frac{0.08}{0.02}\right)^2$$

$$u_2=16u_1 \tag{b}$$

联立(a)、(b)两式

$$(16u_1)^2-u_1^2=13\,733$$

$$u_1=7.34\ \text{m/s}$$

$$V_h=3\,600\times\frac{\pi}{4}d_1^2 u_1$$

$$=3\,600\times\frac{\pi}{4}\times0.08^2\times7.34$$

$$=132.8\ \text{m}^3/\text{h}$$

【例 1-14】 在本题附图所示的虹吸管内做定态流动，管路直径没有变化，水流经管路的能量损失可以忽略不计，计算管内截面 2—2′，3—3′，4—4′和 5—5′处的压强，大气压强为 760 mmHg，图中所标注的尺寸均以 mm 计。

解：在水槽水面 1—1′及管出口内侧截面 6—6′间列伯努利方程式，并以 6—6′截面为基准水平面

$$gz_1+\frac{u_1^2}{2}+\frac{p_1}{\rho}=gz_6+\frac{u_6^2}{2}+\frac{p_6}{\rho}$$

式中： $z_1=1\,000$ mm$=1$ m，$z_6=0$ m

$p_1=p_6=0$(表压) $u_1\approx0$

代入伯努利方程式

$$9.81\times1=\frac{u_6^2}{2}$$

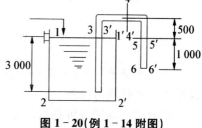

图 1-20(例 1-14 附图)

$$u_6 = 4.43 \text{ m/s}$$

$$u_2 = u_3 = \cdots = u_6 = 4.43 \text{ m/s} \qquad \frac{u_2^2}{2} = \frac{u_3^2}{2} = \frac{u_4^2}{2} = \frac{u_5^2}{2} = \frac{u_6^2}{2}$$

$$E = gz + \frac{u^2}{2} + \frac{p}{\rho} = 常数$$

取截面 2—2′ 基准水平面，$z_1 = 3$ m，$p_1 = 760$ mmHg $= 101\ 330$ Pa

$$u_1 \approx 0$$

$$E = 9.81 \times 3 + \frac{101\ 330}{1\ 000} = 130.8 \text{ J/kg}$$

对于各截面压强的计算，仍以 2—2′ 为基准水平面，$z_2 = 0$，$z_3 = 3$ m，$z_4 = 3.5$ m，$z_5 = 3$ m

（1）截面 2—2′ 压强

$$E = gz_2 + \frac{u_2^2}{2} + \frac{p_2}{\rho}$$

$$\frac{p_2}{\rho} = E - gz_2 - \frac{u_2^2}{2}$$

$$p_2 = \left(E - gz_2 - \frac{u_2^2}{2}\right)\rho = (130.8 - 9.81) \times 1\ 000 = 120\ 990 \text{ Pa}$$

（2）截面 3—3′ 压强

$$p_3 = \left(E - gz_3 - \frac{u_3^2}{2}\right)\rho = (130.8 - 9.81 \times 3 - 9.81) \times 1\ 000 = 91\ 560 \text{ Pa}$$

（3）截面 4—4′ 压强

$$p_4 = \left(E - \frac{u_4^2}{2} - gz_4\right)\rho = (130.8 - 9.81 - 9.81 \times 3.5) \times 1\ 000 = 86\ 660 \text{ Pa}$$

（4）截面 5—5′ 压强

$$p_5 = \left(E - gz_5 - \frac{u_5^2}{2}\right)\rho = (130.8 - 9.81 \times 3 - 9.81) \times 1\ 000 = 91\ 560 \text{ Pa}$$

从计算结果可见：$p_2 > p_3 > p_4$，而 $p_4 < p_5 < p_6$，这是由于流体在管内流动时，位能和静压能相互转换的结果。

根据以上例题分析总结可知，应用伯努利方程解题时，需要注意下列事项。

（1）作图 为了是计算系统清晰，有助于正确解题，应画出流动系统的示意图，指明流动方向，并将主要数据列于示意图上。

（2）截面的选取 选取截面就是划定能量衡算范围，所选截面应与流体流动方向垂直；为了使计算方便，所选截面必须为已知条件最多处。两截面间的流体必须是连续的；

两截面上的 μ、p、z 与两截面间的 $\sum h_f$ 应相互对应。

（3）确定水平基准面　基准面是用以衡量位能大小的基准,由于能量衡算中需求取的是截面之间的位压头之差,所以基准面的选取可以任意,但是必须与地面平行,选取的原则是解题方便,通常取较低的截面作为基准面(若该截面与地面垂直,则取该截面的水平中心线作为基准面)。

（4）单位一致性　方程中各项的单位必须一致,由于方程的两边均有静压能,故 p_1 和 p_2 用绝对压力和表压都可以,但是必须统一,即方程两边同时用表压或同时用绝对压力。在计算中容易出错的是流体的压力单位,需要换成 Pa。

（5）当两截面相差较大时,大截面上的流速可以看成是零;凡是与大气压相通的位置,其压力可以认为是一个大气压。

（6）计算时要注意流体流动的方向,将外加机械能 W_e（或压头 H_e）放在入口端,能量损失 $\sum h_f$（或压头损失 H_f）放在出口端;应用伯努利方程有时候还需要结合静力学方程、连续性方程及范宁公式求解(范宁公式见 1.4 节)。

1.3　流体流动现象

1.3.1　牛顿黏性定律

由于实际流体的分子间具有吸引力,所以当流体分子做相对运动时便产生内摩擦力。流体流动时产生的内摩擦力的性质称为黏性。流体黏性越大,其流动性越小。流体不管是在静止状态还是在流动状态下,都具有黏性,但只有在流动时才能显示出来。

1. 流体的内摩擦力

如图 1-21 所示,设有上、下两块平行放置且面积很大而相距很近的平板,板间充满静止的某种液体。若将下板固定,对上板施加一个恒定的外力,上板就以较低的恒定速度 u 沿 x 方向运动。此时,两板间的液体就会分成无数平行的薄层而运动,黏附在上板底面的薄层

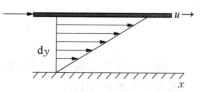

图 1-21　平板间液体速度分布图

液体也以速度 u 随上板运动,其下各层液体的速度依次降低,黏附在下板表面的液体速度为零,在两平板之间的液体形成线性的速度分布。由于液体间分子引力以及分子的无规则热运动的结果,速度较快的液层对其相邻的速度较慢的液层有着拖动其向前的力,而速度较慢的液层对其上速度较快的液层也有着一个大小相等、方向相反的力,从而阻碍较快液层的运动。这种运动着的流体内部相邻两流体层之间产生的相互作用力,称为流体的内摩擦力。

2. 牛顿黏性定律

实验证明,对于一定的液体,内摩擦力与两流体层的速度梯度成正比;与量流体层间的接触面积成正比。即

$$F = \mu \frac{\mathrm{d}u}{\mathrm{d}y} A \tag{1-27}$$

式中：F——流体的内摩擦力，N；

μ——比例系数，其值随流体的不同而异，称为黏滞系数或动力黏度，简称黏度；

$\frac{\mathrm{d}u}{\mathrm{d}y}$——速度梯度，速度沿法线方向的变化率；

A——两流体层的接触面积，m^2

内摩擦力与作用面平行。单位面积上的内摩擦力称为内摩擦应力或剪应力，用 τ 表示，于是上式可写成

$$\tau = \frac{F}{A} = \mu \frac{\mathrm{d}u}{\mathrm{d}y} \tag{1-28}$$

上式称为牛顿黏性定律。

流动过程中形成的剪应力与速度梯度的关系完全符合牛顿黏性定律的流体称为牛顿型流体。如水、空气等就属于这一类流体。所有气体和大多数液体都属于这一类。但工业中还有许多种流体不符合牛顿黏性定律，如泥浆、某些高分子溶液、悬浮液等，这类流体称为非牛顿型流体。本书只研究牛顿型流体，非牛顿型流体的研究属于流变学的研究范畴。

1.3.2　流体的黏度

1. 动力黏度（简称黏度）

式(1-28)可表示成动力黏度的定义式，即

$$\mu = \tau \frac{\mathrm{d}y}{\mathrm{d}u} \tag{1-29}$$

黏度总是和速度梯度相联系，只有在流体运动时才显示出来。在讨论流体静力学时就不考虑黏度这个因素。

黏度的单位可以通过式(1-29)推出：

$$\dim \mu = \dim \tau \dim \left(\frac{\mathrm{d}y}{\mathrm{d}u}\right) = \frac{N}{m^2} \times \frac{m}{m/s} = \frac{N \cdot s}{m^2} = Pa \cdot s$$

手册中的黏度数据常用泊(p)或厘泊(cp)等单位。

黏度为物性数据，随物质种类和状态而变。同一物质，液态黏度比气态黏度大得多。如常温下的液态苯和苯蒸气的黏度分别为 0.74×10^{-3} Pa·s 及 0.72×10^{-5} Pa·s。

温度对流体黏度的影响很大，液体的黏度随温度升高而减小，气体的黏度随温度升高而增大。压力变化时，液体的黏度基本上不变，气体的黏度一般亦视为不随压力而变，只有压力高时才考虑其变化。

2. 运动黏度

工程中流体的黏度还可用 μ/ρ 来表示，称为运动黏度，用 v 表示，即

$$v = \frac{\mu}{\rho} \tag{1-30}$$

国际单位制中,其单位为 m^2/s

1.3.3　流体流动的类型与雷诺准数

1. 雷诺实验

为了研究流体流动时内部质点的运动情况及其影响因素,1883 年雷诺首先通过实验进行了观察,实验装置如图 1-22 所示。

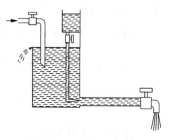

图 1-22　雷诺实验装置

在雷诺实验装置中,有一个入口为喇叭状的水平玻璃管浸没在透明水箱中,管出口处有阀门以调节流量。水箱上方的小瓶内充有有色液体,有色液体可经过细管注入玻璃管内。水箱内装有溢流装置,以维持水位恒定。在水流经玻璃管过程中,同时把有色液体送到玻璃管入口以后的管中心位置上。从有色液体的流动情况可以观察到管内水流中质点的运动情况。

流速比较小时,玻璃管内水的质点沿着与管轴平行的方向做直线运动,从细管引到水流中心的有色液体成一条直线平稳地流过整个玻璃管,此时即为层流,如图 1-23(a)所示。若逐渐提高水的流速,有色液体的细线出现波浪。速度再高,有色细线完全消失,与水完全混为一体,此时即为湍流,如图 1-23(b)所示。显然湍流时水的质点除了沿管道向前运动外,还做不规则的杂乱运动,且彼此相互碰撞与混合,质点速度的大小和方向均随时间发生变化。

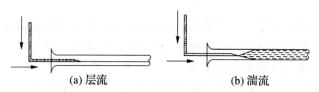

(a) 层流　　　　　　　　　　(b) 湍流

图 1-23　两种流动类型

2. 雷诺准数 R_e

根据不同的流体和不同的管径,所获得的实验结果表明:影响流体质点运动情况的因素有三个方面,即流体的性质(主要为 ρ、μ),设备情况(主要为 d)及操作参数(主要为流速 u)。

雷诺综合上述诸因素整理出一个无因次数群——雷诺准数,即

$$R_e = \frac{du\rho}{\mu} \tag{1-31}$$

R_e 准数是量纲为一的量,无论采用何种单位制,只要数群中各物理量单位一致,所算出的 R_e 数值必相等。R_e 准数可用作流体流动类型的判据。根据大量的实验得知,对于流体的直管内的流动,当 $R_e \leqslant 2\,000$ 时属于层流;$R_e \geqslant 4\,000$ 时属于湍流;而当 $2\,000 <$

$R_e < 4\,000$ 时，流体处于一种过渡状态，可能是层流，也可能是湍流，或是二者交替出现，为外界条件所左右。例如，在管入口处，流道弯曲或直径改变，管道粗糙，或有外来的轻微震动，都会出现湍流。这一范围称为过渡区。

【例 1-15】 求 20 ℃时煤油在圆形直管内流动时的 R_e 值，并判断其流动类型。已知管内径为 50 mm，煤油在管内的流量为 6 m³/h，20 ℃时煤油的密度为 810 kg/m³，黏度为 3×10^{-3} Pa·s。

解：已知 $d = 0.050$ m，$\rho = 810$ kg/m³，$\mu = 3 \times 10^{-3}$ Pa·s

煤油在管内的流速为 $u = \dfrac{V}{A} = \dfrac{6/3\,600}{0.785 \times 0.050^2} = 0.849$ m/s

根据式（1-31）得 $R_e = \dfrac{du\rho}{\mu} = \dfrac{0.050 \times 0.849 \times 810}{3 \times 10^{-3}} = 1.146 \times 10^4 > 4\,000$

所以流动为湍流。

【例 1-16】 有一内径为 25 mm 的水管，如管中水的流速为 1.0 m/s，求：

(1) 管中水的流动类型；

(2) 管中水保持层流状态的最大流速（水的密度 $\rho = 1\,000$ kg/m³，黏度 $\mu = 1$ cp）。

解：(1) $R_e = du\rho/\mu = 0.025 \times 1 \times 1\,000/0.001 = 25\,000 > 4\,000$

流动类型为湍流。

(2) 层流时，$R_e \leqslant 2\,000$，流速最大时，$R_e = 2\,000$，即 $du\rho/\mu = 2\,000$

$$\therefore u = 2\,000\mu/d\rho = 2\,000 \times 0.001/(0.025 \times 1\,000) = 0.08 \text{ m/s}$$

1.3.4 流体在圆管内的速度分布

流体在圆管内的速度分布是指流体流动时，管截面上质点的轴向速度沿半径的变化。由于层流与湍流是本质完全不同的两种流动类型，故两者速度分布规律不同。

1. 流体在圆管中层流时的速度分布

由实验可以测得层流时的速度分布为抛物线，管中心处流速最大，越靠近管壁速度越小，管壁处速度为零，管截面上平均流速为管中心最大流速的一半，如图 1-24 所示。

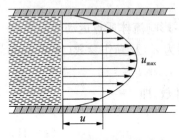

实验证明，流体在流入管口之前速度分布是均匀的，在进入管口之后，靠近管壁的一层非常薄的流体因附着在管壁上，其速度突然降为零。流体在继续流动的过程中，靠近管壁的各层流体由于黏性力的作用而逐渐滞缓下来。又由于各截面上的流量为一定值，管中心处各点的速度必然增大。

当流体深入到一定距离之后，层流速度分布的抛物线规律才算形成。尚未形成层流抛物线规律的这一段，称为

图 1-24 层流时的速度分布

层流的进口起始段，X_0 称为进口起始段长度。实验证明 $X_0 = 0.05dR_e$。

2. 流体在圆管中湍流时的速度分布

湍流时，由于流体质点的强烈分离与混合，使截面上靠近管中心部分各点速度分布比

较均匀,此时速度分布曲线不再是严格的抛物线。

湍流时的速度分布目前还不能完全利用理论推导求得。经实验方法得到湍流时圆管内速度分布曲线如图 1-25 所示。此时速度分布曲线不再是严格的抛物线,曲线顶部区域比较平坦,R_e 数值越大,曲线顶部的区域就越广阔平坦,但靠近管壁处的速度骤然下降,曲

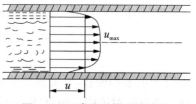

图 1-25　湍流时的速度分布

线较陡。截面上的平均速度 u 近似等于 $0.82u_{max}$。流体在光滑管内湍流流动时的速度分布,在 $R_e \leqslant 10^5$ 时可用下式表示:

$$u_t = u_{max}\left(1 - \frac{r}{R}\right)^{1/7} \tag{1-32}$$

此式称为 1/7 次方律。

3. 湍流时流体在圆管中的速度分布

既然湍流时管壁处的速度也等于零,则靠近管壁的流体仍做层流流动,这一做层流流动的流体薄层,称为层流底层,如图 1-26 所示。自层流底层往管中心推移,速度逐渐增大,出现了既非层流流动亦非湍流流动的区域,这部分区域称为缓冲层或过

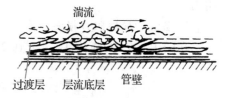

图 1-26　湍流流动

渡层。再往管中心才是湍流主体。层流底层的厚度随 R_e 值的增加而减小。层流底层的存在,对传热与传质过程都有重大影响,这方面的问题,将在后面有关章节中讨论。

1.4　流体在直管中的流动阻力

1.4.1　流体阻力的表达式

流体在管内从第一截面流到第二截面时,由于流体层之间的分子动量传递而产生的内摩擦阻力,或由于流体之间的湍流动量传递而引起的摩擦阻力,使一部分机械能转化为热能。这部分机械能称为能量损失。管路一般由直管段和管件、阀门等组成。因此,流体在管路中的流动阻力,可分为直管阻力和局部阻力两类。直管阻力是流体流经一定直径的直管时所产生的阻力。局部阻力是流体流经管件、阀门及进出口时,由于受到局部障碍所产生的阻力。因此,流体流经管路的总能量损失应为直管阻力与局部阻力所引起能量损失之总和。

当液体流经等直径的直管时,动能没有改变。由伯努利方程可知,此时流体的能量损失应为

$$h_f = \left(z_1 g + \frac{p_1}{\rho}\right) - \left(z_2 g + \frac{p_2}{\rho}\right) \tag{1-33}$$

只要测出一直管段两截面上的静压能与位能,就能求出流体流经两截面之间的能量损失。

对于水平等径管，流体的能量损失应为

$$h_f = \frac{p_1}{\rho} - \frac{p_2}{\rho} = \frac{\Delta p}{\rho} \tag{1-34}$$

即对于水平等径管，只要测出两截面上的静压能，就可以知道两截面之间的能量损失。应该注意：① 对于同一根直管，不管是垂直或水平安装，所测得能量损失应该相同；② 只有水平安装时，能量损失才等于两截面上的静压能之差。

1.4.2 流体摩擦阻力损失计算

流体在直管中做层流或湍流流动时，因其流动状态不同，所以二者产生能量损失的原因也不同。层流流动时，能量损失计算式可从理论推导得出。而湍流流动时，其计算式需要用理论与实验相结合的方法求得。下面分别讨论层流与湍流时的直管阻力以及局部阻力。

1. 层流的摩擦阻力损失计算

在图 1-27 中，流体从 1—1′ 到 2—2′ 截面间的阻力损失为

$$h_f = \frac{p_1}{\rho} - \frac{p_2}{\rho} = \frac{\Delta p}{\rho} = \frac{32\mu l u}{d^2 \rho} = \left[\frac{64}{\dfrac{du\rho}{\mu}}\right]\left(\frac{l}{d}\right)\left(\frac{u^2}{2}\right) \tag{1-35}$$

$$\lambda = \left[\frac{64}{\dfrac{du\rho}{\mu}}\right] = \frac{64}{R_e}$$

则
$$h_f = \lambda \frac{l u^2}{2d} \tag{1-36}$$

式(1-36)为流体在直管内流动阻力的通式，称为范宁公式。式中，λ 为无因次系数，称为摩擦系数，与流体流动的 R_e 及管壁状况有关。

根据伯努利方程的其他形式，也可写出相应的范宁公式表示式：

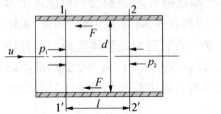

图 1-27 直管内流体流动

压头损失 $H_f = \lambda \dfrac{l u^2}{2dg} = \dfrac{h_f}{g} \tag{1-36a}$

压降 $\Delta p_f = \lambda \dfrac{l \rho u^2}{2d} = \rho h_f \tag{1-36b}$

应当指出，范宁公式对层流和湍流均适用，只是两种情况下摩擦系数 λ 不同。

2. 湍流的摩擦阻力损失计算

在湍流流动的情况下，管壁粗糙度对能量损失有影响。化工生产中所铺设的管道，大致可分为光滑管（包括玻璃管、铜管、铅管及塑料管等）和粗糙管（包括钢管、铸铁管等）。管壁粗糙面凸出部分的平均高度称为绝对粗糙度，以 ε 表示；绝对粗糙度与管内径的比值 $\dfrac{\varepsilon}{d}$，称为相对粗糙度。表 1-2 列出了某些工业管路的绝对粗糙度。

表 1-2　某些工业管路的绝对粗糙度

管路类型	绝对粗糙度 ε/mm	管路类型	绝对粗糙度 ε/mm
无缝黄铜管铜管及铝管	0.01~0.05	干净玻璃管	0.001 5~0.01
新的无缝钢管或镀锌铁管	0.1~0.2	橡皮软管	0.01~0.03
新的铸铁管	0.3	木管	0.25~1.25
具有轻度腐蚀的无缝钢管	0.2~0.3	陶土排水管	0.45~6.0
具有显著腐蚀的无缝钢管	0.5 以上	很好整平的水泥管	0.33
旧的铸铁管	0.85 以上	石棉水泥管	0.03~0.8

流体做层流流动时,流体层平行于管道轴线,流速比较缓慢,对管壁凸出部分没有什么碰撞作用。所以在层流时 $\lambda = f(R_e)$。

当流体做湍流流动时,如图 1-28 所示,当层流底层的厚 $\delta_L > \varepsilon$ 时,ε 对流体阻力或摩擦系数的影响与层流相近,这种情况下的管子称为水力光滑管;当 $\delta_L < \varepsilon$ 时,管壁粗糙面部分地暴露在层流底层之外的湍流区域,流体的质点冲过凸起处时,引起漩涡,使流体的能量损失增大,此时 $\lambda = f\left(R_e, \dfrac{\varepsilon}{d}\right)$。

摩擦系数与 R_e 的关系由实验确定,并绘在图上,如图 1-29 所示,该图分为四个区域。

(1) 层流区:$R_e \leqslant 2\,000$,$\lambda = \dfrac{64}{R_e}$,$\lambda$ 与 R_e 呈直线关系,而与 $\dfrac{\varepsilon}{d}$ 无关。

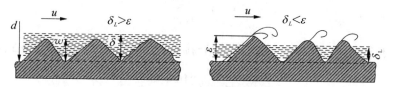

图 1-28　流体流过管壁面的情况

(2) 过渡区:$2\,000 < R_e < 4\,000$,流型不稳定,为安全起见,对于流体阻力计算,一般将湍流时曲线延伸,以查取 λ 值。

(3) 湍流区:$R_e \geqslant 4\,000$,光滑管曲线到虚线区域。λ 与 R_e 及 $\dfrac{\varepsilon}{d}$ 均有一定关系,在此区域内,对于一个 $\dfrac{\varepsilon}{d}$ 值,画出一条 λ 与 R_e 的关系曲线,最下一条曲线是光滑管曲线。

(4) 完全湍流区:在图中虚线以上的区域,在此区域内,对于一定的 $\dfrac{\varepsilon}{d}$ 值,λ 与 R_e 的关系趋近于水平线,可看作 λ 与 R_e 无关。R_e 一定时,λ 值随 $\dfrac{\varepsilon}{d}$ 的增大而增大。此区域也称为阻力平方区。

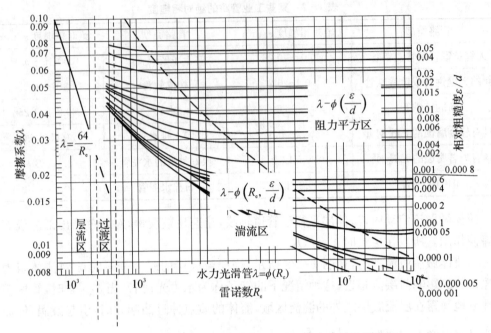

图 1-29　摩擦系数与雷诺数、相对粗糙度之间的关系

3. 求阻力系数的关联式

除采用图 1-29 获得摩擦系数外,也可以对实验数据进行关联,得出各种计算 λ 的关联式。

（1）层流时：

$$\lambda = \frac{64}{R_e} \tag{1-37a}$$

（2）对于 $3 \times 10^3 \leqslant R_e \leqslant 10^5$ 的光滑管,布拉修斯（Blasius）提出如下关联式：

$$\lambda = \frac{0.316\,4}{R_e^{0.25}} \tag{1-37b}$$

（3）对于湍流区的光滑管、粗糙管,直至完全湍流区,都能适用的关联式有下列两种：

考莱布鲁斯（Colebrook）提出的关联式：

$$\frac{1}{\sqrt{\lambda}} = -2 \times \lg \left(\frac{\varepsilon/d}{3.7} + \frac{2.51}{R_e \sqrt{\lambda}} \right) \tag{1-37c}$$

哈兰德（Haland）提出的关联式：

$$\frac{1}{\sqrt{\lambda}} = -1.8 \times \lg \left[\left(\frac{\varepsilon/d}{3.7} \right)^{1.11} + \frac{6.9}{R_e} \right] \tag{1-37d}$$

式（1-37c）中,λ 为隐函数,计算不方便,在完全湍流区,R_e 对 λ 的影响很小,式中含 R_e 项可以忽略。式（1-37c）和式（1-37d）既兼顾了光滑管内的湍流,又兼顾了粗糙管内的湍流。

1.4.3 非圆形管的当量直径

前面讨论了圆形管道内流体的流动阻力。在工业生产中经常会遇到非圆形截面的管道或设备,如套管换热器环隙、列管换热器管间、长方形的通风管等。对于非圆形管内的流体湍流流动,必须找到一个与直径 d 相当的量来计算 R_e、h_f 等。为此引入当量直径的概念,以表示非圆形管相当于直径为多少的圆形管。当量直径用 d_e 表示,当流体在非圆形管内流动时,计算 R_e 和 h_f 时可以用当量直径 d_e 代替。介绍当量直径,需先引入水力半径 r_H 的概念,其定义是

$$r_H = \frac{流通截面积 A}{润湿周边长度 \text{II}} \qquad (1-38)$$

根据上述定义,对于内径为 d 的圆形管,其内部可供流体流过的面积为 $\frac{\pi d^2}{4}$,其被润湿的周边长为 πd,因此管的水力半径应为

$$r_H = \frac{\frac{\pi d^2}{4}}{\pi d} = \frac{d}{4} \qquad (1-39)$$

上式表明圆形直管直径等于 4 倍水力半径,将此概念推广到非圆形管,即非圆形管的当量直径 $d_e = 4r_H$

对长为 a、宽为 b 的矩形管道,有

$$d_e = 4 \times \frac{ab}{2(a+b)} \qquad (1-40)$$

当 $a/b > 3$ 时,此式误差比较大。

对于外管内径为 d_1、内管外径为 d_2 的套管环隙,当量直径的计算式为

$$d_e = 4 \times \frac{\frac{\pi}{4}(d_1^2 - d_2^2)}{\pi(d_1 + d_2)} = d_1 - d_2 \qquad (1-41)$$

当量直径的定义是经验性的,并无充分的理论依据。但对于层流流动,图 1-29 中的层流摩擦系数图不可用,因为查图得到的 λ 不可靠。可用下式求 λ:

$$\lambda = \frac{C}{R_e}, R_e = \frac{d_e u \rho}{\mu} \qquad (1-42)$$

其中:套管环隙,$C=96$;正方形截面,$C=57$;等边三角形截面,$C=53$;长为 a、宽为 b 的矩形截面,当 $\frac{b}{a} = \frac{1}{2}$ 时,$C=62$,当 $\frac{b}{a} = \frac{1}{4}$ 时,$C=73$。

值得注意的是非圆形管道的截面积、V_S 和 u 不能用 d_e 求得,用当量直径 d_e 计算的 R_e 只可用以判断非圆形管中的流型。非圆形管中稳定层流的临界雷诺数同样是 2 000。

一般当流体流经的截面积相等时,润湿周边长度越短,当量直径越大,摩擦损失随当

量直径加大而减小。因此,当其他条件相同时,圆形截面的摩擦损失最小。

1.4.4 局部阻力

流体输送管路上,当流体经过阀门、弯头等管件时,由于流体流动方向和流速大小的改变,会产生一定的涡流,使湍流程度增大,从而使摩擦阻力损失显著增大。由于管件所产生的流体摩擦阻力损失称为局部阻力损失。其计算方法有阻力系数法和当量长度法。

1. 阻力系数法

近似地将克服局部阻力引起的能量损失表示成动能 $\frac{u^2}{2}$ 的一个倍数,这个倍数称为局部阻力系数,用符号 ζ 表示,即

$$h'_f = \zeta \frac{u^2}{2} \tag{1-43}$$

不同管件的 ζ 各不同,其值由实验测定,常用阀门和管件的 ζ 值列于表 1-3 中。

表 1-3　管件和阀件的局部阻力系数

名称	阻力系数	名称	阻力系数
45°弯头	0.35	闸阀全开	0.17
90°弯头	0.75	闸阀半开	4.5
三通	1	截止阀全开	6.0
回弯头	1.5	截止阀半开	9.5
管接头	0.04	角阀半开	2
活接头	0.04	盘式水表	7
球式止逆阀	70	摇摆式止逆阀	2

流体流过如图 1-30 所示的突然扩大管道和突然缩小管道时,由于流体的流动方向的改变而产生漩涡,从而有一定的能量损失。

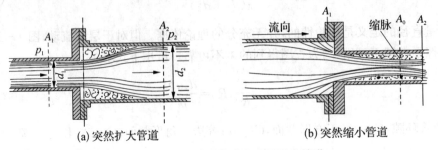

(a) 突然扩大管道　　(b) 突然缩小管道

图 1-30　突然扩大管道和突然缩小管道

突然扩大时的阻力系数 ζ　　　$\zeta = \left(1 - \frac{A_1}{A_2}\right)^2$ \tag{1-44a}

突然缩小时的阻力系数 ζ　　　　$\zeta = 0.5\left(1 - \dfrac{A_2}{A_1}\right)^2$　　　　　　　（1-44b）

通过式（1-44a）和式（1-44b）可知，当 $A_1 = A_2$ 时，$\zeta = 0$，则对等直径的直管无此项阻力损失；当流体从管路流入截面较大的容器或气体从管路排放到大气中，$\dfrac{A_1}{A_2} \approx 0$ 时，即突然扩大时，$\zeta = 1$；当流体自容器进入管的入口，流体截面突然缩小到很小的截面，$\dfrac{A_2}{A_1} \approx 0$ 时，即突然缩小时，$\zeta = 0.5$。

在计算突然扩大和突然缩小的局部摩擦损失时，利用式（1-43）计算阻力损失的流速 u 为小管中的流速。

2. 当量长度法

此法是将流体流过管件或阀门所产生的局部阻力损失，折合成流体流过长度为 l_e 的直管的阻力损失，局部阻力损失的计算如下：

$$h'_f = \lambda \frac{l_e}{d} u^2 \qquad\qquad (1-45)$$

1.4.5　流体在管内流动的总阻力损失计算

流体在管路中的总阻力损失是所有直管阻力损失与所有局部阻力损失之和，即

$$\sum h_f = \lambda \frac{l}{d} \times \frac{u^2}{2} + \lambda \frac{\sum l_e}{d} \times \frac{u^2}{2} = \lambda \frac{l + \sum l_e}{d} \times \frac{u^2}{2} \qquad (1-46a)$$

$$\sum h_f = \lambda \frac{l}{d} \times \frac{u^2}{2} + \sum \zeta \times \frac{u^2}{2} = \left(\lambda \frac{l}{d} + \sum \zeta\right) \frac{u^2}{2} \qquad (1-46b)$$

注意：（1）以上各式适用于直径相同的管段或管路系统的计算，式中的流速是指管端或管路系统的流速。由于管径相同，所以 u 可以按任一截面来计算。而机械能衡算式中动能 $\dfrac{u^2}{2}$ 项中的流速 u 是指相应的衡算截面处的流速。

（2）当管路由若干直径不同的管段组成时，由于各段的流速不同，此时管路的总能量损失应分段计算，然后求和。

（3）式（1-46a）中的局部阻力计算中，所有局部产生的阻力均由当量长度法计算；式（1-46b）中的局部阻力全部采用阻力系数法计算。

【例 1-17】　如图 1-31 所示，水泵将 20 ℃水从敞口贮罐送至塔内，水的流量为 20 m³/h，塔内压力为 196 kPa（表压），输送管路采用 Φ57×3.5 mm 钢管，其中泵的吸入管路长度为 5 m，下端装有一带滤水网的底阀；泵出口到塔进口之间的管路长度 20 m，管路粗糙度均为 $\dfrac{\varepsilon}{d} = 0.001$。管路中装有 90°标准弯头两个，球心阀（全开）一个。试求此管路系统输送水所需的外加机械能。

解：在截面 1—1' 与截面 2—2' 间列机械能衡算式：

$$W=(z_2-z_1)g+\frac{p_2-p_1}{\rho}+\frac{u_2^2-u_1^2}{2}+\sum h_f$$

式中，$(z_2-z_1)=15\ \text{m}$，$p_1=0$（表压），$p_2=196\ \text{kPa}$，贮罐和塔中液面均比管路截面大得多，故 u_1、u_2 近似为 0。

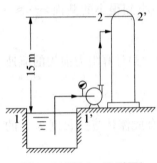

图 1-31（例 1-17 附图）

20 ℃水的物理性质：$\rho=1\ 000\ \text{kg/m}^3$，$\mu=1\ \text{mPa}\cdot\text{s}$。水的流量 $q_v=20\ \text{m/s}$

管内径 $d=0.05\ \text{m}$，管路总长 $l=5+20=25\ \text{m}$。

管内水的流速：

$$u=\frac{q_v}{\frac{\pi}{4}d^2}=\frac{20/3\ 600}{\frac{\pi}{4}\times0.05^2}=2.829\ \text{m/s}$$

$$R_e=\frac{du\rho}{\mu}=\frac{0.05\times2.829\times1\ 000}{0.001}=1.41\times10^5$$

$\varepsilon/d=0.001$，由莫狄摩擦系数图查得 $\lambda=0.021\ 5$。由表 1-3 查得有关管件的局部阻力系数如下：

管路入口	$\xi=0.5$	球心阀（全开）	$\xi=6.0$
管路出口	$\xi=1.0$	水泵进口底阀	$\xi=10.0$
90°标准弯头	$\xi=0.75$		

$$\sum h_f=\left(\lambda\frac{l}{d}+\zeta\right)\frac{u^2}{2}$$

$$=\left(0.021\ 5\times\frac{25}{0.05}+0.5+1.0+0.75\times2+6.0+10.0\right)\times\frac{2.829^2}{2}$$

$$=119.048\ \text{J/kg}$$

外加机械能为

$$W=15\times9.81+\frac{196\times10^3}{1\ 000}+119.048=462.2\ \text{J/kg}$$

1.5 管路计算

前面几节介绍了连续性方程式、机械能衡算式以及阻力损失计算式，在此基础上可以进行不可压缩流体输送管路的计算。

化工管路按其布置情况可分为简单管路与复杂管路两种，简单管路是指没有分支或汇合的单一管路。复杂管路包括分支管路、汇合管路和并联管路。

【例 1-18】 如本题附图所示用泵将 20 ℃ 水经总管分别打入容器 A、B 内,总管流量为 176 m^3/h,总管直径为 Φ168×5 mm,C 点处压力为 1.97 kg$f$cm^2(表),求泵供给的压头及支管 CA、CB 的阻力(忽略总管内的阻力)。

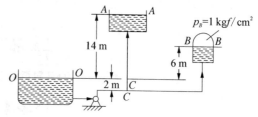

$$u_C = \frac{V}{\frac{\pi}{4}d_0^2} = \frac{176}{3\,600 \times 0.785 \times 0.158^2} = 2.49 \text{ m/s}$$

图 1-32(例 1-18 附图)

解:(1)总管流速

在图示的 O—O 与 C—C 截面之间列机械能衡算方程:

$$H_e = \frac{p_C - p_O}{\rho g} + \frac{u_C^2 - u_O^2}{2g} + (z_C - z_O) + \sum h_{fO-C}$$

式中: $p_C - p_0 = 1.97 \times 98\,100 = 193\,257$ Pa, $u_0 \approx 0$, $u_C = 2.49$ m/s

$$z_C - z_O = -2 \text{ m}, \sum h_{fO-C} \approx 0$$

(2)求支路阻力

在 C—C 和 A—A 截面之间列机械能衡算方程:

$$\frac{p_C}{\rho g} + \frac{u_C^2}{2g} + z_C = \frac{p_A}{\rho g} + \frac{u_A^2}{2g} + z_A + \sum h_{fCA}$$

式中:$p_C - p_A = 193\,257$ Pa, $u_C = 2.49$ m/s, $u_A = 0$, $z_C - z_A = -16$ m,故支路 CA 的阻力为

$$\sum h_{fCA} = \frac{193\,257}{1\,000 \times 9.81} + \frac{2.49^2}{2 \times 9.81} - 16 = 4.0 \text{ m 液柱}$$

同理

$$\sum h_{fCB} = \frac{p_C - p_B}{\rho g} + \frac{u_C^2 - u_B^2}{2g} + (z_C - z_B)$$

$$= \frac{(1.97-1) \times 98\,100}{1\,000 \times 9.81} + \frac{2.49^2 - 0}{2 \times 9.81} - 8 = 2.0 \text{ m 液柱}$$

1.6 流速和流量的测定

在化工生产过程中,常常需要测定流体的流速和流量。测定装置的类型很多。这里介绍的是以流体机械能守恒原理为基础、利用动能和静压能的转化关系来实现测量的装置,因而本节也是伯努利方程的应用实例。这些装置可分为两类:一类是定截面、变压差的流量计或流速计,皮托测速管、孔板流量计和文丘里流量计均属于此类;另一类是变截面、定压力差式的流量计,转子流量计就属于此类。

1.6.1 孔板流量计

在管道里插入一片与管轴垂直并带有通常为圆孔的金属板,孔的中心位于管道中心线上,孔板常用法兰固定于管道中,如图 1-33 所示。这样构成的装置称为孔板流量计。

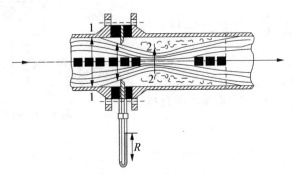

图 1-33 孔板流量计

当流体流过小孔以后,由于惯性作用,流动截面并不立即扩大到与管截面相等,而是继续收缩一定距离后才逐渐扩大到整个管截面。流动截面最小处(截面 2—2)称为缩脉。流体在缩脉处的流速最大,即动能最大,而相应的静压能最低。再继续往前流,流体截面积又逐渐扩大,而流速减小,流体恢复到整个管截面后。流速也恢复到原有的流速,但由于在这个过程中有能量损失,压力不能恢复到原有压力,而是比原有压力小。

因此,当流体以一定的流量流经小孔时,就产生一定的压力差,流量愈大,所产生的压力差也就愈大。所以,只要用压差计测出孔板前后的压力差,就能知道流量。这就是利用孔板流量计测量流量的原理。

假设管内流动的是不可压缩流体。由于缩脉位置及截面积难以确定(随流量而变),故在上游未收缩处的截面1—1与孔板处下游截面0—0间列伯努利方程式(暂略去能量损失),得:

$$gz_1 + \frac{1}{2}u_1^2 + \frac{p_1}{\rho} = gz_0 + \frac{1}{2}u_0^2 + \frac{p_0}{\rho}$$

对于水平管,$z_1 = z_0$,简化上式并整理后得

$$\sqrt{u_0^2 - u_1^2} = \sqrt{\frac{2(p_1 - p_0)}{\rho}} \tag{1-47}$$

流体流经孔板的能量损失不能忽略,故式(1-47)应引进一校正系数 C_1,用来校正因忽略能量损失所引起的误差,即

$$\sqrt{u_0^2 - u_1^2} = C_1 \sqrt{\frac{2(p_1 - p_0)}{\rho}} \tag{1-48}$$

工程上通常采用侧取孔板前、后的压强差 $(p_a - p_b)$ 代替 $(p_1 - p_0)$,再引进一校正系数 C_2,用来校正侧压孔的位置,则

$$\sqrt{u_0^2-u_1^2}=C_1C_2\sqrt{\dfrac{2(p_a-p_b)}{\rho}} \tag{1-49}$$

由连续方程知
$$u_1^2=u_0^2\left(\dfrac{A_0}{A_1}\right)^2$$

由静力学方程知
$$p_a-p_b=R(\rho_A-\rho)g$$

则
$$u_0=\dfrac{C_1C_2}{\sqrt{1-\left(\dfrac{A_0}{A_1}\right)^2}}\sqrt{\dfrac{2gR(\rho_A-\rho)}{\rho}}=C_0\sqrt{\dfrac{2gR(\rho_A-\rho)}{\rho}} \tag{1-50}$$

式中:C_0——流量系数或孔流系数。

式(1-50)就是用孔板前后压力的变化来计算孔板小孔流速 u_0 的公式。若以体积或质量流量表示,则为

$$V=A_0u_0=C_0A_0\sqrt{\dfrac{2gR(\rho_A-\rho)}{\rho}} \tag{1-51}$$

$$W=A_0u_0\rho=C_0A_0\sqrt{2gR\rho(\rho_A-\rho)} \tag{1-52}$$

流量系数 C_0 与 R_e、A_0/A_1 以及取压方法有关,C_0 与这些变量间的关系由实验测定。用角接取压法安装的孔板流量计,其 C_0 与 R_e、A_0/A_1 的关系如图 1-34 所示。图中的 R_e 为 $d_1u_1\rho/\mu$,其中 d_1 与 u_1 是管道内径和流体在管道内的平均流速。当 R_e 一定时,A_0/A_1 减小,则 C_0 减小,对于一定的 A_0/A_1 值,当 R_e 超过某一限度时,C_0 随 R_e 的改变很小,可视为定值。流量计所测的流量范围,最好是落在 C_0 为定值的区域里。设计合适的孔板流量计,其 C_0 值为 0.6~0.7。

孔板流量计是一种容易制造的简单装置。当流量有较大变化时,为了调整测量条件,调

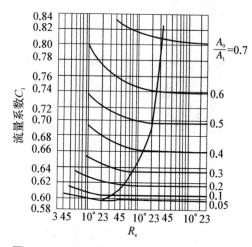

图 1-34　孔流系数 C_0 与 R_e 及 A_0/A_1 的关系

换孔板亦很方便。它的主要缺点是流体经过孔板后能量损失较大,并随 A_0/A_1 的减小而加大。而且孔口边缘容易腐蚀和磨损,所以流量计应定期进行校正。

1.6.2　文丘里流量计

为了减少流体流经孔板时的能量投失,可以用一段渐缩、渐扩管代替孔板,一般收缩角为 $15°\sim20°$,扩大角为 $5°\sim7°$,这样构成的流量计称为文丘里流量计,如图 1-35 所示。

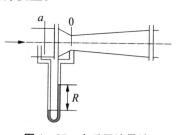

图 1-35　文丘里流量计

文丘里流量计的测量原理与孔板流量计相同。文丘里流量计上游的测压口(截面 a 处)距离管径开始收缩处的距离至少应为 1/2 管径,下游测压口设在最小流通截面 O 处(称为文氏喉)。由于有渐缩段和渐扩段,流体在其内的流速改变平缓,涡流较少,所以能量损失就比孔板大大减少。

文丘里流量计的流量计算式与孔板流量计相类似,即

$$V = C_V A_0 \sqrt{\frac{2gR(\rho_A - \rho)}{\rho}} \qquad (1-53)$$

式中:C_V——流量系数,无因次,其值可由实验测定或从仪表手册中查得,一般取 0.98～1.00;

$\qquad A_0$——喉颈处的截面积,单位 m^2。

文丘里流量计能量损失小,为其优点,但各部分尺寸要求严格,需要精细加工,所以造价也就比较高,同时流量计安装时要占据一定的长度,前后也必须保持足够的稳定段。

1.6.3 转子流量计

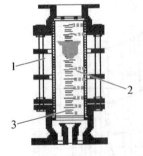

如图 1-36 所示,转子流量计的构造是在一根截面积自下而上逐渐扩大的垂直锥形玻璃管内,装有一个能够旋转自如的由金属或其他材质制成的转子(或称浮子)。被测流体从玻璃管底部进入,从顶部流出。

当流体自下而上流过垂直的锥形管时,转子受到垂直向上的推动力和垂直向下的净重力的作用。垂直向上的推动力等于流体流经转子与锥管间的环隙截面所产生的压力差;垂直向下的净重力等于转子所受的重力减去流体对转子的浮力。当流量加大使压差大于转子的净重力时,转子就上升。当压力差与转子的净重力相等时,转子处于平衡状态,即停留在一定位置上。在玻璃管外表面上刻有读数,根据转子的停留位置,即可读出被测流体的流量。

图 1-36 转子流量计
1—锥形玻璃;2—转子;
3—刻度

设 V_f 为转子的体积,A_f 为转子最大部分的截面积,ρ_f 为转子材质的密度,ρ 为被测流体的密度。当转子处于平衡状态时,转子承受的压力＝转子所受的重力－流体对转子的浮力,即

$$(p_1 - p_2)A_f = V_f \rho_f g - V_f \rho g \qquad (1-54)$$

所以

$$p_1 - p_2 = \frac{V_f g(\rho_f - \rho)}{A_f} \qquad (1-55)$$

从上式可以看出,当用固定的转子流量计测量某流体的流量时,式中的 V_f、A_f、ρ_f、ρ 均为定值,所以 $p_1 - p_2$ 亦为定值,与流量无关。转子流量计是变截面定压差流量计。作用在转子上、下游的压力差为定值,而转子与锥形管间的环形截面积随流量而变。转子在锥形管中的位置高低即反映流量的大小。

仿照孔板流量计的流量公式可写出转子流量计的流量公式,即

$$V = C_R A_R \sqrt{\frac{2(p_1 - p_2)}{\rho}} = C_R A_R \sqrt{\frac{2gV_f(\rho_f - \rho)}{A_f \rho}} \tag{1-56}$$

式中：A_R——转子与玻璃管的环隙截面积，单位 m²；

　　　C_R——转子流量计的流量系数，无因次，与 R_e 值及转子形状有关，由实验测定或从有关仪表手册中查得。当环隙间的 $R_e > 10^4$ 时，C_R 可取 0.98。

由上式可知，对某一转子流量计，如果在所测量的流量范围内，流量系数 C_R 为常数，那么流量只随环形截面积 A_R 而变。由于玻璃管是上大下小的锥体，所以环形截面积的大小随转子所处的位置而变，因而可用转子所处位置的高低来反映流量的大小。

转子流量计的刻度与被测流体的密度有关。用于液体的转子流量计在出厂之前，一般是用 20 ℃清水进行标定，用于气体的转子流量计在出厂之前是用 20 ℃、101.3 kPa 空气分别作为标定介质。当应用于测量其他流体时，需要对原有的刻度加以校正。

对于液体的转子流量计，如果实际工作的液体与 20 ℃清水的黏度相差不大，流量系数 C_R 也可近似看作相等，根据式(1-56)，在同一刻度下，两种液体的流量关系为

$$\frac{V_2}{V_1} = \sqrt{\frac{\rho_1(\rho_f - \rho_2)}{\rho_2(\rho_f - \rho_1)}} \tag{1-57}$$

式中：下标"1"表示出厂标定时所用的液体；

　　　下标"2"表示实际工作时的液体。

同理，对用于气体的转子流量计，在同一刻度下，两种气体的流量关系为

$$\frac{V_{g2}}{V_{g1}} = \sqrt{\frac{\rho_{g1}(\rho_f - \rho_{g2})}{\rho_{g2}(\rho_f - \rho_{g1})}} \tag{1-58}$$

式中：下标"g₁"表示出厂标定时所用的气体；

　　　下标"g₂"表示实际工作时的气体。

因转子材质的密度比任何气体的密度 ρ_g 要大得多，故上式可简化为

$$\frac{V_2}{V_1} = \sqrt{\frac{\rho_{g1}}{\rho_{g2}}} \tag{1-59}$$

转子流量计读取流量方便，能量损失很小，测量范围也宽，对不同流体的适应性较强，能用于腐蚀性流体的测量，流量计前后不需要很长的稳定段。但因流量计管壁大多为玻璃制品，故不能经受高温和高压，在安装使用过程中也容易破碎，且要求安装时必须保持垂直。

习　题

1. 试推导下面两种形状截面的当量直径的计算式。

（1）管道截面为长方形，长和宽分别为 a、b；

（2）套管换热器的环形截面，外管内径为 d_1，内管外径为 d_2。

2. 一定量的液体在圆形直管内做滞流流动。若管长及液体物性不变，而管径减至原

有的一半,问因流动阻力产生的能量损失为原来的多少倍?

3. 在如图所示的测压差装置中,U 形管压差计中的指示液为水银,其密度为 ρ_{Hg},其他管内均充满水,其密度为 ρ_w,U 形管压差计的读数为 R,两测压点间的位差为 h,试求 a、b 两测压点间的压力差 $p_a - p_b$。

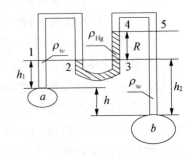

4. 用离心泵将水从储槽送至水洗塔的顶部,槽内水位维持恒定,各部分相对位置如本题附图所示。管路的直径均为 $\Phi76\times2.5$ mm。在操作条件下,泵入口处真空表的读数为 24.66×10^3 Pa;水流经吸入管与排出管(不包括喷头)的能量损失可分别按 $\sum h_{f1} = 2u^2$ 与 $\sum h_{f2} = 10u^2$ 计算。由于管径不变,故式中 u 为吸入或排出管的流速,m/s。排水管与喷头处的压强为 98.07×10^3 Pa(表压)。求泵的有效功率。(水的密度取为 1 000 kg/m³)

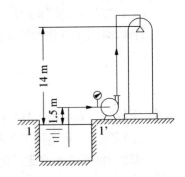

5. 在本题附图所示的实验装置中,于异径水平管段两截面间连一倒置 U 形管压差计,以测量两截面之间的压强差。当水的流量为 10 800 kg/h 时,U 形管压差计读数 R 为 100 mm。粗、细管的直径分别为 $\Phi60\times3.5$ mm 与 $\Phi42\times3$ mm。计算:

(1)1 kg 水流经两截面间的能量损失;

(2)与该能量损失相当的压强降为多少 Pa。(水的密度取为 1 000 kg/m³)

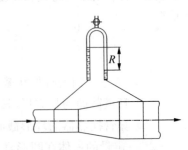

6. 在图示装置中,水管直径为 $\Phi57\times3.5$ mm。当阀门全闭时,压力表读数为 0.3 大气压,而在阀门开启后,压力表读数降至 0.2 大气压。设管路入口至压力表处的压头损失为 0.5 mH$_2$O,求水的流量为多少 m^3/h。

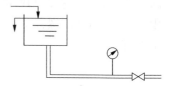

7. 如图所示,密度为 850 kg/m^3 的料液从高位槽送入塔中,高位槽内的液面维持恒定。塔内表压强为 9.81×10^3 Pa,进料量为 5 m^3/h。连接管直径为 $\Phi38\times2.5$ mm,料液在连接管内流动时的能量损失为 30 J/kg(不包括出口的能量损失)。求:高位槽内的液面应比塔的进料口高出多少。

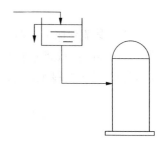

8. 附图中所示的高位槽液面维持恒定,管路中 ab 和 cd 两段的长度、直径及粗糙度均相同。某液体以一定流量流过管路,液体在流动中温度可视为不变。问:

(1) 液体通过 ab 和 cd 两管段的能量损失是否相等?

(2) 此两管段的压强差是否相等? 写出它们的表达式。

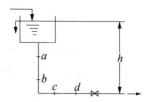

9. 密度为 850 kg/m^3、黏度为 8×10^{-3} Pa·s 的液体在内径为 14 mm 的钢管内流动,液体的流速为 1 m/s。计算:

(1) 雷诺准数,并指出属于何种流型;

(2) 若要使该流动达到湍流,液体的流速至少应为多少。

10. 用 $\Phi108\times4$ mm 的钢管从水塔将水引至车间,管路长度 150 m(包括管件的当量长度)。若此管路的全部能量损失为 118 J/kg,此管路输水量为多少 m^3/h?（管路摩擦系数可取为 0.02,水的密度取为 1 000 kg/m^3)

11. 用 $\Phi168\times9$ mm 的钢管输送原油。管线总长 100 km,油量为 60 000 kg/h,油管最大抗压能力为 1.57×10^7 Pa。已知 50 ℃时油的密度为 890 kg/m^3,黏度为 181 cp。假

定输油管水平放置,其局部阻力忽略不计。问:为完成上述输油任务,中途需设几个加压站?

12. 在附图所示的储油罐中盛有密度为 960 kg/m³ 的油品。油面高于罐底 9.6 m,油面上方为常压。在罐侧壁的下部有一直径为 760 mm 圆孔,其中心距罐底 800 mm,孔盖用 14 mm 的钢制螺钉紧固。若螺钉材料的工作应力取为 39.23×10^6 Pa,问:至少需要几个螺钉?

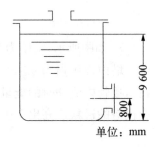

单位:mm

13. 某流化床反应器上装有两个 U 形管压差计,如本题附图所示。测得 $R_1 = 400$ mm,$R_2 = 50$ mm,指示液为水银。为防止水银蒸气向空间扩散,在右侧的 U 形管与大气连通的玻璃管内灌入一段水,其高度 $R_3 = 50$ mm。求 A、B 两处的表压强。

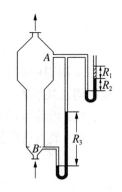

14. 根据本题附图所示的微差压差计的读数,计算管路中气体的表压强 p。压差计中以油和水为指示液,其密度分别为 920 kg/m³ 及 998 kg/m³,U 形管中油、水交界面高度差 $R = 300$ mm。两扩大室的内径 D 均为 60 mm,U 管内径 d 为 6 mm。(当管路内气体压强等于大气压强时,两扩大室液面平齐。)

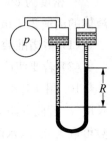

思考题

1. 流体压力的定义是什么？流体的静压能有何特性？

2. 什么叫绝对压力、表压和真空度？它们之间的关系是什么？

3. 流体的静力学方程式有几种表达形式？它们都能说明什么问题？应用静力学方程分析问题时如何确定等压面？

4. 何为流体的体积流量、质量流量和质量流速？它们之间如何换算？

5. 何为稳定流动与不稳定流动？

6. 试述连续性方程式成立的条件、表达式、物理意义。

7. 何为理想流体？实际流体与理想流体有何区别？如何体现在伯努利方程上？

8. 简述伯努利方程式推导的应用条件、各项单位及其物理含义。

9. 运用伯努利方程式进行计算时为什么要取截面？截面的选取应具备哪些条件？

10. 什么是流体的黏性？什么是流体的黏度？黏度的定义和物理意义是什么？

11. "流体的黏度愈大，内摩擦力愈大"这种说法是否正确？为什么？

12. 流体有哪几种流动类型？怎么判断？

13. 一定质量、流量的水在一定内径的圆管中稳定流动，当水温升高时，R_e 将如何变化？

14. 黏性流体在流动过程中产生直管阻力、局部阻力的原因各是什么？

15. 何为光滑管、粗糙管？何为绝对粗糙度、相对粗糙度？

16. 计算管路中局部阻力的方法有几种？

17. 当流量给定时，怎样确定管径？管径是否越小越好？为什么？

18. 管路分哪几种？各有什么特点？

19. 测速管测速原理是什么？测速管在安装上有什么特殊要求？通常用于什么场合？

20. 简述孔板流量计的结构、工作原理及安装注意事项。

21. 试比较文丘里流量计与孔板流量计的异同。

22. 简述转子流量计的结构、工作原理及安装要求？

工程案例分析

伯努利方程的应用——航海奇案的审判

事情发生在 1912 年的秋天，一艘当时世界上最大的远洋巨轮"奥林匹克"号，航行在茫茫的大海上。距它 100 m 左右的海面上，一艘比它小得多的"豪克"号与它几乎是平行地疾驶着。突然"豪克"号像着了魔似的，扭转船头冲向"奥林匹克"号。两船的水手赶紧打舵，但无论他们怎样操纵都无济于事，"豪克"号还是向"奥林匹克"号的船舷撞去，结果撞出了一个大洞。

在法庭审理这桩奇案时，"豪克"号被判为有过失的一方。然而，这个判决是不正确的。

我们可以根据流体流动原理来分析这次事故的原因。由伯努利方程可知，流体流动时,其动能与静压能可以相互转换,速度大的一侧压力低,速度小的一侧压力高。根据这一原理,两般并排行驶时,由于内侧船舷中间的流道较狭窄,水流比两般的外侧快,因此水对内侧的压力比对外侧压力小。于是,船内外侧的压力差像一双无形的巨手,把两船推向一起,造成碰撞事故。由于"豪克"号吨位小,所以被推得快,看起来是小船撞了大船。事实上大、小船的并行加上快速行驶,造成了这起事故的发生。两船应负同等责任。两船若能及时采取措施迅速减速,这场事故也许是可避免的。

提示:两船相距很近而高速行驶是航海上的大忌。

第 2 章　流体输送机械

学习要求

　　通过本章学习,要求掌握工业生产过程中最常见流体输送机械的结构、操作原理、性能参数及其在管路中的运行特性,并且能合理选择输送机械。

　　具体学习要求:掌握离心泵的基本结构、工作原理、主要性能参数及特性曲线;掌握离心泵在管路中的安装高度、工作点的确定、流量的调节等运行特性,能够合理选择离心泵;了解其他液体输送机械的特性和适用条件;掌握离心式通风机的基本结构、工作原理及主要性能参数;了解其他气体输送机械的结构特点、操作特性及适用条件。

　　当流体输送管路设计完成后,流体输送设备的选择、安装与使用问题就成为单元操作能否实施的关键。本章针对工业生产实际,对常见的流体输送机械的性能特点、使用范围、安装及使用方法进行相关研讨。为学生在日后的工作中解决此类问题,提供能力上的保证。

2.1　概　述

　　把电动机、蒸汽机等动力设备的机械能提供给流体的设备称为流体输送机械。下列场合需要利用流体输送机械:

　　(1) 将流体从低处送往高处;

　　(2) 将流体从低压处送往高压处;

　　(3) 将流体从甲地送到乙地(如管道输送石油、天然气等);

　　(4) 抽气(如使反应设备维持一定的真空度)。

　　在流体输送机械中,输送液体的通常称为泵,输送气体的通常称为风机或压缩机。离心泵结构简单,操作容易,流量易于调节,且能适用于多种特殊性质物料,因此在工业生产中被普遍采用。本章将重点讨论离心泵的作用原理、基本构造、性能特点和选用原则,对其他输送机械将作简单介绍。

2.2 离心泵

2.2.1 离心泵的结构和作用原理

离心的类型很多,但作用原理相同。结构亦大同小异。如图 2-1 所示,主要工作部件是旋转的叶轮 1 及固定的泵壳 2,能量是通过泵轴 3 传入的。

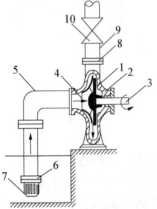

图 2-1 离心泵装置示意图
1—叶轮;2—泵壳;3—泵轴;
4—吸入口;5—吸入管;6—底阀;
7—滤网;8—排出口;
9—排出管;10—调节阀

叶轮是离心泵的主要功能部件,其上一般有 6～12 片后弯的叶片(即叶片弯曲方向与叶轮旋转方向相反)。叶轮分闭式、平开式和开式 3 种,如图 2-2 所示。

离心泵在启动前,首先将泵壳内灌满所输送的液体。启动后叶轮由泵轴带动做高速旋转($1\,000～3\,000\ \mathrm{r \cdot min^{-1}}$,其中 $2\,900\ \mathrm{r \cdot min^{-1}}$ 最常见),迫使叶片间的液体在离心力的作用下,叶轮中心被抛向边缘。液体在此运动过程中获得动能和静压能,并以较高速度离开叶轮进入泵壳,液体随流道逐渐扩大而减速,将部分动能转变为静压能。最后沿切向流入压出管道而排出泵体,此流动过程如图 2-3 所示。在液体由叶轮中心推向外缘的同时,在叶轮中心形成低压,如此在吸液处与叶轮中心之间产生了静压差。依靠此压差使液体源源不断地吸入叶轮,维持泵的连续、正常运转。

(a) 闭式

(b) 半开式

(c) 开式

图 2-2 叶轮的类型

图 2-3 液体泵内的流动情况

如果泵启动时,泵体内存有空气,而被输送的是液体,但因空气密度太小,产生的压差或泵吸入口的真空度很小而不能将液体吸入泵内。此种现象称为"气缚"。因此,为防止气缚现象发生,离心泵在启动时须先向泵内灌满被输送液体。

此外,离心泵在工作时,泵轴旋转而泵壳固定不动,其间的环隙若不加以密封或密封不好,则外界的空气会渗入叶轮中心的低压区,使泵的流量、效率大幅下降。严重时流量为零,形成"气缚"现象。通常,在工业生产中可以采用机械密封或填料密封来实现泵轴与泵壳之间的密封。其中,机械密封因结构紧凑,性能优良,使用寿命长,被广泛采用。

2.2.2　离心泵的主要性能

要正确选择和使用离心泵,必须了解离心泵的性能。离心泵的主要性能有:流量、扬程、效率和轴功率等。在泵的铭牌上标明了最高效率时泵的性能参数,现分别介绍如下:

1. 流量 Q

流量表示泵的输液能力。是指单位时间内排出的液体的体积量。单位为 $m^3 \cdot s^{-1}$ 或 $m^3 \cdot h^{-1}$。其大小取决于泵的结构、尺寸(主要是叶轮的直径和宽度)及转速等。

2. 扬程(压头)H

泵赋予单位重量流体的有效能量,称为离心泵的扬程或压头,其单位为 m。扬程的大小,取决于泵的结构、转速和流量。在一定的流量下,泵的扬程可用实验方法侧出,具体方法见例题 2-1。

3. 效率 η 及轴功率 N

液体经泵所得到的实际功率,称为有效功率,以 N_e 表示,单位为 W。

泵的有效功率可用下式计算:

$$N_e = QH\rho g \tag{2-1}$$

式中,Q——泵的流量,$m^3 \cdot s^{-1}$;

H——泵的扬程,m;

ρ——液体密度,$kg \cdot m^{-3}$;

g——重力加速度,$m \cdot s^{-2}$。

离心泵在运转中,由于泵内的液体泄漏所造成的损失,称为容积损失;而液体流经叶轮和泵壳时,流动方向和速度的变化以及流体间的相互撞击等也会消耗一部分能量,称为水力损失;此外,泵轴与轴承和轴封之间的机械摩擦、叶轮盖板外表面与液体之间的魔擦等还消耗一部分能量,称为机械损失。由于上述三个方面的原因,电动机传给泵的功率(称为离心泵的轴功率 N),总是大于泵的有效功率 N_e。有效功率与轴功率之比,称为泵的总效率,以 η 表示。则

$$\eta = \frac{N_e}{N} \times 100\% \tag{2-2}$$

离心泵的效率与泵的大小、类型(结构)、制造的精密度及液体的性质有关。一般小型泵的效率为 $50\% \sim 70\%$,大型泵的效率可达 90%。

2.2.3　离心泵的特性曲线

生产厂把 H-Q,N-Q 和 η-Q 的变化关系画在同一张坐标纸上,得出一组曲线,称为离心泵的特性曲线,如图 2-4 所示。此曲线附在泵的样本和说明书中,供用户选用和操作时参考。

尽管不同型号的泵有不同的特性曲线,但它们都具有以下特点。

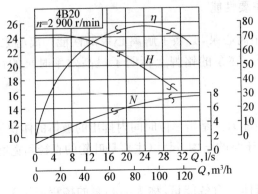

图 2-4 离心泵的特性曲线

（1）H-Q 线

表示离心泵的扬程与流量的关系。表明离心泵的扬程随流量的增大而下降。这是离心泵的一个重要特性（在流量极小时可能有例外）。

（2）N-Q 线

表示离心泵的轴功率与流量的关系。表明离心泵的轴功率随着流量的增大而上升，流量为零时轴功率最小。因此，离心泵启动时，应将出口阀关闭，待启动后再逐渐打开出口阀，避免因启动电流过大而烧坏电机。

（3）η-Q 线

表示离心泵的效率与流量的关系。开始时随着流量的增大效率上升，并达到最大值；然后，随着流量的增大，效率下降。这说明在一定转速下离心泵有一最高效率点，称为泵的设计点。与最高效率点相对应的流量、扬程及轴功率值称为最佳工况参数。根据工艺条件的要求，离心泵不可能恰好在最佳工况状态下运转，一般只能规定一个工作范围，称为泵的高效率区，通常此区的最低效率为最高效率的 92% 左右。选用离心泵时应尽可能使其在此范围内工作。

【例 2-1】 附图为测定离心泵特性曲线的实验装置，实验中已测出如下一组数据：泵进口处真空表读数 $p_1=2.67\times10^4$ Pa（真空度），泵出口处压强表读数 $p_2=2.55\times10^5$ Pa（表压），泵的流量 $Q=12.5\times10^{-3}$ m³·s⁻¹，功率表测得电动机所消耗的功率为 6.2 kW，吸入直径 $d_1=80$ mm，压出管直径 $d_2=60$ mm，两侧压点间垂直距离 $z_1-z_2=0.5$ m，泵由电动机直接带动，传动效率可视为 1，电动机的效率为 0.93，实验介质为 20 ℃ 的清水，泵的转速为 2 900 r·min⁻¹。

试计算在此流量下泵的压头 H、轴功率 N 和效率 η。

解：（1）泵的压头 H 在真空表及压强表所在截面 1—1′ 与 2—2 间列伯努利方程，即

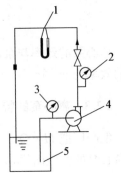

图 2-5（例题 2-1 附图）
1—流量计；2—压强表；
3—真空计；4—离心泵；5—贮槽

$$z_1+\frac{p_1}{\rho g}+\frac{u_1^2}{2g}+H=z_2+\frac{p_2}{\rho g}+\frac{u_2^2}{2g}+H_2$$

已知: $z_1-z_2=0.5$ m, $p_1=-2.67\times10^4$ Pa(表压), $p_2=2.55\times10^5$ Pa(表压), 而

$$u_1=\frac{4Q}{\pi d_1^2}=\frac{4\times12.5\times10^{-3}}{\pi\times0.08^2}=2.49\ \text{m}\cdot\text{s}^{-1}$$

$$u_2=\frac{4Q}{\pi d_2^2}=\frac{4\times12.5\times10^{-3}}{\pi\times0.06^2}=4.42\ \text{m}\cdot\text{s}^{-1}$$

两侧压口间的管路很短。其间阻力损失可忽略不计, 故

$$H=0.5+\frac{2.55\times10^5+2.67\times10^4}{1\,000\times9.81}+\frac{4.42^2-2.49^2}{2\times9.81}=29.88\ \text{m 水柱}$$

（2）泵的轴功率　功率表测得功率为电动机的输入功率, 电动机本身消耗一部分功率, 其效率为 0.93, 于是电动机的输出功率(等于泵的轴功率)为

$$N=6.2\times0.93=5.77\ \text{kW}$$

（3）泵的效率　由式（2-2）得

$$\eta=\frac{N_e}{N}=\frac{QH\rho g}{N}=\frac{12.5\times10^{-3}\times29.88\times1\,000\times9.81}{5.77\times1\,000}=\frac{3.66}{5.77}=0.63$$

必须指出, 不要把泵的扬程与液体的升扬高度混同起来。从以上计算不难看出, 扬程应包括液体位置的提升(升扬高度)、液体静压头的提高及输送液体过程中所克服的管路阻力 3 项之和。在实验中, 如果改变出口阀门的开度, 测出不同流量下的有关数据, 计算出相应的 H、N 和 η 值, 并将这些数据绘于坐标纸上, 即得该泵在固定转速下的特性曲线。

2.2.4　离心泵的安装高度

离心泵的安装高度是指被输送的液体所在贮槽的液面到离心泵入口处的垂直距离。

如图 2-6 所示。设液面压强为 p_0, 泵入口压强为 p_1, 液体的密度为 ρ, 吸入管路中液体的流速为 u_1, 阻力损失为 $\sum H_1$, 则液面至泵入口截面间的伯努利方程式为

$$\frac{p_0}{\rho g}=\frac{p_1}{\rho g}+\frac{u_1^2}{2g}+H_g+\sum H_1$$

即

$$H_g=\frac{p_0-p_1}{\rho g}-\frac{u_1^2}{2g}-\sum H_1 \tag{2-3}$$

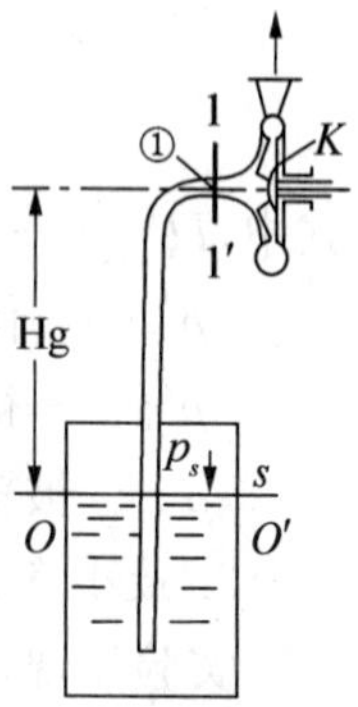

图 2-6　离心泵的安装高度

式中, H_g——泵的安装高度, m。

1. 最大吸上真空高度

式（2-3）右侧第一项 $(p_0-p_1)/\rho g$ 为以输送液体的液柱高度表示的泵入口截面 1—1 处的真空度（图 2-6）, 常称为吸上真空高度, 以 H_s 表示。p_1 越低, H_s 越大, 但当 p_1 降低到与液体温度相应的饱和蒸气压 p_v 时, 泵入口处的液体就要汽化

而出现气泡。大量气泡随液体进入高压区后,便被周围液体压碎形成局部真空,周围液体质点就会以极大的速度冲向气泡中心,产生很高的局部压力,不断冲击着叶轮或泵壳的表面,长时间操作下去,会使叶轮或泵壳损坏,这种现象称为"汽蚀"。汽蚀现象发生时,泵体震动并发出噪音,泵的流量、扬程也明显下降,严重时,泵将无法正常工作。为了防止汽蚀现象发生,必须使泵入口处的压强 p_1 大于液体在该温度下的饱和蒸气压 p_v,即将吸上真空高度限定为一允许值,此称允许吸上真空高度,以 $H_{s允}$ 表示。显然,对应于汽蚀现象发生时的最大吸上真空高度 $H_{s\max}$ 应为

$$H_{s\max} = \frac{p_0 - p_v}{\rho g} \qquad (2-4)$$

为了保证运转时不发生汽蚀现象,我国生产的离心泵规定留有 0.3 m 的安全量,使得允许吸上真空高度

$$H_{s允} = H_{s\max} - 0.3 \qquad (2-5)$$

以此 $H_{s允}$ 值代替式(2-3)中的 $\dfrac{p_0 - p_1}{\rho g}$,即可求得允许安装高度 $H_{s允}$ 为

$$H_{s允} = H_{s允} - \frac{u_1^2}{2g} - \sum H_f \qquad (2-6)$$

显然,泵的实际安装高度应为

$$H_g \leqslant H_{s允} \qquad (2-7)$$

允许吸上真空高度的数值不但反映了泵的特性(如泵内的阻力),且与吸入贮槽液面上方的压力 p、液体的性质(p_v,ρ)有关,而泵制造厂提供的 $H_{s允}$ 值是 $p = 101.33$ kPa、用水在 20 ℃下实验的结果。若输送其他液体,离心泵的工作条件与上述条件不同,则应进行如下校正:

$$H'_{s允} = \left(H_{s允} + \frac{p'_0 - p_0}{\rho g} - \frac{p'_v - p_v}{\rho g} \right) \frac{1\,000}{\rho} \qquad (2-8)$$

式中,$H'_{s允}$——校正后的允许吸上真空高度,m 液柱;

 p'_0——使用地点的大气压,Pa;

 p'_v——被输送液体的饱和蒸气压,Pa;

 ρ——被输送液体的密度,kg·m^{-3}。

2. 最小汽蚀余量

实验发现,当泵入口处的压强 p_1 还没有低到与液体的饱和蒸气压 p_v 相等时,汽蚀现象也会发生,这是因为泵入口处并不是泵内压强最低的地方,当液体从泵入口进入叶轮中心时,由于流速大小和方向的改变,压强还会进一步降低。为了防止汽蚀现象发生,必须使泵入口处液体的动压头 $u_1^2/2g$ 与静压头 $p_1/\rho g$ 之和大于饱和液体的静压头 $p_1/\rho g$,其差值以 Δh 表示,称为汽蚀余量。发生汽蚀时的汽蚀余量,称最小汽蚀余量,以 $\Delta h_{\min}$ 表示,此值由实验测得,使用时加 0.3 m 的安全量,称为允许汽蚀量 $\Delta h_{允}$,即

$$\Delta h_{允} = \Delta h_{\min} + 0.3 \qquad (2-9)$$

$\Delta h_{允}$ 是决定泵安装高度所采用的最低数值,由 $\Delta h_{允}$ 所算得的安装高度即为允许安装高度 $H_{g允}$,现推导如下:

$$\Delta h_{允} = \left(\frac{p_1}{\rho g} + \frac{u_1^2}{2g}\right) - \frac{p_v}{\rho g} \qquad (2-10)$$

移项得

$$\frac{p_1}{\rho g} = \Delta h_{允} + \frac{p_v}{\rho g} - \frac{u_1^2}{2g}$$

将此式代入式(2-3),则得泵的允许安装高度 $H_{g允}$ 为

$$H_{s允} = \frac{p_0 - p_v}{\rho g} - \Delta h_{允} - \sum H_f \qquad (2-11)$$

比较式(2-6)与式(2-11),且 $u_1^2/2g$ 值一般很小可以忽略,得

$$\Delta h_{允} = \frac{p_0 - p_v}{\rho g} - H_{s允} \qquad (2-12)$$

用水在 20 ℃时的数值 $(p_0 - p_v)/\rho g = 10$ m 代入式(2-12),得

$$\Delta h_{允} = 10 - H_{s允} \qquad (2-13)$$

【例 2-2】　用离心泵将敞口水槽中 65 ℃热水送往某处,槽内液面恒定,输水量为 55 m³·h⁻¹,吸入管径为 100 mm,进口管路能量损失为 2 m,泵安装地区大气压为 0.1 MPa,已知泵的允许吸上真空高度 $H_{s允} = 5$ m,求泵的安装高度,单位 m。

解:65 ℃水:$p_v = 2.554 \times 10^4$ Pa,$\rho = 980.5$ kg·m⁻³;20 ℃水:

$$p_0 = 9.81 \times 10^4 \text{ Pa}, \rho = 1\,000 \text{ kg·m}^{-3}, p_v = 2.334 \times 10^3 \text{ Pa},$$
$$u = \frac{4Q}{\pi d^2} = \frac{4 \times 55}{3\,600 \times \pi \times 0.1^2} = 1.95 \text{ m·s}^{-1},$$

代入式(2-8)得

$$H'_{s允} = \left(5 + \frac{0.1 \times 10^6 - 9.81 \times 10^4}{9.81 \times 10^3} - \frac{2.554 \times 10^4 - 2.334 \times 10^3}{9.81 \times 10^3}\right)\frac{1\,000}{980.5} = 2.89 \text{ m},$$

代入式(2-6)得

$$H_{s允} = H'_{s允} - \frac{u_1^2}{2g} - \sum H_f,$$

为安全起见,泵的实际安装高度应小于 0.69 m。

2.2.5　离心泵的流量调节及组合操作

1. 管路特性曲线和泵的工作点

应该明确,安装在管路中的离心泵,其输液量即为管路的液体流量。在该流量下泵所

能提供的扬程恰等于管路所需要的压头。因此,离心泵的实际工作情况由泵的特性和管路的特性所决定。

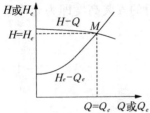

图 2-7　离心泵的工作点

如图 2-7 所示,泵的特性方程表示为

$$H = f_1(Q) \tag{2-14}$$

同样,对于一个特定的管路,流量与所需压头之间的关系即为这段管路的特性关系。流体流过管路两点间所需的压头为

$$H_e = (z_2 - z_1) + \frac{p_2 - p_1}{\rho g} + \frac{u_2^2 - u_1^2}{2g} + \lambda \left(\frac{l + l_e}{d} \right) \left(\frac{u^2}{2g} \right) \tag{2-15}$$

由于 $(u_2^2 - u_1^2)/2g$ 数值很小,可以忽略不计。流速 $u = Q_e/A$,则式(2-15)可以表示为

$$H_e = (z_2 - z_1) + \frac{p_2 - p_1}{\rho g} + \lambda \left[\frac{l + \sum l_e}{d} \right] \left(\frac{4Q_e}{\pi d^2} \right)^2 \left(\frac{1}{2g} \right)$$

对于一个特定的管路,上式中除 λ 和 Q_e 之外,都是定值,是 R_e 的函数,若所输送的液体是已确定的,则 R_e 所包括的各量除 u 外,也都是定值。于是 λ 也仅是 Q_e 的函数,从而上式中的最后一项 H_f 可以表示成 Q_e 的函数式,即

$$H_f = f_2(Q_e)$$

则

$$H_e = \Delta z + \frac{\Delta p}{\rho g} + f_2(Q_e) \tag{2-16}$$

对于一个特定的管路,式(2-16)中的 Δz 和 $\Delta p/\rho g$ 两项固定不变,于是式(2-16)便成为输送所需压头 H_e 随流量 Q_e 而变化的关系式,称为管路特性方程。按此关系式标绘出的曲线称管路特性曲线,如图 2-7 中的曲线 H_e-Q_e。

图 2-7 两条曲线的交点 M 所代表的流量和压头,就是一台特定的泵安装在一条特定的管路上时,它实际上输送的流量和所提供的压头。该 M 点称为离心泵的工作点。

2. 流量调节

在实际工作中,由于生产任务的变化或操作条件的波动,往往需要调节泵的工作点来增大或减小流量,以适应生产的要求。由于泵的工作点是由泵的特性曲线和管路特性曲线所决定。因此,改变二者之一都能达到调节泵的工作点的目的。

改变管路特性曲线的最简单办法,是调节泵出口管路上阀门的开度,如图 2-8 所示,阀门关小,特性曲线变陡,工作点由 M 移至 M_1 点,流量由 Q_M 降至 Q_{M1};反之流量加大。此种方法不但增加了管路阻力损失(当阀门关小时),且使泵在低效率点下工作,在经济上并不合理。但阀门调节迅速方便,并可在最大流量与零流量之间自由变动,适于调节幅度不大但需经常改变流量的生产场合,所以被广泛采用。

改变离心泵特性曲线的方法有两种,即改变叶轮的直径(车削叶轮或用小直径的叶轮)或转速。如图 2-9 所示。用此种方法调节流量可保持泵在高效率区工作,且没有额外的能量损失,能量利用较为经济。但调节不方便,一般只能在调节幅度大、操作周期长的季节性调节中才使用。

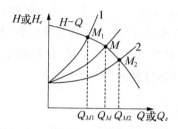

图 2-8　改变阀开度时流量变化情况　　图 2-9　改变泵的转速时流量变化情况

若转速变化不大,可认为对泵效率影响不大,则 Q、H、N 随 η 而改变的关系,如下列各式所示,可用来做粗略估算:

$$\frac{Q}{Q'}=\frac{n}{n'};\frac{H}{H'}=\left(\frac{n}{n'}\right)^2;\frac{N}{N'}=\left(\frac{n}{n'}\right)^3 \tag{2-17}$$

若叶轮直径的变化不超过 10%(宽度不变)时,则 Q、H、N 随叶轮直径(D)而改变的关系,如下列各式所示:

$$\frac{Q}{Q'}=\frac{D}{D'};\frac{H}{H'}=\left(\frac{D}{D'}\right)^2;\frac{N}{N'}=\left(\frac{D}{D'}\right)^3 \tag{2-18}$$

3. 离心泵的组合操作

在生产中,如单台离心泵不能满足输送任务的要求,有时可将几台泵进行组合。离心泵的组合方式有两种:串联和并联。下面以两台特性相同的泵进行讨论。

(1)串联操作

两台相同的离心泵串联(图 2-10)时,每台泵的流量和压头亦是相同的。因此,在同样的流量下,串联泵的压头为单台泵的两倍。据此,可由单台泵的特性曲线 1 加合成串联泵的特性曲线 2。则串联泵的流量和压头是由合成曲线与管路特征曲线 H_e-Q 的交点 B 决定的。串联泵的效率与串联时单台泵的效率相同。由图 2-10 可知,压头的增加不会是成倍的,因为串联后流量有所增加。

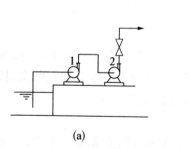
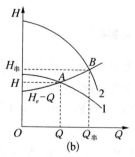

(a)　　　　　　　　　　(b)

图 2-10　离心泵的串联

(2)并联操作

如图 2-11,若两台型号相同的离心泵并联操作,且各自的吸入管路相同,则两台泵的流量和压头必相同,因此,在同样的压头下,并联系统的流量应为单台泵的两倍,据此可由单台泵的特性曲线 1 加合成并联泵的特性曲线 2。并联泵的流量和压头由合成曲线与管路特性曲线 H_e-Q 的交点 B 所决定。并联泵的总效率与并联时单台泵的效率相同。由图 2-11 可知,两台泵的输送量不会是单台泵的两倍,除非是管路系统没有阻力。

一般地说,泵的串联是为了提高扬程,并联则是增大流量。但是,使用时必须与管路特性曲线结合起来考虑,进行具体分析从而采取较为合理的组合操作。

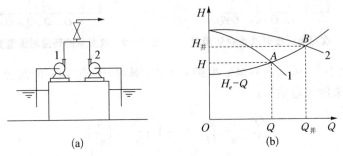

图 2-11 离心泵的并联

2.2.6 离心泵的安装和运转

各种泵出厂时都附有说明书,对泵的性能、安装、使用、维护等加以介绍。这里仅从理论上,就安装和操作,提一些应当注意的事项。

为了确保不发生汽蚀现象或吸不上液体,泵的安装高度必须小于或等于允许安装高度 $H_{s允}$,同时应尽量降低吸入管路的阻力。为了减少吸入管路的阻力损失,管路应尽可能短而直,管子直径不得小于吸入口的直径。

泵启动时应将出口阀完全关阀,待电机运转正常后,再逐渐打开出口阀,并调节到所需要的流量。为了保护设备,停车前应首先关闭出口阀,再停电机。否则,压出管线的高压液体会冲入泵内,造成叶轮高速反转,以致损坏。若停泵时间长,应将泵和管路内的液体放尽,以免锈蚀和冬季冻结。

运转时还应注意有无噪音,观察压力表是否正常,并定期检查泄漏情况及轴承是否过热等。

2.2.7 离心泵的类型

离心泵的种类很多,按所输送介质的性质不同,可分为清水泵、耐腐蚀泵、油泵、杂质泵、屏蔽泵、磁力泵等;按叶轮的吸液方式不同,可分为单吸泵和双吸泵;按叶轮的数目不同,可分为单级泵和多级泵。现介绍几种常用的泵型。

1. 清水泵

清水泵是药厂中应用最广的离心泵。常用来输送清水及物理化学性质类似清水的其他液体。最常用的是单级单吸清水泵,如图 2-12 所示。其中 IS 系列扬程范围为 8～98 m,流量范围为 4.5～360 m³·h⁻¹,转速 2 900 r·min⁻¹ 和 1 400 r·min⁻¹,液体最高温度不得超过 80 ℃。若要求的压头较高,则可采用多级泵,如图 2-13 所示,其系列代号

为"D"。若要求的流量很大,则可用双吸泵,如图 2 - 14 所示。其系列代号为"Sh"。如:
IS80 - 65 - 160

其中,IS——单级单吸离心水泵;

80——吸入口直径,mm;

65——排出口直径,mm;

160——叶轮直径,mm。

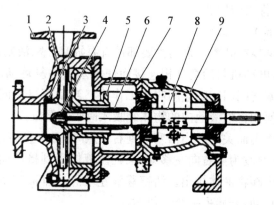

图 2 - 12　清水泵结构示意图
1—泵壳;2—叶轮;3—密封环;4—叶轮螺母;5—泵盖;6—密封部件;7—中间支撑;8—轴;9—悬架部件

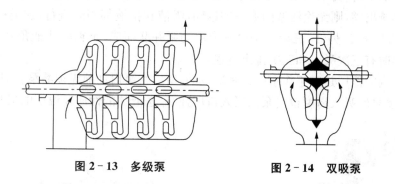

图 2 - 13　多级泵　　　　**图 2 - 14　双吸泵**

2. 油泵

用于输送易燃易爆的石油产品,泵需要密封良好,当油温度＞200 ℃时,轴承、轴封还应装有冷却水夹套。系列代号为:单吸为 Y,双吸为 YS。

3. 屏蔽泵

屏蔽泵是一种无密封泵,叶轮和驱动电机联为一个整体并被密封在同一个泵壳内,无传统离心泵的轴封装置,具有完全无泄漏的特点。可用来输送对人体及环境有害的、不安全的液体和贵重液体等,如强腐蚀性、剧毒性、挥发性、放射性等介质。

4. 磁力泵

磁力泵的泵体全封闭,泵与电机的连接采用磁钢互吸驱动。是一种新型完全无泄翻耐腐蚀泵,是输送易燃、易爆、挥发、有毒、稀有贵重液体和各种腐蚀性液体的理想设备。C 型磁力泵适用于输送不含硬颗粒和纤维的液体。

2.3 其他类型泵

2.3.1 往复泵

往复泵是一种容积式泵，应用比较广泛。它依靠活塞的往复运动并依次开启吸入阀和排出阀，从而吸入和排出液体。

1. 往复泵的结构和工作原理

图 2-15 为往复泵装置简图。泵的主要部件有泵缸、活塞、活塞杆、吸入阀和排出阀。往复泵由电动机驱动，电动机与活塞杆相连接而使活塞做往复运动。吸入阀和排出阀都是单向阀。泵缸内活塞与阀门间的空间叫作工作室。当活塞自左向右移动时，工作室的容积增大，形成低压，便能将贮液池内的物体经吸入阀吸入泵缸内。在吸液体时排出阀因受排出管内液体压力作用而关闭。当活塞移到右端点时，工作室的容积最大，吸入的液体量也最多。此后，活塞便改为由右向左移动，泵缸内液体受到挤压而使其压强增大，致使吸入阀关闭而推开排出阀将液体排出。活塞移到左端点后排液完毕，完成了一个工作循环。此后活塞又向右移动，开始另一个工作循环。

往复泵活塞左端点到右端点的距离叫作冲程或位移。活塞往复一次，只吸入和排出液体各一次的泵，称为单动泵。单动泵的送液是不连续的。若在活塞两侧的泵体内都装有吸入阀和排出阀，则无论活塞向哪一侧运动，吸液和排液都同时进行，这类往复泵称为双动泵(图 2-16)。另外，三动泵是由三个单动泵并联而成，泵轴的曲柄角互成 $120°$，每当轴转一周时有三次吸入和三次排出过程。

往复泵内的低压是靠工作室的扩张造成的，所以在泵启动前无须灌泵。但是，与离心泵相同，往复泵的吸入高度也受泵的吸入口压强、输送液体的性质及温度的限制。

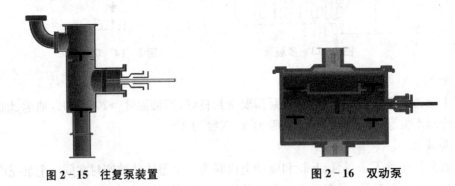

图 2-15 往复泵装置　　　　　　　图 2-16 双动泵

2. 往复泵的流量

(1) 理论平均流量

单缸单动泵：$Q_T = Asn/60$ (2-19)

单缸双动泵：$Q_T = (2A-a)sn/60$ (2-20)

式中：Q_T——理论平均流量，单位 m^3/s;

A——活塞截面积,单位 m^2;

s——活塞冲程,单位 m;

n——活塞往复频率,单位次/min;

a——活塞杆的截面积,单位 m^2。

（2）实际平均流量

$$Q = \eta_V Q_T \tag{2-21}$$

式中: η_V——容积效率,一般在 70% 以上。实际平均流量低于理论平均流量主要是由于阀门开闭有滞后,阀门、活塞填料函等存在泄漏。

3. 往复泵的特性曲线和工作特点

把液体吸入泵腔内,再用减小容积的方式使液体受推挤以高压排除,这类泵称为容积式泵或正位移泵。往复泵是正位移泵的一种,往复泵的许多特性是正位移泵的共同特性。例如泵对流体提供的压头只由管路特性决定,理论上与流量也无关,可以任意高。理论流量由活塞截面积、行程及往复频率决定,而与管路特性无关。往复泵的特性曲线如图 2-17 所示,随扬程的增大,流量稍有减小,往复泵工作点仍为往复泵的特性曲线与泵特性曲线的交点。

4. 往复泵的流量调节

（1）旁路调节。如图 2-18 所示,泵的送液量不变,只是让部分被压出的液体返回贮池,使主管中的流量发生变化。显然这种调节方法很不经济,但较为简单,只适用于流量变化幅度较小的经常性调节。

（2）改变原动机转数,以调节活塞的往复频率。

（3）改变活塞的冲程。

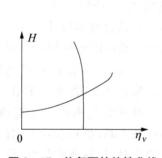

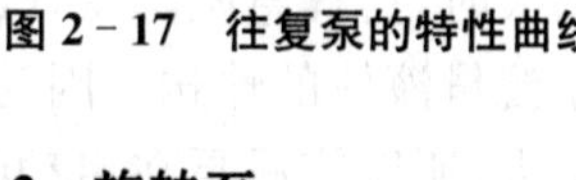

图 2-17　往复泵的特性曲线

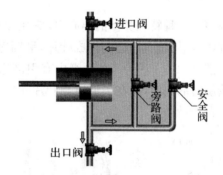

图 2-18　往复泵的旁路调节

2.3.2　旋转泵

旋转泵是靠泵内一个或一个以上转子的旋转来吸入与排出液体的,又称转子泵。旋转泵的形式很多,但它们的操作原理都是相似的,旋转泵也是正位移泵,若旋转速度恒定,则排液能力也固定。

1. 齿轮泵

图 2-19 为齿轮泵的结构示意图。泵壳内有两个齿轮,一个是靠电动机带动旋转,称

为主动轮;另一个是靠与主动轮相啮合而转动,称为从动轮。两齿轮与泵体间形成吸入和排出两个空间。

当齿轮按图中所示的箭头方向转动时,吸入空间内两轮的齿互相拨开,形成了低压而将液体吸入,然后液体分为两路沿泵内壁随齿轮转动而达到排出空间。排出空间内两轮的齿互相合拢,于是形成高压而将液体排出。齿轮泵的压头高而流量小,适用于输送黏稠液体以至膏状物,但不能输送含有固体颗粒的悬浮液。

2. 螺杆泵

螺杆泵主要由泵壳和一根或一根以上的螺杆构成。图 2 - 20 所示的双螺杆泵实际上与齿轮泵十分相似,它利用两根相互啮合的螺杆来排送液体。当所需的压强较高时,可采用较长的螺杆。螺杆泵压头高、效率高、噪声低,适于在高压下输送黏稠液体。

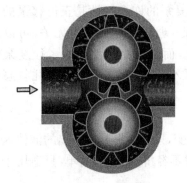

图 2 - 19　齿轮泵

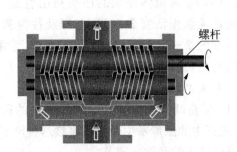

图 2 - 20　双螺杆泵

2.3.3　旋涡泵

旋涡泵是一种特殊类型的离心泵,它由泵壳和叶轮组成。如图 2 - 21(a)所示,叶轮是一个圆盘,四周铣有凹槽而构成叶片,呈辐射状排列,叶片数目可多达几十片。泵内结构情况如图 2 - 21(b)所示,在泵壳内有引液道,吸入口和排出口由间壁隔开。泵壳内液体随叶轮旋转的同时,又在引液道与叶片间反复运动,因而被叶片拍击多次,获得较多的能量。旋涡泵的效率一般比离心泵低。特性曲线与离心泵也有所不同。当流量减小时,扬程和功率均较大,当流量增大时,扬程急剧降低,故一般适用于小流量液体的输送。因为流量小时功率大,所以旋涡泵在启动时,不要关闭出口阀,并且流量调节应采用旁路回流调节法。在相同的叶轮直径和转速条件下,旋涡泵的扬程为离心泵的 2～4 倍。由于泵内流体的旋涡流作用,流动摩擦损失增大,所以旋涡泵的效率较低,一般为 30%～40%。

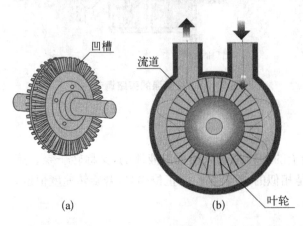

图 2 - 21　旋涡泵

旋涡泵构造简单,制造方便,扬程较高。适用于输送小流量、压头高而黏度不大的液体。也可作为耐腐蚀泵使用,其叶轮和泵壳等用不锈钢或塑料等材料制造。

2.4　气体输送机械

气体输送机械在工业生产中主要用于输送气体、产生高压或真空。气体输送机械的结构原理与液体输送机械大体相同,都是通过类似的方式向流体做功。但气体与液体的物性有很大不同,故气体输送机械亦有自己的特点。

气体输送机械也可以按工作原理分为离心式、旋转式、往复式以及喷射式等。按出口压力(终压)和压缩比不同分为如下几类:

(1) 通风机。终压(表压)不大于 15 kPa,压缩比不大于 1.15。

(2) 鼓风机。终压 15～300 kPa,压缩比小于 1.1～4。

(3) 压缩机。终压在 100 kPa 以上,压缩比大于 2。

(4) 真空泵。在设备内造成负压,出口压强为大气压或略高于大气压,压缩比由真空度决定。

2.4.1　离心式通风机

工业上常用的通风机有轴流式和离心式两类。轴流式通风机排送量大,所产生的风压甚小,一般只用来通风换气,而不用来输送气体;离心式通风机主要用于输送气体。

1. 离心式通风机的结构

离心式通风机工作原理与离心泵相同,结构也大同小异,其机壳为蜗壳形,机壳内的气体通道有圆形和矩形两种。低、中压风机多为矩形通道,高压风机多为圆形通道。通风机一般为单级,根据叶轮上的叶片大小、形状,分为多翼式风机和涡轮式风机,为适应输送风量大的要求,通风机的叶轮直径一般是比较大的。叶轮上叶片的数目比较多,有平直的、前弯的、后弯的。

2. 离心通风机的性能参数和特性曲线

(1) 风量 Q

指单位时间内流过风机进口的气体体积(按入口状态计),即体积流量,单位为 m^3/s、m^3/h。

(2) 全风压 p_t

指单位体积气体流过风机后所获得的能量,J/m^3、Pa;

在通风机的进、出口截面之间列伯努利方程,忽略两截面之间的位差(z_2-z_1)和 $\sum H_f$,则得通风机对 $1N$ 气体提供的总机械能(压头)为

$$H=\frac{p_{s2}-p_{s1}}{\rho g}+\frac{u_2^2-u_1^2}{2g} \qquad (2-22)$$

式中各项的单位为 $J/N=N\cdot m/N=m$(气柱)。

令式(2-22)各项乘以 ρg,得全风压

$$p_t = \rho g H = (p_{s2} - p_{s1}) + \left(\frac{\rho u_2^2}{2} - \frac{\rho u_1^2}{2} \right) \qquad (2-23)$$

式中各项为单位体积气体所具有的机械能。p_s 表示静压，令 $p_d = \dfrac{\rho u^2}{2}$，称为动压。则静压与动压之和 $(p_s + p_d)$，称为全压。

将式 (2-23) 改写成

全风压 $\qquad\qquad p_t = (p_{s2} - p_{s1}) + (p_{d2} - p_{d1}) \qquad (2-24)$

或全风压 $\qquad\qquad p_t = (p_{s2} + p_{d2}) - (p_{s1} + p_{d1}) \qquad (2-25)$

出口全压　进口全压

式中：p_t——全风压，Pa；

$\quad p_{s1}$、p_{s2}——通风机进口、出口静压，Pa。

$p_{d1} = \dfrac{\rho u_1^2}{2}$、$p_{d2} = \dfrac{\rho u_2^2}{2}$——通风机进口、出口动压，Pa。

由式 (2-25) 可知，通风机的全风压为出口截面的全压与进口截面的全压之差值。

1) 全风压、静风压与动风压的关系

将式 (2-25) 改写为

全风压 $\qquad\qquad p_t = (p_{s2} - p_{s1}) - p_{d1} + p_{d2}$

（静风压p_{st}）（动风压p_d）

通风机的全风压 p_t 为静风压 p_{st} 与动风压 p_d 之和。

通风机的动风压 p_d 为出口截面的动压 p_{d2}，即 $p_d = p_{d2}$。

通风机的静风压 $\qquad\qquad p_{st} = (p_{s2} - p_{s1}) - p_{d1} \qquad (2-26)$

p_{st}＝全风压 p_s － 动风压 p_d

2) 全风压和气体密度的关系

由式 (2-23) 可知 $pt = \rho g H$，当 H 一定时，全风压与气体密度成正比。若气体密度为 ρ、ρ' 时全风压分别为 p_t、p_t'，则有

$$\frac{p_t}{p_t'} = \frac{\rho}{\rho'} \qquad (2-27)$$

通风机性能表上的全风压是在标准条件下用空气测得的，若操作条件气体密度与标准条件的空气密度 ($\rho = 1.2\ \text{kg/m}^3$) 不同，则操作条件下的全风压可用式 (2-27) 换算。

（3）轴功率和效率

离心式通风机的轴功率 N 为

$$N = \frac{Q \cdot p_t}{\eta \cdot 1\,000} \qquad (2-28)$$

效率 η 可表示为

$$\eta = \frac{Q \cdot p_t}{N \cdot 1\,000} \qquad (2-28a)$$

（4）特性曲线

离心通风机的特性曲线是由生产厂家在 1 atm 、20 ℃ 的条件下用空气测定的，主要有 p_t-Q、p_{st}-Q、N-Q 和 η-Q 四条曲线（图 2-22）。

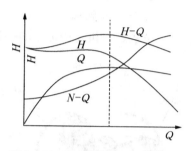

图 2-22　离心式通风机特性曲线

3. 离心通风机的选择

（1）根据气体种类和风压范围，确定风机的类型。

（2）确定所求的风量和全风压。风量根据生产任务来定；全风压按伯努利方程来求，但要按标准状况校正，即

$$p_{t0} = p_t \left(\frac{p_{a0}}{p_a}\right)\left(\frac{273+t}{273+t_0}\right) \qquad (2-29)$$

式中：p_{a0}——标准条件下的大气压强，101.3 kPa；

　　　p_a——生产条件下的大气压强，kPa；

　　　t_0——标准条件下的空气温度，20 ℃；

　　　t——生产条件下的空气温度，℃。

（3）根据所需的风量和校正后的全风压在产品系列表中查找合适的型号。

【例 2-3】　已知空气的最大输送量为 14 500 kg/h，最大风量下输送系统所需的风压为 1 600 Pa（表压，以风机进口状态计），入口温度为 40 ℃。选合适的离心通风机。当地大气压强为 95×10^3 Pa。

解：将系统所需的风压 p_t 换算为标准条件下的风压 p_{t0}。即

$$p_{t0} = p_t \left(\frac{p_{a0}}{p_a}\right)\left(\frac{273+t}{273+t_0}\right) = 1\,600 \times \frac{101.3}{95} \times \frac{313}{293} = 1\,823 \text{ Pa}$$

操作条件下 ρ 的计算：

$$\rho = \frac{pM}{RT} = \frac{95 \times 10^3 \times 29}{8.314 \times 313} = 1.059 \text{ kg/m}^3$$

风量按风机进口状态计算：

$$Q = \frac{14\,500}{1.059} = 1.369 \times 10^4 \text{ m}^3/\text{h}$$

根据风量和风压，从风机产品系列表中查得 4-2-1NO.6C 型离心通风机可满足要求。该机性能如下：

风压　1 941.8 Pa＝198 mm H_2O；

风量　14 100 m³/h；

效率　91%；

轴功率　10 kW。

2.4.2　鼓风机

在工厂中常用的鼓风机有旋转式和离心式两种类型。

1. 罗茨鼓风机

罗茨鼓风机是最常用的一种旋转式鼓风机,其工作原理与齿轮泵类似。如图 2-23 所示,机壳内有两个渐开摆线形的转子,两转子的旋转方向相反,可使气体从机壳一侧吸入,从另一侧排出。转子与转子、转子与机壳之间的缝隙很小,使转子能自由运动而无过多泄漏。

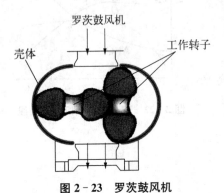

图 2-23　罗茨鼓风机

2. 离心式鼓风机

离心式鼓风机的外形与离心泵相像,内部结构也有许多相同之处。例如,离心式鼓风机的蜗壳形通道亦为圆形,外壳直径与厚度之比较大,轮上叶片数目较多,转速较高,轮外周都装有导轮。单级出口表压多在 30 kPa 以内;多级可达 0.3 MPa。

离心式鼓风机的选型方法与离心式通风机相同。

2.4.3　压缩机

化工厂所用的压缩机主要有往复式和离心式两大类。

1. 往复式压缩机

其结构及工作原理与往复泵相似,一个工作循环是由膨胀、吸入、压缩和排出四个阶段组成。但因为气体的密度小、可压缩,故压缩机的吸入和排出活门必须更加灵巧精密。为移除压缩放出的热量以降低气体的温度,气缸必须附冷却装置。当终压要求较高时,需采用多级压缩,每级压缩比不得大于 8,级间也要设置中间冷却器。

2. 离心式压缩机

其结构及工作原理与离心式鼓风机基本相似,但叶轮级数更多,通常在 10 级以上,叶轮转速常在 5 000 r/min 以上,结构更为精密,产生的风压较高,一般可达几十兆帕。由于压缩比较大,气体体积变化很大,温升也高,一般分为几段,每段由若干级构成,叶轮直径逐级缩小。气体温度随压强增加而升高,故在段间要设置中间冷却器。

2.4.4　真空泵

真空泵是从容器中抽气,产生真空的输送机械。若将前述任何一种气体输送机械的进口与某一设备接通,即成为从该设备抽气的真空泵。

1. 水环真空泵

水环真空泵的外壳呈圆形,其中的叶轮偏心安装。启动前,泵内注入一定量的水,当叶轮旋转时,由于离心力的作用,水被甩至壳壁形成水环。此水环具有密封作用,使叶片间的孔隙形成许多大小不同的密封室。由于叶轮的旋转运动,密封室外由小变大形成真空,将气体从吸入口吸入;继而密封室由大变小,气体由压出口排出(图 2-24)。

此类泵结构简单、紧凑,易于制造和维修。由于旋转部分没有机械摩擦,使用寿命长,操作可靠。适用于抽吸含有液体的气体,尤其在抽吸有腐蚀性或爆炸性气体时更为适宜。但其效率较低,为 $30\%\sim50\%$。

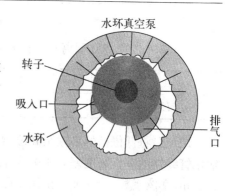

图 2-24　水环真空泵

2. 喷射真空泵

喷射泵属于流体动力作用式的流体输送机械,它是利用流体流动时动能和静压能的相互转换来吸送流体。在化工生产中,喷射泵用于抽真空时称为喷射式真空泵。

喷射泵的工作流体一般为水蒸气或高压水,前者称为水蒸气喷射泵,后者称为水喷射泵。图 2-25 所示为一单级水蒸气喷射泵,水蒸气在高压下以很高的速度从喷嘴喷出,在喷射过程中,水蒸气的静压能转变为动能,产生低压将气体吸入。吸入的气体与水蒸气混合后进入扩散管,速度逐渐降低,压力随之升高,而后从压出口排出。单级水蒸气喷射泵仅能达到 90% 的真空度,为获得更高的真空度可采用多级水蒸气喷射泵。也可用高压空气及其他流体作为工作流体使用。

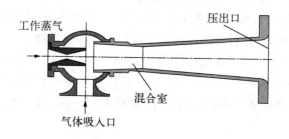

图 2-25　单级水蒸气喷射泵

喷射泵的优点是工作压强范围大,抽气量大,结构简单,适应性强;但其效率低,且工作流体消耗量大。

习　题

1. 以碱液吸收混合器中的 CO_2 的流程如附图所示。已知:塔顶压强为 0.45 at(表压),碱液槽液面与塔内碱液出口处垂直高度差为 10.5 m,碱液流量为 10 m^3/h,输液管规格是 $\Phi57\times3.5$ mm,管长共 45 m(包括局部阻力的当量管长),碱液密度 $\rho=1\,200$ kg/m^3,黏度 $\mu=2$ cp,管壁粗糙度 $E=0.2$ mm。试求:① 输送每千克质量碱液所需轴功,J/kg。② 输送碱液所需有效功率,W。

2. 在离心泵性能测定试验中,以 20 ℃清水为基质、对某泵测得下列一套数据:泵出口处压强为 1.2 at(表压)、泵汲入口处真空度为 220 mmHg,以孔板流量计及 U 形压差计测流量,孔板的孔径为 35 mm,采用汞为指示液,压差计读数 $R=850$ mm,孔流系数 $C_0=0.63$,测得轴功率为 1.92 kW,已知泵的进、出口截面间的垂直高度差为 0.2 m。求泵的效

率 η。

3. IS65 - 40 - 200 型离心泵在 $n = 1\ 450$ rpm 时的"扬程～流量"数据如下：

$V/(m^3/h)$	7.5	12.5	15
H_e/m	13.2	12.5	11.8

用该泵将低位槽的水输至高位槽。输水管终端高于高位槽水面。已知低位槽水面与输水管终端的垂直高度差为 4.0 m，管长 80 m（包括局部阻力的当量管长），输水管内径 40 mm，摩擦系数 $\lambda = 0.02$。试用作图法求工作点流量。

4. IS65 - 40 - 200 型离心泵在 $n = 1\ 450$ rpm 时的"扬程～流量"曲线可近似用如下数学式表达：$H_e = 13.67 - 8.30 \times 10^{-3}V^2$，式中 H_e 为扬程，m，V 为流量，m^3/h。

用该泵将低位槽的水输至高位槽。输水管终端高于高位槽水面。已知低位槽水面与输水管终端的垂直高度差为 4.0 m，管长 80 m（包括局部阻力的当量管长），输水管内径 40 mm，摩擦系数 $\lambda = 0.02$。试用计算法算出工作点的流量。

5. 某离心泵在 $n = 1\ 450$ rpm 时的"扬程～流量"关系可用 $H_e = 13.67 - 8.30 \times 10^{-3}V^2$ 表示，式中 H_e 为扬程，m，V 为流量，m^3/h。现欲用此型泵输水。已知低位槽水面和输水管终端出水口皆通大气，二者垂直高度差为 8.0 m，管长 50 m（包括局部阻力的当量管长），管内径为 40 mm，摩擦系数 $\lambda = 0.02$。要求水流量 15 m^3/h。试问：若采用单泵、二泵并连和二泵串联，何种方案能满足要求？略去出口动能。

6. 有两台相同的离心泵，单泵性能为 $H_e = 45 - 9.2 \times 10^{-3}V^2$，m，式中 V 的单位是 m^3/s。当两泵并联操作，可将 6.5 L/s 的水从低位槽输至高位槽。两槽皆敞口，两槽水面垂直位差 13 m。输水管终端淹没于高位水槽水中。问：若二泵改为串联操作，水的流量为多少？

7. 附图为测定离心泵特性曲线的实验装置，实验中已测出如下一组数据：泵进口处真空表读数 $p_1 = 2.67 \times 10^4$ Pa（真空度），泵出口处压强表读数 $p_2 = 2.55 \times 10^5$ Pa（表压）；泵的流量 $Q = 12.5 \times 10^{-3}$ m^3/s，功率表测得电动机所消耗功率为 6.2 kW，吸入管直径 $d_1 = 80$ mm，压出管直径 $d_2 = 60$ mm，两测压点间垂直距离 $z_2 - z_1 = 0.5$ m，泵由电动机直接带动，传动效率可视为 1，电动机的效率为 0.93，实验介质为 20 ℃的清水。试计算在此流量下泵的压头 H、轴功率 N 和效率 η。

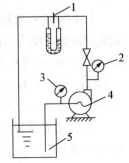

8. 用离心泵输送水,已知所用泵的特性曲线方程为:$H_e=36-0.02V^2$。当阀全开时的管路特性曲线方程:$H'_e=12+0.06V^2$(两式中 H_e、H'_e—m,V—m^3/h)。① 问:要求流量 12 m^3/h,此泵能否使用? ② 若靠关小阀的方法满足上述流量要求,求出因关小阀而消耗的轴功率。已知该流量时泵的效率为 0.65。

9. 用离心泵输水。在 $n=2900$ r/min 时的特性为 $H_e=36-0.02V^2$,阀全开时管路特性为 $H'_e=12+0.06V^2$(两式中 H_e、H_e—m,V—m^3/h)。试求:① 泵的最大输水量;② 要求输水量为最大输水量的 85%,且采用调速方法,泵的转速为多少。

10. 用泵将水从低位槽打进高位槽。两槽皆敞口,液位差 55 m。管内径 158 mm。当阀全开时,管长与各局部阻力当量长度之和为 1 000 m。摩擦系数 0.031。泵性能可用 $H_e=131.8-0.384V$ 表示(H_e—m,V—m^3/h)。试问:① 要求流量为 110 m^3/h,选用此泵是否合适? ② 若采用上述泵,转速不变,但以切割叶轮方法满足 110 m^3/h 流量要求,以 D、D' 分别表示叶轮切割前、后的外径,D'/D 为多少?

11. 某离心泵输水流程如附图示。泵的特性曲线方程为:$H_e=42-7.8\times10^4V^2$(H_e—m,V—m^3/s)。图示的 p 为 1 $kgf cm^2$(表)。流量为 12 L/s 时管内水流已进入阻力平方区。若用此泵改输 $\rho=1\,200$ kg/m^3 的碱液,阀开启度、管路、液位差及 p 值不变,求碱液流量和离心泵的有效功率。

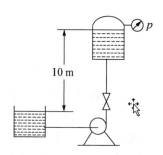

12. 某离心泵输水,其转速为 2 900 r/min,已知在本题涉及的范围内泵的特性曲线可用方程 $H_e=36-0.02V^2$ 来表示。泵出口阀全开时管路特性曲线方程为:$H'_e=12+0.05V^2$(两式中 H_e、H'_e—m,V—m^3/h)。① 求泵的最大输水量。② 当要求水量为最大输水量的 85% 时,若采用库存的另一台基本型号与上述泵相同,但叶轮经切削 5% 的泵,需如何调整转速才能满足此流量要求?

13. 某离心泵输水流程如图示。水池敞口,高位槽内压力为 0.3 at(表)。该泵的特性曲线方程为:$H_e=48-0.01V^2$(H_e—m,V—m^3/h)。在泵出口阀全开时测得流量为 30 m^3/h。现拟改输碱液,其密度为 1 200 kg/m^3,管线、高位槽压力等都不变,现因该泵出现故障,换一台与该泵转速及基本型号相同但叶轮切削 5% 的离心泵进行操作,问阀全开时流量为多少?

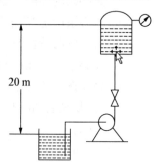

14. IS100 - 80 - 160 型离心泵，$p_0 = 8.6$ mH$_2$O，水温 15 ℃，将水由低位槽汲入泵，由管路情况基本的性能，知 $V = 60$ m^3/h，查得 $\Delta h_允 = 3.5$ m，已知汲入管阻力为 2.3 m H$_2$O，求最大安装高度。

15. 选用某台离心泵，从样本上查得其允许吸上真空高度 $H_s = 7.5$ m，现将该泵安装在海拔高度为 500 m 处（大气压强可查表得 $H_a = 9.74$ mH$_2$O），已知吸入管的压头损失为 1 mH$_2$O，泵入口处动压头为 0.2 mH$_2$O，夏季平均水温为 40 ℃，问该泵安装在离水面 5 m 高处是否合适？

16. 如图，用离心泵将 20 ℃ 的水由敞口水池送到一压力为 2.5 atm 的塔内，管径为 Φ108×4 mm，管路全长 100 m（包括局部阻力的当量长度，管的进、出口当量长度也包括在内）。已知：水的流量为 56.5 m$^3 \cdot$ h^{-1}，水的黏度为 1 cp，密度为 1 000 kg $\cdot$ m^{-3}，管路摩擦系数可取为 0.024，计算并回答：

(1) 水在管内流动时的流动形态；

(2) 管路所需要的压头和功率。

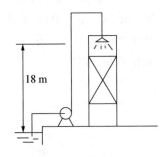

17. 离心泵、往复泵各一台并联操作输水。两泵"合成的"性能曲线方程为：$H_e = 72.5 - 0.001\,88(V - 22)^2$，$V$ 指总流量。阀全开时管路特性曲线方程为：$H_e' = 51 + KV^2$，（两式中：H_e、H_e'—mH$_2$O，V—L/s）。现停开往复泵，仅离心泵操作，阀全开时流量为 53.8 L/s。试求管路特性曲线方程中的 K 值。

思考题

1. 简述离心泵的构造、各部件的作用及离心泵的工作原理。

2. 离心泵的泵壳为什么要制成蜗壳形？它有哪些作用？

3. 离心泵在启动之前为什么要灌满液体？泵吸入管的末端为什么要装底阀？

4. 离心泵启动后吸不上液体，是什么原因？怎样才能使泵吸上液体？

5. 离心泵的性能参数有哪些？各自的定义、单位是什么？

6. 离心泵产生"汽蚀"现象的原因是什么？有何危害？如何防止？

7. 何为管路特性曲线？何为工作点？

8. 离心泵有哪几种调节流量的方法？各有何利弊？

9. 简述选择离心泵的方法和步骤。

10. 往复泵启动时是否需要灌液体？为什么？

11. 何为全风压？动风压？静风压？

12. 压缩机为什么要采用多级压缩？为什么要进行中间冷却？

工程案例分析

离心泵的汽蚀问题

　　某石化公司所属的动力车间,为配合技改项目,新建了一座循环水塔,如图。设计总循环水量为 6 600 m³/h,采用 4 台离心泵并联操作。投产运行后发现,4 台离心泵出口压力表均存在不同程度的摆动,机组有较大的振动和噪声,吸水池液面扰动严重,并浮有大量的气泡。停泵进行检修,发现叶轮表面锈迹斑斑。根据上述情况说明该泵在操作过程中发生了较严重的汽蚀。技术人员对该系统进行了深入的故障分析,提出引起泵汽蚀的可能原因:

　　(1) 操作流量过大:原设计时单台泵的循环水量为 2 200 m³/h,但实际操作时每台泵的流量达到了 2 800 m³/h。由于流量增大,泵吸收管路阻力增大,使泵入口处的压力降低,有效汽蚀余量减小,同时,流量的增大使泵的必需汽蚀余量增大,两方面因素均可导致汽蚀现象的发生。

　　(2) 吸水池结构不合理:吸水池前的封闭流道,宽 1.5 m,管道底部距吸水池底 2.3 m,形成急剧落差,而且,流道进入水池采用了直角结构,流道突然扩大,产生旋涡,增大了流动阻力。

　　(3) 循环水温过高:进入吸水池前的循环冷却水冷却不够充分,使吸水池中水温达 40 ℃～50 ℃。温水进入吸水池时容易产生气泡,这些气泡随之进入叶轮,在高压液体作用下,气泡会凝结或破裂,同时水温高使饱和蒸气压较大,致使有效汽蚀余量减小,也易使泵发生汽蚀。

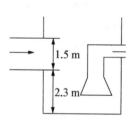

　　请根据以上可能引起泵汽蚀的原因分析,提出相应的技改方案,以防范离心泵汽蚀现象的发生。

　　提示:对本系统,由于改造吸水池的工程量较大,周期长,会影响到生产,应优先采用其他的方法。

第3章 非均相混合物的分离

 学习要求

掌握沉降分离和过滤设备(包括沉降室、旋风分离器、过滤机)的设计或选型。理解沉降分离和过滤的原理、过程的计算、影响沉降分离的因素及恒压过滤过程的计算。熟悉典型过滤设备的特点与生产能力的计算以及提高过滤设备生产能力的途径及措施。了解其他分离设备的结构与选型。

通过本章的学习,能够运用非均相混合物分离的基本原理,进行沉降和过滤过程的有关计算,并根据工艺要求和物系特性进行分离设备的设计和选型,确定适宜的操作条件。

3.1 概　述

工业生产过程中,为了满足工艺和产品的要求,在很多情况下需要对混合物进行分离,如原料的净化去杂;反应产物的分离提纯;生产中的废气、废液、废渣在排放前进行有害物质的处理等。为了实现这些分离过程,必须根据混合物性质的不同而采用不同的方法进行操作。生产中常遇到的混合物可分为两类,即均相混合物(或称均相物系)和非均相混合物(或称非均相物系)。

均相混合物是指物系内各处组成均匀且不存在相界面的混合物,如溶液及混合气体属于此类。均相混合物的分离采用吸收、蒸馏等传质分离方法。

非均相混合物是指体系内包含两个或两个以上的相,相界面两侧的物质性质不相同,如固体颗粒的混合物(颗粒间为气相分隔);由固体颗粒与液体构成的悬浮液;由不相容液体构成的乳浊液;由固体颗粒(或液滴)与气体构成的含尘气体(或含雾气体)等。在非均相物系中,其中一相为分散物质,以微粒的形式分散于另一相中,称为分散相;而另一相为分散介质,包围在分散物质的粒子周围,处于连续状态,称为连续相。

非均相混合物分离就是将分散相和连续相分开,在工业生产中的应用主要有以下几个方面:

(1) 收集分散物质。例如,收集从气流干燥器或喷雾干燥器出来的气体以及从结晶器出来的晶浆中带有的固体颗粒,这些悬浮的颗粒作为产品必须回收。

(2) 净化分散介质。某些催化反应,原料气中夹带有杂质会影响催化剂的效能,必须

在气体进反应器之前清除催化反应原料气中的杂质,以保证催化剂的活性。

(3) 环境保护与安全生产。例如,对排放的废气、废液中的有害固体物质分离处理,使其达到规定的排放标准等。

由于非均相混合物的连续相和分散相存在着较大物理性质(如密度、黏度等)的差异,故可采用机械方法实现两相的分离,其方法是使分散相和连续相产生相对运动。常用的非均相混合物的分离方法有沉降、过滤、湿法除尘和静电分离等,本章重点介绍沉降和过滤的操作原理及设备。

利用非均相混合物在重力场或离心场中,各不同组分所受到的重力或离心力不同,从而将各不同成分加以分离的操作称为沉降分离。沉降分离主要涉及由颗粒和流体组成的两相流动体系。

流体和固体颗粒之间的相对运动有三种情况:流体静止,固体颗粒做沉降运动;固体颗粒静止,流体对固体颗粒做绕流;流体和固体颗粒都运动,但两者保持一定的相对速度。沉降分离发生的前提条件是固体颗粒与流体之间存在密度差,同时有外力场存在。外力场有重力场和离心力场,因此沉降分离又分为重力沉降和离心沉降。

3.2　重力沉降

颗粒在重力场中进行的沉降分离称为重力沉降,如浑浊的河水中的泥沙在重力的作用下慢慢降落后从分散介质中分离出来。

1. 球形颗粒的自由沉降

(1) 球形颗粒的沉降速度

单个颗粒在无限大流体容器(直径大于颗粒直径 100 倍以上)中的沉降过程,称为自由沉降。

将直径为 d、密度为 ρ_s 的一个表面光滑的刚性球形颗粒置于密度为 ρ 的静止的流体中,若颗粒的密度大于流体的密度,则颗粒所受重力大于浮力,颗粒将在流体中降落。如图 3-1 所示,颗粒在沉降过程中受到三个力的作用,即向下的重力 F_g、向上的浮力 F_b 与阻力 F_d。

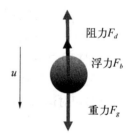

阻力 F_d

浮力 F_b

u

重力 F_g

$$F_g = \frac{\pi}{6} d^3 \rho_s g \qquad (3-1)$$

**图 3-1　沉淀粒子的
受力情况**

$$F_b = \frac{\pi}{6} d^3 \rho g \qquad (3-2)$$

颗粒沉降时受到流体向上作用的局部阻力 F_d,可按照第一章中阻力系数法确定,即

$$F_d = \zeta A \frac{\rho u^2}{2} \qquad (3-3)$$

式中:ζ——阻力系数,无因次;

A——颗粒在垂直于其运动方向的平面上的投影面积，其值为 $A = \dfrac{\pi}{4}d^2$，单位 m^2；

u——颗粒相对于流体的降落速度，单位 m/s。

静止流体中颗粒的沉降速度一般经历加速和恒速两个阶段。颗粒开始沉降的瞬间，初速度 u 为零，使得阻力为零，因此加速度 a 为最大值；颗粒开始沉降后，阻力随速度 u 的增加而加大，加速度 a 则相应减小，当速度达到某一值 u 时，阻力、浮力与重力平衡，颗粒所受合力为零，使加速度为零，此后颗粒的速度不再变化，开始做速度为 u_t 的匀速沉降运动。

由于小颗粒的比表面积很大，使得颗粒与流体间的接触面积很大，颗粒开始沉降后，在极短的时间内阻力便与颗粒所受的净重力（即重力减浮力）接近平衡。因此，颗粒沉降时加速阶段时间很短，对整个沉降过程来说往往可以忽略。

匀速阶段中颗粒相对于流体的运动速度称为沉降速度 u_t，匀速阶段的受力平衡，即

$$F_g = F_b + F_d$$

$$\frac{\pi}{6}d^3\rho_s g = \frac{\pi}{6}d^3\rho g + \zeta\,\frac{\pi}{4}d^2\,\frac{\rho u_t^2}{2} \tag{3-4}$$

整理式(3-4)可得出沉降速度的表达式为

$$u_t = \sqrt{\frac{4gd(\rho_s - \rho)}{3\zeta\rho}} \tag{3-5}$$

式中：u_t——颗粒的自由沉降速度，单位 m/s；

   d——颗粒直径，单位 m；

   ρ_s，ρ——分别为颗粒和流体的密度，单位 kg/m^3；

   g——重力加速度，单位 m/s^2。

（2）阻力系数 ζ

用式(3-5)计算沉降速度时，首先需要确定阻力系数 ζ 值。根据因次分析，ζ 是颗粒与流体相对运动时雷诺准数 R_e 的函数，即

$$\zeta = f(R_e) \tag{3-6}$$

所以

$$R_e = \frac{du_t\rho}{\mu} \tag{3-7}$$

式中：μ——流体的黏度，$Pa \cdot s$；ζ 与 R_e 的函数关系一般由实验测定，其结果见图 3-2。

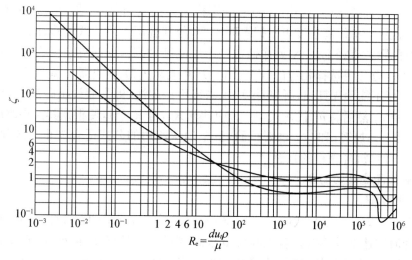

图 3 - 2　ζ - R_e 关系曲线

从图中可以看出，对球形颗粒$(\varphi_s = 1)$曲线按 R_e 值大致分为三个区城，各区域内的曲线可分别用相应的关系式表达如下：

层流区或斯托克斯$(10^{-4} < R_e < 1)$

$$\zeta = \frac{24}{R_e} \tag{3-8}$$

过渡区或艾仑定律区$(1 < R_e < 10^3)$

$$\zeta = \frac{18.5}{R_e} \tag{3-9}$$

湍流区或牛顿定律区$(10^3 < R_e < 2 \times 10^5)$

$$\zeta = 0.44 \tag{3-10}$$

（3）颗粒沉降速度的计算

将式(3-8)、式(3-9)及式(3-10)分别代入式(3-5)，并整理可得到球形颗粒在相应区域的沉降速度公式，即

层流区

$$u_t = \frac{d^2(\rho_s - \rho)g}{18\mu} \tag{3-11}$$

过渡区

$$u_t = 0.27\sqrt{\frac{d(\rho_s - \rho)g}{\rho}R_e} \tag{3-12}$$

湍流区

$$u_t = 1.74\sqrt{\frac{d(\rho_s - \rho)g}{\rho}} \tag{3-13}$$

式(3-11)、式(3-12)及式(3-13)分别称为斯托克斯公式、艾仑公式和牛顿公式。球形颗粒在流体中的沉降速度可根据不同流型,分别选用上述三式进行计算。由于沉降操作中涉及的颗粒直径都较小,操作通常处于层流区,因此,斯托克斯公式应用较多。计算沉降速度 u_t 首先要选择相应的计算公式,判断流动类型,因此需先知道 R_e。然而,由于 u_t 不知,R_e 不能预先算出,所以计算 u_t 需采用试差法,即先假设沉降属于层流区,用斯托克斯计算 u_t 然后将 u_t 代入式(3-7)中计算 R_e,若 $R_e > 1$,便根据其大小改用相应的公式另行计算 u_t,所算出的 u_t 也要核验,直至确认所用的公式适合为止。同理,已知沉降速度,也可计算沉降颗粒的直径。

2. 影响沉降速度的因素

(1) 干扰沉降

上面得到的式(3-11)、式(3-12)和式(3-13)是表面光滑的刚性球形颗粒在流体中做自由沉降时的速度计算式。若颗粒含量较高,颗粒之间的距离很小,即便没有相互接触,颗粒沉降时也会受到其他颗粒的影响,这种沉降称为干扰沉降。由于颗粒下沉时,流体被置换而向上流动,阻滞了相邻颗粒的沉降,故干扰沉降要比自由沉降的速度小。混合物中颗粒的体积分数超过 0.1,干扰沉降的影响便开始明显化。

(2) 器壁效应

容器的壁面和底面会对沉降的颗粒产生曳力,使颗粒的实际沉降速度低于自由沉降速度。当容器尺寸远远大于颗粒尺寸时(如大 100 倍以上),器壁效应可以忽略,否则,则应考虑器壁效应对沉降速度的影响。

(3) 颗粒形状的影响

同一种固体物质,球形或近球形颗粒比同体积的非球形颗粒的沉降要快一些。非球形颗粒的形状及其投影面积 A 均对沉降速度有影响。球形度用来表征颗粒形状与球形的差异程度,即

$$\varphi_s = \frac{S}{S_p} \tag{3-14}$$

式中:φ_s——颗粒的球形度,无因次;

S——与实际颗粒体积相等的球形颗粒的表面积,单位 m^2;

S_p——实际颗粒的表面积,单位 m^2。

由图 3-2 可知,相同 R_e 下,颗粒的球形度越小,阻力系数 ζ 越大,但 φ_s 值对 ζ 的影响在层流区内并不显著。随着 R_e 的增大,这种影响逐渐变大。对于非球形颗粒,R_e 中的直径要用实际颗粒的当量直径 d_e 代替。

【例 3-1】 用落球法测定某液体的黏度(落球黏度计),将待测液体置于玻璃容器中,测得直径为 6.35 mm 的钢球在此液体内沉降 200 mm 所需的时间为 7.32 s,已知钢球的密度为 7 900 kg/m³,液体的密度为 1 300 kg/m³。试计算液体的黏度。

解:钢球的沉降速度为

$$u_t = \frac{h}{\theta} = \frac{\dfrac{200}{1\,000}}{7.32} = 0.027\,32 \text{ m/s}$$

假设沉降在层流区，则可用斯托克斯公式计算，即

$$u_t = \frac{d^2(\rho_s - \rho)g}{18\mu}$$

$$\mu = \frac{d^2(\rho_s - \rho)g}{18u_t} = \frac{(6.35 \times 10^{-3})^2 \times (7\,900 - 1\,300) \times 9.81}{18 \times 0.027\,32} = 5.309\,\text{Pa} \cdot \text{s}$$

核算流型：

$$R_e = \frac{du_t\rho}{\mu} = \frac{6.35 \times 10^{-3} \times 0.027\,32 \times 1\,300}{5.309} = 0.042\,48 < 1$$

故假设成立，求出的 μ 有效，即所求液体黏度为 5.309 Pa·s。

3. 重力沉降设备

(1) 降尘室

降尘室是依靠重力沉降从气流中分离出尘粒的设备。最常见的降尘室如图 3-3 所示。含尘气体进入降尘室后，颗粒随气流有一水平向前的运动速度 u，同时，在重力作用下，以沉降速度 u_t 向下沉降。只要颗粒能够在气体通过降尘室的时候降至室底，便可从气流中分离出来。颗粒在降尘室的运动情况如图 3-4 所示。

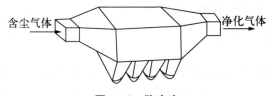

图 3-3　降尘室

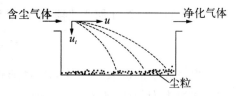

图 3-4　尘粒在降尘室内的运动情况

设降尘室的长度为 l(m)，宽度为 b(m)，高度为 H(m)，降尘室的生产能力（即含尘气通过降尘室的体积流量）为 q_s(m³/s)，气体在降尘室内的水平通过速度为 u(m/s)。

则位于降尘室最高点的颗粒沉降到室底所需的时间为

$$\theta_t = \frac{H}{u_t}$$

气体通过降尘室的时间为

$$\theta = \frac{l}{u}$$

颗粒被分离下来的条件是气体在降尘室内的停留时间至少等于颗粒的沉降时间，即

$$\theta \geqslant \theta_t$$

$$\frac{l}{u} \geqslant \frac{H}{u_t} \tag{3-15}$$

根据降尘室的生产能力，气体在降尘室内的水平通过速度为

$$u=\frac{q_s}{Hb} \tag{3-16}$$

将上式代入式(3-15),整理得

$$q_s \leqslant blu_t \tag{3-17}$$

式(3-17)表明,理论上降尘室的生产能力只与其沉降面积 bl 及颗粒的沉降速度 u_t 有关,而与降尘室高度 H 无关。所以降尘室一般设计成扁平形,或在室内均匀设置多层水平隔板,构成多层降尘室。多层降尘室如图 3-5 所示。通常隔板间距为 $40\sim100$ mm。

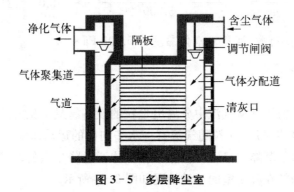

图 3-5 多层降尘室

若降尘室内设置 n 层水平隔板,则多层降尘室的生产能力变为

$$q_s \leqslant (n+1)blu_t \tag{3-17a}$$

降尘室高度的选取还应考虑气体通过降尘室的速度不应过高,一般应保证气体流动的雷诺准数处于层流状态,气速过高会干扰颗粒的沉降或将已沉降的颗粒重新扬起。

通常,被处理的含尘气体中的颗粒大小不均匀,沉降速度 u_t 应根据需完全分离的最小颗粒尺寸计算。

降尘室结构简单,流体阻力小,但体积庞大,分离效率低,通常只适用于分离粒度大于 50 mm 的粗粒,一般作为预除尘使用。多层降尘室虽能分离较细的颗粒且节省占地面积,但清灰卸料比较麻烦。

【例 3-2】 用降尘室回收常压炉气中所含的球形固体颗粒。降尘室底面积为 10 m²,宽和高均为 2 m。操作条件下,气体的密度为 0.75 kg/m³,黏度为 2.6×10^{-5} Pa·s;固体的密度为 3 000 kg/m³。降尘室的生产能力为 3 m³/s。试求:(1)理论上能完全捕集下来的最小颗粒直径;(2)直径为 40 μm 的颗粒的回收百分率;(3)如欲完全回收直径为 10 μm 的尘粒,在原降尘室内需设置多少层水平隔板。

解:(1)求小颗粒直径

由式(3-17)可知,在降尘室中能够完全被分离出来的最小颗粒的沉降速度为

$$u_t=\frac{q_s}{bl}=\frac{3}{10}=0.3 \text{ m/s}$$

假设沉降在层流区,则可用斯托克斯公式求最小颗粒直径,即

$$d_{\min}=\sqrt{\frac{18\mu u_s}{(\rho_s-\rho)g}}=\sqrt{\frac{18\times2.6\times10^{-5}\times0.3}{3\,000\times9.81}}=6.91\times10^{-5}\text{ m}=69.1\ \mu\text{m}$$

核算沉降流型:

$$R_e=\frac{d_{\min}u_t\rho}{\mu}=\frac{6.91\times10^{-5}\times0.3\times0.75}{2.6\times10^{-5}}=0.598<2$$

故假设在滞流区沉降正确,求得的最小粒径有效。

(2) 求直径为 40 μm 的颗粒的回收百分率

假设颗粒在炉气中的分布是均匀的,则在气体的停留时间内颗粒的沉降高度与降尘室高度之比即为该尺寸颗粒被分离下来的分率。由于各种尺寸颗粒在降尘室内的停留时间均相同,故直径为 40 μm 的颗粒的回收率也可用其沉降速度 u'_t 与直径为 69.1 μm 的颗粒的沉降速度 u_t 之比来确定,在斯托克斯定律区则为

$$\text{回收率}=u'_t/u_t=(d'/d_{\min})^2=(40/69.1)^2=0.335$$

即回收率为 33.5%。

(3) 求需设置的水平隔板层数

多层降尘室中需设置的水平隔板层数用式(3-17a)计算。

由上面计算可知,直径为 10 μm 的颗粒的沉降必在层流区,可用斯托克斯公式计算沉降速度,即

$$u_t=\frac{d^2(\rho_s-\rho)g}{18\mu}\approx\frac{(10\times10^{-6})^2\times3\,000\times9.81}{18\times2.6\times10^{-5}}=6.29\times10^{-3}\text{ m/s}$$

所以　　　　$n=\frac{q_s}{blu_t}-1=\frac{3}{10\times6.29\times10^{-3}}-1=46.69$(取 $n=47$ 层)

隔板间距为

$$h=\frac{H}{n+1}=\frac{2}{47+1}=0.042\text{ m}$$

核算气体在多层降尘室内的流型:

若忽略隔板厚度所占的空间,则气体的流速为

$$u=\frac{q_s}{bH}=\frac{3}{2\times2}=0.75\text{ m/s}$$

$$d_e=\frac{4bh}{2(b+h)}=\frac{4\times2\times0.042}{2\times(2+0.042)}=0.082\text{ m}$$

所以　　　　$R_e=\frac{d_eu\rho}{\mu}=\frac{0.082\times0.75\times0.75}{2.6\times10^{-5}}=1\,774<2\,000$

即气体在降尘室的流动为层流,设计合理。

（2）沉降槽

沉降槽是利用重力沉降来提高悬浮液浓度并同时得到澄清液体的设备。所以沉降槽又称为增浓器和澄清器。沉降槽可间歇操作，也可连续操作。

间歇沉降槽通常是带有锥底的圆槽。需要处理的悬浮液在槽内静置足够时间后，增浓的沉渣由槽底排出，清液则由槽上部排出管抽出。

连续沉降槽是底部略成锥状的大直径浅槽。如图 3-6 所示。悬浮液经中央进料口送到液面以下 0.3～1.0 m 处，在尽可能减小扰动的情况下，迅速分散到整个横截面上，固体颗粒下沉至底部，槽底有徐徐旋转的耙将沉渣缓慢地聚拢到底部中央的排渣口连续排出，排出的稠浆称为底流。液体向上流动，清液经由槽顶端四周的溢流堰连续流出，称为溢流。

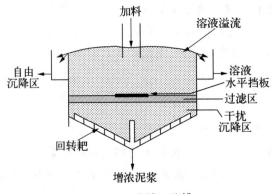

图 3-6　连续沉降槽

连续沉降槽的直径，小的为数米，大的可达数百米；深度为 2.5～4 m，有时将数个沉降槽垂直叠放，共用一根中心竖轴带动各槽的转耙。这种多层沉降槽可以节省地面，但操作控制较为复杂。

连续沉降槽适合于处理量大、浓度不高、颗粒不太细的悬浮液，常见的污水处理就是一例。经沉降槽处理后的沉渣内仍有约 50% 的液体。

3.3　离心沉降

惯性离心力作用下实现的沉降过程称为离心沉降。对于两相密度差较小，或颗粒较细的非均相物系，在离心力场中可得到较好的分离。通常，气固非均相物质的离心沉降是在旋风分离器中进行，液固悬浮物系的离心沉降可在旋液分离器或离心机中进行。

1. 惯性离心力作用下的沉降速度

当流体围绕某一轴做圆周运动时，便形成了惯性离心力场。在半径为 R、切向速度为 u_T 的位置上，离心加速度为 u_T^2/R。可见，离心加速度不是常数，随位置及切向速度而变，其方向是沿旋转半径从中心指向外周。

当流体带着颗粒旋转时，若颗粒的密度大于流体的密度，则惯性离心力将会使颗粒在径向上与流体发生相对运动而飞离中心。和颗粒在重力场中受到三个作用力相似，惯性离心力场中颗粒在径向上也受到三个力的作用,即惯性离心力 F_e、向心力 F_b(相当于重力场中的浮力,其方向为沿半径指向旋转中心)和阻力 F_d(与颗粒的离心沉降运动方向相反,其方向为沿半径指向中心)。若球形颗粒的直径为 d,密度为 ρ_s,流体密度为 ρ,颗粒与中心轴的距离为 R,切向速度为 u_T,则:

惯性离心力 $\qquad\qquad F_e = \dfrac{\pi}{6}d^3\rho_s\dfrac{u_T^2}{R}$ 　　（径向向外）

向心力 $\qquad\qquad\qquad F_b = \dfrac{\pi}{6}d^3\rho\dfrac{u_T^2}{R}$

阻力 $\qquad\qquad\qquad F_d = \zeta\dfrac{\pi}{4}d^2\dfrac{\rho u_t^2}{2}$ 　　（径向向内）

式中:u_t——颗粒与流体在径向上的相对速度,m/s。

平衡时 $\qquad\qquad\qquad F_e - F_b - F_d = 0$

颗粒在径向上相对于流体的运动速度 u_T,便是它在此位置上的离心沉降速度,即

$$u_T = \sqrt{\frac{4d(\rho_s-\rho)}{3\rho\zeta}\times\frac{u_T^2}{R}} \qquad (3-18)$$

比较式(3-5)与式(3-18)可以看出,颗粒的离心沉降速度 u_T 与重力沉降速度 u_t 具有相似的关系式,若将重力加速度 g 用离心加速度 u_T^2/R 代替,则式(3-5)便成为式(3-18)。但是离心沉降速度 u_T,不是颗粒运动的绝对速度,而是绝对速度在径向上的分量,且方向不是向下,而是沿半径向外;另外,离心沉降速度 u_T 随位置而变,不是恒定值,而重力沉降速度 u_t 是恒定不变的。

离心沉降时,若颗粒与流体的相对运动处于层流区,阻力系数 ζ 可用式(3-8)表示,于是可得

$$u_T = \frac{d^2(\rho_s-\rho)}{18\mu}\times\frac{u_T^2}{R} \qquad (3-19)$$

式(3-19)与式(3-11)相比可知,同一颗粒在相同介质中的离心沉降速度与重力沉降速度的比值为

$$\frac{u_T}{u_t} = \frac{u_T^2}{gR} = K_e \qquad (3-20)$$

比值 K_e 就是粒子所在位置上的惯性离心力场强度与重力场强度之比,称为离心分离因数。分离因数 K_e 的数值最大可达几千至几万。因此,同一颗粒在离心力场中的沉降速度远远大于其在重力场中的沉降速度,用离心沉降可将更小的颗粒从流体中分离出来。

2. 离心沉降分离设备

(1) 旋风分离器

图 3-7 称为标准旋风分离器,其主体的上部为圆筒形,下部为圆锥形。各部位尺寸

均与圆筒直径成比例,比例标注于图中。

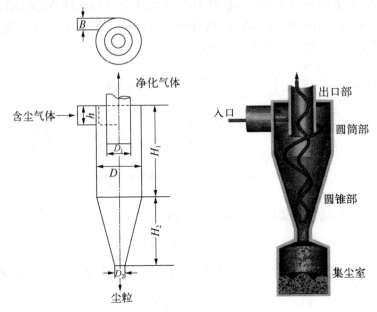

图 3-7 标准旋风分离器

含尘气体由圆筒上部的进气管切向进入,速度为 12～25 m/s,受器壁的约束由上向下做螺旋运动。在惯性离心力作用下,颗粒向器壁做离心沉降,达器壁后沿壁面落至锥底的排灰口而与气流分离。净化后的气体在中心轴附近由下而上做内螺旋运动,最后由顶部排气管排出。旋风分离器内的压力在器壁附近最高,往中心逐渐降低,到达气芯处常降为负压,其压力低于气体出口压力,要求出口或集尘室密封良好,以防气体漏入而降低除尘效果。

旋风分离器结构简单,造价低廉,没有活动部件,操作范围广,分离效率较高,所以至今仍在化工、采矿、冶金、机械、轻工等行业广泛采用。旋风分离器一般用来除去气流中直径在 5 μm 以上的颗粒。对颗粒含量高于 200 g/m³ 的气体,由于颗粒凝结作用,它甚至能除去 3 μm 以下的颗粒。

评价旋风分离器性能的主要指标是从气流中分离颗粒的效果及气体经过旋风分离器的压力降。分离效果可用临界粒径和分离效率来表示。

1) 临界粒径。临界粒径是指理论上能够完全被旋风分离器分离下来的最小颗粒直径。它是判断旋风分离器分离效率高低的重要依据之一。临界粒径越小,说明旋风分离器的分离性能越好。

临界粒径的计算式如下:

$$d_e = \sqrt{\frac{9\mu B}{\pi N_e \rho_s u_i}} \tag{3-21}$$

式中:d_e——临界粒径,单位 m;

u_i——含尘气体的进口气速,单位 m/s;

B——旋风分离器的进口宽度,单位 m;

N_e——气流的旋转圈数,其值一般为 0.5~3.0,标准旋风分离器的 N_e 为 5;

ρ_s——颗粒的密度,单位 kg/m³;

μ——流体的黏度,单位 Pa·s。

由式(3-21)知,随旋风分离器尺寸增大,临界粒径增大,分离效率降低。

2) 分离效率。旋风分离器的分离效率有两种表示法,一是总效率;二是粒级效率。

总效率是指进入旋风分离器的全部颗粒中被分离下来的质量分率。总效率是工程中最常用的,也是最易于测定的分离效率。但这种表示方法的缺点是不能表明旋风分离器对各种尺寸粒子的不同分离效率。

粒级效率是指某一粒径的颗粒被分离下来的质量分率。理论上,直径大于及等于 d_e 的颗粒,粒级效率均为 1,小于 d_e 的颗粒,粒级效率均为 0。实际上,直径大于 d_e 的颗粒中会有一部分由于气体涡流的影响,在没有到达器壁时就被气流带出了器外,或者沉降后又重新卷起,导致它们的粒级效率小于 1;而直径小于 d_e 的颗粒有一部分由于沉降过程中结聚成大颗粒,或沉降距离小于 B 等原因,有一定的分离效率,故实际的粒级效率 η 对 d/d_e 的关系曲线称为粒级效率曲线。这种曲线可通过实测旋风分离器进、出气流中所含尘粒的浓度及粒度分布而获得。

3) 压力降。气体经旋风分离器时,由于进气管和排气管及主体器壁所引起的摩擦阻力,流动时的局部阻力以及气体旋转运动所产生的动能损失等原因,造成气体的压力降。可用下式表示,即

$$\Delta p = \zeta \frac{\rho u_i^2}{2} \tag{3-22}$$

式中:ζ——比例系数,即阻力系数。

对于同一结构形式及尺寸比例的旋风分离器,ζ 为常数,不因尺寸大小而变。如图 3-7 所示的标准旋风分离器,其阻力系数 $\zeta=8.0$。压强降太小,进口气速偏低,分离效率下降;压强降太大,动力消耗偏高。旋风分离器的压降一般为 500~2 000 Pa。

旋风分离器的性能不仅受含尘气的物理性质、含尘浓度、粒度分布及操作条件的影响,还与设备的结构尺寸密切相关。只有各部分结构尺寸恰当,才能获得较高的分离效率和较低的压力降。

鉴于以上考虑,对标准旋风分离器加以改进,设计出一些新的结构形式,如 XLT/A 型、XLP 型、扩散式等。目前我国对各种类型的旋风分离器已制定了系列标准,各种型号旋风分离器的尺寸和性能均可从有关资料和手册中查到。

选择旋风分离器时,首先应根据具体的分离含尘气体任务,结合各型设备的特点,选定旋风分离器的形式,而后通过计算决定尺寸与个数。设备的尺寸可根据含尘气的体积流量决定。由压强降计算进口气速,即可算出旋风分离器进口尺寸,从而按比例确定其直径。但应注意,同一形式中尺寸越大,其分离效率将越低,故需根据设备直径估算其分离效率是否符合要求。若达不到要求,则改用尺寸较小的设备,采用两个或多个并联操作。当几种型号的旋风分离器可同时满足生产能力和压降要求时,则应比较其除尘效率并参考价格。

【例 3-3】 采用标准型旋风分离器除去炉气中的球形颗粒。要求旋风分离器的生产能力为 2.0 m³/s,直径 D 为 0.4 m,适宜的进口气速为 20 m/s,炉气的密度为 0.75 kg/m³,黏度为 2.6×10^{-5} Pa·s(操作条件下的),固相密度 3 000 kg/m³,求:(1) 需要几个旋风分离器并联操作;(2) 临界粒径 d_e;(3) 压强降 Δp。

解:对于标准型旋风分离器,$h=D/2,B=D/4,N_e=5,\zeta=8$。

(1) 求并联旋风分离器的个数 n

单台旋风分离器的生产能力为

$$q'_v=hBu_i=\frac{D}{2}\cdot\frac{D}{4}u_i=0.4^2\div8\times20=0.40\ \text{m}^3/\text{s}$$

$$n=\frac{q_v}{q'_v}=\frac{2.0}{0.40}=5$$

(2) 求临界粒径 d_e

已知 $B=D/4=0.4/4=0.1$ m,$N_e=5$,代入下式得

$$d_e=\sqrt{\frac{9\mu B}{\pi N_e\rho_s u_i}}=\sqrt{\frac{9\times2.6\times10^{-5}\times0.1}{\pi\times5\times3\,000\times20}}=4.98\times10^{-6}=4.98\ \mu\text{m}$$

(3) 求压强降 Δp

$$\Delta p=\zeta\cdot\frac{\rho u_i^2}{2}=8\times\frac{0.75\times20^2}{2}=1\,200\ \text{Pa}$$

(2) 旋液分离器

旋液分离器又称水力旋流器,是利用离心沉降原理从悬浮液中分离固体颗粒的设备,它的结构与操作原理和旋风分离器类似,但其直径小而圆锥部分长。因为液固密度差比气固密度差小,在一定的切线进口速度下,较小的旋转半径可使颗粒受到较大的离心力而提高沉降速度;同时,锥形部分加长可增大液流的行程,从而延长了悬浮液在器内的停留时间,有利于液固分离。

悬浮液经入口管沿切向进入圆筒部分,向下做螺旋形运动,固体颗粒受惯性离心力作用被甩向器壁,随下旋流降至锥底的出口,由底部排出的增浓液称为底流;清液或含有微细颗粒的液体则为上升的内旋流,从顶部的中心管排出,称为溢流。内层旋流中心有一个处于负压的气柱。

旋液分离器不但可用于悬浮液的增浓、分级,而且还可用于不互溶液体的分离、气液分离以及传热、传质和雾化等操作中,因而在多种工业领域中应用广泛。旋液分离器中颗粒沿器壁快速运动,对器壁产生严重磨损,因此,旋液分离器应采用耐磨材料制造或采用耐磨材料作内衬。

3.4 过 滤

过滤是在外力作用下,使悬浮液中的液体通过多孔介质的孔道,而固体颗粒被截留在

介质上,从而实现固、液分离的操作。其中多孔介质称为过滤介质,所处理的悬浮液称为滤浆或料浆。滤浆中被过滤介质截留的固体颗粒称为滤清或滤饼,滤浆中通过滤饼及过滤介质的液体称为滤液。

　　实现过滤操作的外力可以是重力、压力差或惯性离心力。在化工中应用最多的是以压力差为推动力的过滤。

3.4.1　过滤操作的基本概念

1. 过滤方式

工业上的过滤操作主要分为饼层过滤和深层过滤两种。

（1）饼层过滤

固体物质被拦截在过滤介质表面而形成滤饼层的过滤称为饼层过滤。过滤介质中微细孔道的尺寸可能大于悬浮液中部分小颗粒的尺寸,因而,过滤之初会有一些细小颗粒穿过介质而使滤液浑浊,但是不久颗粒会在孔道中发生"架桥"现象（如图 3 - 8 所示）,使小于孔道尺寸的细小颗粒也能被截留,此时滤饼开始形成,并成为对后续颗粒起主要截留作用的介

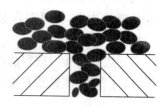

图 3 - 8　架桥现象

质。随着过滤的进行,饼层厚度在增加,过滤阻力也随之增加,过滤难度提高。故滤饼积聚到一定程度后,应从介质表面除去。饼层过滤适用于处理固体含量较高（固相体积分率约在 1% 以上）的悬液。

（2）深层过滤

在深层过滤中,过滤介质是很厚的颗粒床层,当颗粒随流体在床层内的曲折孔道中流过时,在表面力和静电的作用下附在孔道壁上。其特点是过滤时并不形成滤饼,悬浮液中的固体颗粒沉积于过滤介质床层内部,悬浮液中的颗粒尺寸小于床层孔道尺寸。这种过滤适用于处理固体颗粒含量极少（固相体积分离在 0.1% 以下）,颗粒很小的悬浮液。自来水厂饮水的净化及从合成纤维丝液中除去极细的固体物质等均采用这种过滤方法。

　　化工中所处理的悬浮液固相浓度往往较高,故本节只讨论饼层过滤。

2. 过滤介质

过滤介质的作用是拦截固体颗粒,支撑滤饼,并使液体通过。对其基本要求是具有足够机械强度、一定的空隙率和尽可能小的流动阻力,同时,还应具有相应的耐腐蚀性和耐热性。

　　工业上常用的过滤介质的有以下几种:

（1）织物介质（又称滤布或滤网）。织物介质是指由棉、毛、丝、麻等天然纤维及合成纤维制成的织物以及由玻璃丝、金属丝等织成的网。这类介质能截留颗粒的最小直径为 5～65 μm。织物介质在工业上应用最为广泛。

（2）堆积介质。堆积介质是由各种固体颗粒（砂、木炭、石棉、硅藻土）或非编织纤维等堆积而成的,多用于深层过滤中。

（3）多孔固体介质。多孔固体介质是具有很多微细孔道的固体材料,如多孔陶瓷、多孔塑料及多孔金属制成的管或板,能截拦 1～3 μm 的微细颗粒。

（4）多孔膜。多孔膜是指用于膜过滤的各种有机高分子膜和无机材料膜。广泛使用的是醋酸纤维素和芳香聚酰胺系两大类有机高分子膜。

3. 滤饼的压缩性和助滤剂

若颗粒是不易变形的坚硬固体（如硅藻土、碳酸钙等），则当滤饼两侧的压强差增大时，颗粒的形状和颗粒间的空隙不会发生明显变化，这类滤饼称为不可压缩滤饼。相反，若滤饼中的固体颗粒受压会发生变形，使滤饼中流动通道变小，阻力增大，如一些胶体物质，则当滤饼两侧的压强差增大时，颗粒的形状和颗粒间的空隙会有明显的改变，这种滤饼为可压缩滤饼。另外，悬浮液含有很细的颗粒，它们可能进入过滤介质的孔隙，使介质的空隙减小，阻力增加。对于这两种情况，为了降低可压缩滤饼的过滤阻力，可加入助滤剂以改变滤饼的结构。助滤剂是某种质地坚硬而能形成疏松饼层的固体颗粒或纤维状物质，将其混入悬浮液或预涂于过滤介质上，可以改善饼层的性能，使滤液得以畅流。

一般只有在以获得清净滤液为目的时，才使用助滤剂。常用的助滤剂有粒状（如硅藻土、珍珠岩粉、碳粉或石棉粉等）和纤维状（如纤维素、石棉等）两大类。

3.4.2 过滤基本方程式

1. 滤液通过饼层的流动特点

（1）非稳态过程。过滤操作中，滤饼厚度随过程进行而不断增加，若过滤过程中维持操作压力不变，则随滤饼增厚，过滤阻力加大，滤液通过的速度将减小；若要维持滤液通过速率不变，则需不断增大操作压力。

（2）层流流动。由于构成滤饼层的颗粒尺寸通常很小，形成的滤液通道不但细小曲折，而且相互交联，形成不规则的网状结构，所以滤液在通道内的流动阻力很大，流速很小，多属于层流流动的范围。

2. 过滤速率与过滤速度

通常将单位时间获得的滤液体积称为过滤速率，单位为 m^3/s。过滤速度是单位时间内单位过滤面积获得的滤液体积。若过滤过程中其他因素维持不变，则由于滤饼厚度不断增加过滤速度会逐渐变小。任一瞬间的过滤速度应写成如下形式：

$$u = \frac{dV}{A d\theta} = \frac{dq}{d\theta} \qquad (3-23)$$

式中：u——过滤速度，单位 m^3/s 或 m/s；

V——波液体积，单位 m^3；

θ——过滤时间，单位 s；

A——过滤面积，单位 m^2；

q——单位过滤面积上获得的滤液体积，$q=V/A$，单位 m^3/m^2。

3. 过滤的基本方程式

过滤的基本方程是描述滤液体积 V 随着过滤时间 θ 的变化关系，用来计算一定过滤时间所获得滤饼或滤液体积。

从上面的讨论中可知,在饼层过滤中,随着过滤时间的增长,滤饼厚度不断增加,过滤阻力亦随之增大,若过滤过程中维持操作压力不变,过滤速度将会逐渐变小。因此恒压差的过滤过程,过滤速度为一变值。过滤的基本方程式可表示成如下形式:

$$\frac{dV}{d\theta}=\frac{A\Delta p}{r\mu(L+L_e)}=\frac{A^2\Delta p}{r\mu\nu(V+V_e)} \tag{3-24}$$

或

$$\frac{dq}{d\theta}=\frac{\Delta p}{r\mu\nu(q+q_e)} \tag{3-25}$$

式中:Δp——过滤介质与滤饼两侧的压力差,单位 Pa;

L——滤饼层的厚度,单位 m;

L_e——过滤介质当量滤饼厚度,单位 m;

V_e——过滤介质当量滤液体积,或称为虚拟滤液体积,单位 m³;

q_e——单位过滤面积上过滤介质的当量滤液体积,单位 m³/m²;

μ——滤液黏度,Pa·s;

ν——滤饼体积与相应的滤液体积之比,单位 m³/m³;

r——滤饼的比阻,单位 1/m²。

式(3-24)或式(3-25)中的 Δp 为过滤过程的推动力,是滤饼和过滤介质两侧的压力差,即

$$\Delta p=\Delta p_e+\Delta p_m \tag{3-26}$$

式中:Δp_e——滤饼层两侧的压力差,取决于滤饼的性质和厚度,单位 Pa;

Δp_m——过滤介质两侧的压力差,取决于过滤介质的结构等,单位 Pa。

滤饼的比阻 r 的大小与滤饼的性质、操作条件等有关,反映了滤饼的结构特征,一般由实验测定。对于不可压缩滤饼,比阻 r 为一定值;对于可压缩滤饼,比阻 r 可用如下经验公式估算,即

$$r=r_0\Delta p^s \tag{3-27}$$

式中:r_0——单位压力差下的比阻,1/m²·Pa;

s——滤饼的压缩指数,无因次,其值由实验测定,通常 s 的取值范围为 0~1。对不可压缩滤饼,$s=0$。

$r\mu\nu(V+V_e)$ 为过滤阻力,它也包括两部分,即滤饼阻力和过滤介质阻力。其值由滤液量及其性质、滤饼的性质及过滤介质的结构等因素而定。

4. 恒压过滤方程式

若过滤操作是在恒定压力差下进行的,则称为恒压过滤。恒压过滤是最常见的过滤方式。连续过滤机内进行的过滤都是恒压过滤,间歇过滤机内进行的过滤也多为恒压过滤。恒压过滤时,滤饼不断变厚致使阻力逐渐增加,但推动力 Δp 恒定,因而过滤速率逐渐变小。

恒压过滤时,对于一定的悬浮液,若滤饼为不可压缩滤饼,则 $\Delta p,\mu,r$ 及 ν 可视为常

数。故设

$$K = \frac{2\Delta p}{r\mu\nu} \qquad (3-28)$$

将式(3-28)代入到式(3-24)和式(3-25)中,得

$$\frac{\mathrm{d}V}{\mathrm{d}\theta} = \frac{KA^2}{2(V+V_e)} \qquad (3-29)$$

或

$$\frac{\mathrm{d}q}{\mathrm{d}\theta} = \frac{K}{2(q+q_e)} \qquad (3-30)$$

式(3-29)和式(3-30)是过滤基本方程的微分式。

从过滤开始($\theta=0$)到过滤结束($\theta=\theta$)时刻。对式(3-29)和式(3-30)进行积分。得

$$V^2 + 2V_e V = KA^2\theta \qquad (3-31)$$

或

$$q^2 + 2q_e q = K\theta \qquad (3-32)$$

式(3-31)及式(3-32)称为恒压过滤方程式。它表明恒压过滤时滤液体积与过滤时间的关系为抛物线方程,当过滤介质阻力可以忽略时,$V_e=0$,$q_e=0$,则式(3-31)及式(3-32)可简化为

$$V^2 = KA^2\theta \qquad (3-33)$$

或

$$q^2 = K\theta \qquad (3-34)$$

恒压过滤方程式中的 K 是由物料特性及过滤压力差所决定的常数,称为过滤常数,其单位为 m^2/s,V_e 与 q_e 是反映过滤介质阻力大小的常数,均称为介质常数,单位分别为 m^3 及 m^3/m^2,三者总称为过滤常数,其数值由实验测定。

【例3-4】 在恒定压差下用尺寸为 635 mm × 635 mm × 25 mm 的一个滤框(过滤面积为 0.806 m^2)对某悬浮液进行过滤。已测出过滤常数 $K=4\times10^{-6}$ m^2/s,滤饼体积与滤液体积之比为 0.1,若过滤介质阻力可忽略,求:(1) 当滤框充满滤饼时可得多少滤液;(2) 所需过滤时间 θ。

解:(1) 求滤液量 V

滤饼体积为 $\qquad V_s = 0.635 \times 0.635 \times 0.025 \times 1 = 0.010\ 1\ m^3$

由题意已知 $\qquad\qquad\qquad \nu = 0.1$,则滤液体积为

$$V = \frac{V_s}{\nu} = \frac{0.010\ 1}{0.1} = 0.101\ m^3$$

（2）求过滤时间 θ

当介质阻力可忽略时，$V^2 = KA^2\theta$，则过滤时间为

$$\theta = \frac{V^2}{KA^2} = \frac{(0.101)^2}{4\times10^{-6}\times(0.806)^2} = 3\ 925.7\ \text{s} = 1.09\ \text{h}$$

3.4.3　过滤设备

在工业生产中，需要过滤的悬浮液的性质有很大差别，生产工艺对过滤的要求也各不相同，因此，为适应各种不同的要求开发了多种形式的过滤机。应用最广泛的过滤设备是以压差为推动力的过滤机，典型的有压滤机、叶滤机和转筒过滤机。其中压滤机和叶滤机的操作是间歇式的，而转筒过滤机的操作为连续式的。

1. 板框压滤机

板框式压滤机在工业生产中应用最早，至今仍普遍使用。它由多块带凹凸纹路的滤板和滤框交替排列组装于机架上而构成，如图 3-9 所示。板和框一般制成正方形，如图3-10 所示。板和框的角端均开有圆孔，滤框右上角的孔开有小通道，与框内的空间相通，滤浆可由此进入。框的两侧覆以滤布，空框与滤布围成了容纳滤浆及滤饼的空间。滤板又分为洗涤板与非洗涤板两种，其中洗涤板左上角的空上有小通道与板面的两侧相通，洗涤液可由此进入。为了便于区别，常在板、框外侧铸小钮，非洗涤板为一钮，框为二钮，洗涤板为三钮，装合时以 1—2—3—2—1—2—3—2 的顺序排列板和框。

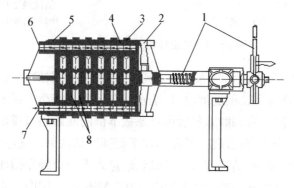

图 3-9　板框压滤机简图
1—压紧装置；2—可动头；3—滤框；4—滤板；5—固定头；6—滤液出口；7—滤浆出口；8—滤布

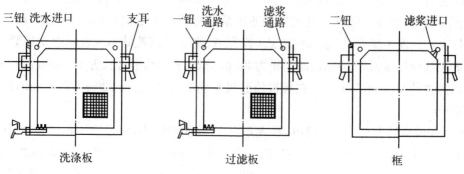

图 3-10　滤板和滤框

压紧装置的驱动可用手动、电动或液压传动等方式。滤液的排出方式分为明流和暗流两种:明流就是通过滤板上的滤液阀排到压滤机下部的敞口槽,滤液是可见的,可用于需检验液体质量的过滤;暗流压滤机的滤液在机内汇集后由总管排出机外,暗流常用于易挥发性滤液和含有有毒气体的悬浮液。过滤时,悬浮液在指定的压力下经滤浆通道由滤框角端的暗孔进入框内,滤液分别穿过两侧滤布,再经邻板板面流到滤液出口排走,固体则被截留于框内,待滤饼充满滤框后,即停止过滤,如图 3-11(a)所示。

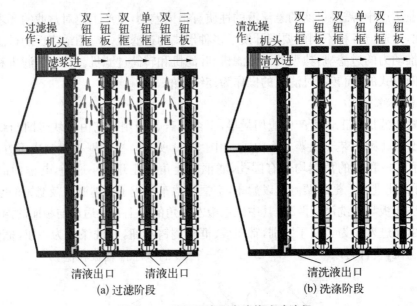

图 3-11　板框压滤机内液体流动路径

若滤饼需要洗涤,可将洗水压入洗水通道,经洗涤板角端的暗孔进入板面与滤布之间。此时,应关闭洗涤板下部的滤液出口,洗水便在压力差推动下穿过一层滤布及整个厚度的滤饼,然后再横穿另一层滤布,最后由过滤板下部的滤液出口排出,如图 3-11(b)所示。这种操作方式称为横穿洗涤法,其作用在于提高洗涤效果。洗涤结束后,旋开压紧装置并将板框拉开,卸出滤饼,清洗滤布,重新组合,进入下一个操作循环。

板框压滤机的操作表压一般在 0.3 MPa～0.8 MPa 的范围内。滤板和滤框可由金属材料(如铸铁、破钢、不锈钢、铝等)、塑料及木材制造。我国制定的压滤机规格系列中,框的厚度为 25～50 mm,框每边长为 320～1 000 mm。框的数目可从几块到 50 块以上,随生产能力而定。我国已有板框压滤机系列标准及规定代号,如 BM S20/635-25,其中 B 表示板框压滤机,M 表示明流式(若为 A,则表示暗流式),S 表示手动压紧(若为 Y,则表示液压压紧),20 表示过滤面积为 20 m²,635 表示滤框边长为 635 mm 的正方形,25 表示滤框的厚度为 25 mm。在板框压滤机系列中,框每边长 320～1 000 mm,厚度为 25～50 mm。

板框压滤机的优点是结构简单,制造方便,占地面积较小,而过滤面积较大,操作压力高,适应能力强,故应用颇为广泛。它的主要缺点是间歇操作,生产效率低,劳动强度大,滤布损耗也较快。近来,各种自动操作板框压滤机的出现,使上述缺点在一定程度上得到改善。

2. 叶滤机

叶滤机是由许多不同的长方形或圆形滤叶装在能承受内压的密闭机壳内而成。滤叶由金属多孔板或金属网制造,内部具有空间,外罩滤布,如图 3－12 所示。滤浆用泵压送到机壳内,滤叶为滤浆所浸没,滤浆中的液体在压力作用下穿过滤布进入滤叶内部,汇集至总管后排出机壳外,颗粒则积于滤布外侧形成滤饼。滤饼的厚度通常为 5～35 mm,视滤浆性质及操作情况而定。

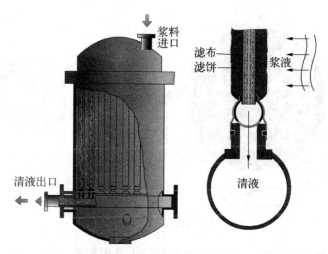

图 3－12　加压叶滤机结构图

若滤饼需要洗涤,则于过滤完毕后通入洗水,洗水的路径与滤液相同,这种洗涤方法称为置换洗涤法。洗涤过后打开机壳上盖,拨出滤叶卸除滤饼。

叶滤机的优点是过滤速度大,洗涤效果好,占地省,其生产能力可以比压滤机大,而且机械化程度较高,节约劳动力,密闭过滤使操作环境得到了改善。它的主要缺点是构造复杂,造价较高,而且滤饼中粒度差别较大的颗粒可能分别积聚于不同的高度,使洗涤不易均匀。

3. 转筒真空过滤机

转筒真空过滤机是一种工业上应用较广的连续操作吸滤型过滤机械。设备的主体是一个能转动的水平圆筒,筒壁上覆盖有金属网,滤布支撑在网上,筒的下部浸入滤浆中。

转筒的构造如图 3－13 所示,筒壁按周边平分为若干段,各段均有管通至轴心处,但各段在筒内并不相通。圆筒的一端有分配头装于轴心处,分配头是转筒真空过滤机的关键部件,它由紧密贴合的转动盘与固定盘构成。转动盘上的每一个孔与转筒表面的一段相通。转动盘随着筒体一起旋转,固定盘不动,其内侧面各凹槽分别与各种不同作用的管道相通。如图 3－13 所示,固定盘上有三个凹槽,通过管道分别与滤液罐、洗水罐(两者处于以上真空之下)及鼓风机稳定罐相连通。当转动盘上的某几个孔与固定盘上的凹槽 f 相遇时,则转筒表面与这些孔相连的几段便与滤液罐接通,滤液可从这几段吸入,同时滤饼即沉积于其上。滤饼厚度一般不超过 40～60 mm。对于难以过滤的胶体滤浆,厚度可小至 10 mm 以下。当转动盘转动到使这几个小孔与凹槽 g 相遇,则相应的几段表面便与吸水罐接通,吸入洗水。与凹槽 h 相遇则接通鼓风机,有空气吹向转鼓的这部分表面,将沉积于其上的滤饼吹松。随着转筒的转动,这些滤饼又被刮刀刮下。这部分表面再往前转便重新进入滤浆中,开始进行下一个操作循环。每当转动盘上的小孔与固定盘两凹槽之间的空白位置相遇时,则转筒表面与之相对应的段停止操作,以便从一个操作区转向另一个操作区时,不致使两区互相串通。凭借分配头的作用,每旋转一周,过滤表面的任一部分都按顺序经历过滤、洗涤、吸干、吹松、卸饼等操作。因此,对圆筒的每一块表面来说,转筒每转动一周经历一个操作循环。

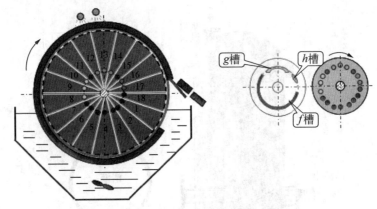

图 3 - 13　转筒及分配头的结构

转筒的过滤面积一般为 $5\sim40$ m²,浸没部分占总面积的 $30\%\sim40\%$。转速可在一定范围内调整,通常为 $0.1\sim3$ r/min。滤饼厚度一般保持在 40 mm 以内,转筒过滤机所得滤饼中的液体含量很少低于 10%,常可达 30% 左右。

转筒真空过滤机能连续自动操作,节省人力,生产能力大,特别适宜处理量大而容易过滤的料浆,对难以过滤的胶体物系或细微颗粒的悬浮液,若采用预涂助滤剂措施也比较方便。但转筒真空过滤机附属设备较多,过滤面积不大,此外,由于它是真空操作,因而过滤推动力有限,尤其不能过滤温度较高(饱和蒸气压高)的滤浆,滤饼的洗涤也不充分。

3.4.4　滤饼的洗涤

洗涤滤饼的目的是回收滞留在颗粒缝隙间的滤液,或净化构成滤饼的颗粒。洗涤时,滤饼层的厚度不变,流动阻力不变,所以恒压下的过滤速率恒定不变。

单位时间内消耗的洗水容积称为洗涤速率。若洗涤液用量为 $V_w(\mathrm{m}^3)$,其所需洗涤时间为

$$\theta_w = \frac{V_w}{\left(\dfrac{\mathrm{d}V}{\mathrm{d}\theta}\right)_w} \tag{3-35}$$

式中 $\left(\dfrac{\mathrm{d}V}{\mathrm{d}\theta}\right)_w$ ——洗涤速率,单位 m^3/s;

$\quad\quad \theta_w$ ——洗涤时间,单位 s。

对于连续式过滤机及叶滤机等所采用的是置换洗涤法,洗水与过滤终了时的滤液流

过的路径相同,而且洗涤与过滤面积也相同,故洗涤速率应等于过滤终了时的过滤速率。即

$$\left(\frac{dV}{d\theta}\right)_w = \left(\frac{dV}{d\theta}\right)_E = \frac{KA^2}{2(V+V_e)} \qquad (3-36)$$

式中:V——过滤终了时所得的滤液体积,单位 m^3。

板框压滤机采用的是横穿洗涤法,洗水穿过整个厚度的滤饼,为过滤终了时滤液通过的滤饼厚度的两倍,并且需通过两层滤布。又由于洗涤板与过滤板是相间放置,则洗水通过的面积为过滤面积的一半。由式(3-24)可知:

$$\left(\frac{dV}{d\theta}\right)_w = \frac{1}{4}\left(\frac{dV}{d\theta}\right)_E = \frac{KA^2}{8(V+V_e)} \qquad (3-37)$$

式中,下标 E 表示过滤终了。

即板框压滤机上的洗涤速率约为过滤终了时过滤速率的四分之一。

3.5　离心机

离心机是利用惯性离心力分离非均相混合物的机械。离心机的主要部件是一个载有物料、高速旋转的转鼓。利用高速旋转的转鼓所产生的离心力,可实现两相间的分离。由于离心机可产生很大的离心力,故可用来分离用一般方法难以分离的悬浮液或乳浊液。而且其离心分离速度也较大,如悬浮液用过滤方法处理若需一小时,用离心分离则只需几分钟。

根据分离因数可将离心机分为以下几种:

(1) 常速离心机,它的分离因数 $K_e < 3\times10^3$(一般为 600~1 200);

(2) 高速离心机,它的分离因数 K_e 的取值范围为 3×10^3~5×10^4;

(3) 超速离心机,它的分离因数 $K_e > 5\times10^4$。

最新式的离心机,其分离因数可高达 5×10^5 以上,常用来分离胶体颗粒及破坏乳浊液等。

按分离方式,离心机可分为沉降式和过滤式两种。

3.5.1　沉降离心机

沉降式离心机有无孔转鼓式离心机、碟式分离机和管式高速离心机三种形式。

1. 无孔转鼓式离心机

无孔转鼓式离心机,其主体为一无孔的上面带有翻边的转鼓。转鼓壁上焊有扇形板,悬浮液从底部进入,被转鼓带动做高速旋转。在离心力场中,颗粒一方面向鼓壁做径向运动,同时随流体做轴向运动。上清液从撇液管或溢流堰排出鼓外。如果颗粒随液体到达顶端以前沉到筒壁,就可以从液体中除去,否则仍随液体流出。

无孔转鼓式离心机的转速大多在 450~4 500 r/min 的范围内,处理能力为 6~10 m^3/h,悬浮液中固相体积分率为 3%~5%。主要用于泥浆脱水和从废液中回收固体。

2. 碟式分离机

碟式分离机的转鼓内装有许多倒锥形碟片,碟片直径一般为 0.2~0.6 m,碟片数目约为 50~100 片。转鼓以 4 700~8 500 r/min 的转速旋转,分离因数可达 4 000~10 000。这种分离机可用作澄清悬浮液中少量粒径小于 0.5 μm 的微细颗粒以获得清净的液体,也可用于乳浊液中轻、重两相的分离,如油料脱水等。

分离操作时,碟片上带有小孔,料液由空心转轴顶部进入后流到碟片组的底部,通过小分配到各碟片通道之间。在离心力作用下,重液(及其夹带的少量固体杂质)逐步沉于每一碟片的下方并向转鼓外缘移动,经汇集后由重液出口连续排出。轻液则流向轴心由轻液出口排出。

用于澄清操作时,碟片上不开孔,料液从转动碟片的四周进入碟片间的通道并向轴心流动。同时,固体颗粒则逐渐向每一碟片的下方沉降,并在离心力作用下向碟片外缘移动。沉积在转鼓内壁的沉渣可在停车后用人工卸除或间歇地用液压装置自动地排除。重液出口用垫圈堵住,澄清液体由轻液出口排出。碟式分离机适合于净化带有少量微细颗粒的黏性液体(如涂料、油肪等)或润滑油中少量水分的脱除等。

3. 管式高速离心机

管式高速离心机的结构特点是转鼓成为细高的管式构形。其转速高达 8 000~50 000 r/min,分离因数 K_c 可达 15 000~60 000,能分离普通离心机难以处理的物料,如分离乳浊液及含有稀薄微细颗粒的悬浮液。

3.5.2 过滤离心机

过滤离心机与沉降离心机相似,都有一个高速旋转的转鼓。不同的是,过滤离心机转鼓上开有许多小孔,内底衬以金属网或滤布等过滤介质。过滤离心机有多种形式,如间歇操作的三足式、自动连续操作的刮刀卸料式、活塞推进式、离心卸料式等。

三足式离心机是间歇操作、人工卸料的立式离心机,在工业上采用较早,目前仍是国内应用最广,制造数量最多的一种离心机。

三足式离心机的卸料方式有上部卸料与下部卸料之分。离心机的转鼓支撑在装有缓冲弹簧的杆上,以减轻由于加料或其他原因造成的冲击。国内生产的三足式离心机技术参数范围为转鼓直径 0.45~1.5 m,有效容积 0.02~0.4 m³,过滤面积 0.6~2.7 m²,转速 730~1 950 r/min。分离因数 450~1 170。

三足式离心机结构简单,制造方便,运转平稳,适应性强,所得滤饼中固体含量少,滤饼中固体颗位不易受损,适用于间歇生产中小批量物料,尤其适用于盐类晶体的过滤和脱水。其缺点是卸料时劳动强度大,生产能力低。近年来已出现了自动卸料及连续生产的三足式离心机。

习 题

1. 直径为 90 mm,密度为 3 000 kg/m³ 的固体颗粒分别在 25 ℃时的空气和水中自由沉降,试计算其沉降速度。

2. 密度为 1 850 kg/m³ 的固体颗粒,在 50 ℃和 20 ℃的水中,按斯托克斯定律做自由沉降时,试求:(1) 它们的沉降速度的比值是多少;(2) 若微粒直径增加 1 倍在同温度水中做自由沉降时,此时沉降速度的比值又为多少。

3. 若铅微粒($\rho_{s1}=7\,800$ kg/m³)和石英微粒($\rho_{s2}=2\,600$ kg/m³)以同一沉降速度在:(1) 空气中;(2) 水中做自由沉降,假设沉降在滞流区。分别求它们的直径之比。取水的密度为 $1\,000$ kg/m³。

4. 密度为 $2\,500$ kg/m³ 的玻璃球在 20 ℃ 的水和空气中以相同的速度沉降。试求在两种介质中沉降的颗粒的直径的比值(假设沉降处于斯托克斯区)。

5. 拟采用底面积为 14 m² 的沉降室回收常压炉气中所含的球形固体颗粒。操作条件下气体的密度为 0.75 kg/m³,黏度为 2.6×10^{-5} Pa·s;固体密度为 $3\,000$ kg/m³;要求生产能力为 2.0 m³/h,求理论上能完全捕集下来的最小颗粒直径 $d_{\min}$。

6. 有一重力降尘室,长 4 m、宽 2.0 m、高 2.5 m,内部用隔板分成 25 层。炉气进入降尘室时的密度为 0.5 kg/m³,黏度为 0.035 cp。炉气所含颗粒密度为 $45\,000$ kg/m³。现要用此除尘室分离 100 μm 以上的颗粒,试求可处理的炉气流量。

7. 温度为 200 ℃、压力为 0.101 MPa 的含尘气体,用旋风分离器分离除尘,尘粒密度为 $2\,000$ kg/m³。若旋风分离器直径为 0.65 m,进口气速为 21 m/s。试求:(1) 气体处理量,以 m³/s 计;(2) 尘粒的临界直径。

8. 在实验室内用一片过滤面积为 0.05 m² 的滤叶在 36 kPa(绝)下进行吸滤(大气压力为 101 kPa)。在 300 s 内共吸出 400 cm³ 滤液,再过 600 s,又吸出 400 cm³ 滤液。求:(1) 估算该减压过滤下的过滤常数 K、q_e;(2) 估算再收集 $4\,400$ cm³ 滤液所需的时间。

9. 某板框压滤机在恒压过滤 1 h 之后,共送出滤液 11 m³,停止过滤后用 3 m³ 清水(其黏度与滤液相同)于同样压力下对滤饼进行洗涤。求洗涤时间。(设滤布阻力可以忽略)

10. 用板框过滤机过滤某悬浮液,框的长、宽各为 450 mm,共有 10 个框。过滤压力为 400 kPa,不洗涤。此外,拆卸、重装等辅助时间共为 $1\,200$ s。试求其最大生产能力(m³滤液·h⁻¹)。已测得过滤常数 $K=4.3\times10^{-7}$ m²·s⁻¹,$q_e=0.004$ m³·m⁻²。

思考题

1. 球形颗粒在静止流体中做重力沉降时都受到哪些力的作用？它们的作用方向如何？沉降分为几个阶段？

2. 影响颗粒沉降速度的因素都有哪些？

3. 斯托克斯定律区的沉降速度与各物理量的关系如何？应用的前提是什么？颗粒的加速段在什么条件下可忽略不计？

4. 重力降尘的气体处理量与哪些因素有关？降尘室的高度是否影响气体处理量？

5. 多层沉降室设计的依据是什么？

6. 简述旋风分离器的主要工作原理并评价旋风分离器性能的主要指标。如何提高离心设备的分离能力？

7. 简述何为滤饼过滤,其适用何种悬浮液。

8. 简述工业上对过滤介质的要求及常用的过滤介质种类。

9. 为什么要测定过滤常数？怎样测定过滤常数？

10. 简述板框式压缩机的简单结构、操作和洗涤过程及应用。

11. 影响转筒真空过滤机生产能力的因素有哪些？

工程案例分析

小水酿大灾的原因

2003年8月,陕西省渭河流域连续降雨,造成严重的洪涝灾害,全省有1 080万亩农作物受灾,225万亩绝收,受灾人口515万,直接经济损失达82.9亿元,是渭河流域50多年来最为严重的洪水灾害。然而当年渭河洪峰量最高流量3 700 m³/s,只相当于五年一遇的洪水,为何如此小水却酿成大灾?

水量不大却出现了高水位,以致发生洪灾,其原因只能是河床升高了,说明渭河流道内泥沙淤积很严重。但是渭河在历史上并不是一条易淤积的河流。渭河水虽然带有泥沙,但可通过水流经潼关带入黄河,即渭河对其河床高度应有自衡能力。根据陕西省水利志记载:从春秋战国到1960年的2 500年间,河床淤积厚度仅为16 m,平均每100年才淤积0.6 m。但自从三门峡水库1960年建成投运后,加快了上游地区河床升高的速度。

原因:三门峡蓄水造成潼关高程长时间居高不下("潼关高程"为水利名词,是指黄河在陕西潼关的水位高度)。据数据记载三门峡常年蓄水平均水位比三门峡河段自然水位高30多米,必然导致潼关高程的升高。而潼关高程长时间居高不下,破坏了自衡能力,导致渭河泥沙淤积速度加快,河床迅速升高。据水利部资料记载,1960年至1962年蓄水两年后,水库淤积了15亿吨泥沙,到1964年总计淤积了50亿吨。

由流体流动原理可知,下游(潼关)水位升高导致上游(渭河)水流减速,水在渭河内的停留时间因此增加。由沉降槽工作原理知,流体停留时间越长,沉降的颗粒就越多。

据此不难理解,渭河水流速度放慢是其河床升高的直接原因,而导致这一结果的最初原因,则是三门峡库区的常年高位蓄水。

第4章　传　热

学习要求

传热的三种方式及其特点;间壁式换热器的传热过程;传热推动力与热阻的概念;热传导的基本定律;对流传热基本原理;传热速率方程;热量衡算方程;平均温度差的计算;传热系数的计算;传热面积的计算。

换热器冷、热流体的热量交换方式;影响对流传热的因素及各特征数的意义;相变流体对流传热的特点;列管式换热器的结构、特点;其他类型换热器的结构和特点。

4.1　概　述

传热是物质在温度差作用下所发生的热量传递过程。无论在物体内部或者物体之间,只要存在着温度差,热量就将以某一种或同时以某几种方式自发地从高温处传向低温处。因此传热是自然界和工程技术领域中极普遍的一种传递现象。在几乎所有的工业部门,如化工、能源、冶金、机械、建筑等都涉及许多传热相关问题。

4.1.1　传热在化工中的应用

化工生产中的化学反应过程,通常都要求在一定的温度下进行,这就要求必须适时地向反应器输入或输出热量,建立适宜的温度条件。许多化工单元操作,如蒸发、精馏、吸收、干燥、萃取等,也都直接或间接地与传热过程有关。因此,传热是化学工业中最常见的单元操作之一。

化工生产中对传热的要求一般可归纳如下:

(1) 强化传热:在传热设备中加热或冷却物料,控制热量并以所期望的方式传递,使其达到指定温度。

(2) 削弱传热:对设备或管道进行保温,减少热损失。

在工业生产过程中需要解决的传热问题大致可以分为两类:一是传热计算,如设计或校核换热器;另一类是改进和强化换热设备,这两个问题常常是联系在一起的。

本章将在前面各章的基础上,从传热学的基本理论出发,介绍传热的基本规律和其在化学工业中的基本应用。

4.1.2 热源和冷源

为了将冷却流体加热或将热流体冷却,必须用另一种流体供给或取走热量,此流体称为载热体。起加热作用的载热体称为加热剂,起冷却作用的载热体称为冷却剂。工程上所使用的加热剂或冷却剂多为流体。作为加热剂常用的有水蒸气、烟道气、热空气和热水等。作为冷却剂常用的有冷水、冷冻盐水、液氮等。工业上常见的加热和冷却介质如表4-1所示。

表4-1 常见载热体

项目	载热体	适用温度范围/℃	特点
加热剂	饱和蒸汽	100~180	给热系数大,冷凝相变热大;温度易于调节;加热温度不能太高
	热水	40~100	工业上可利用废热,水的余热,加热温度低,也不容易调节
	烟道气	>500	温度高,但加热不易均匀;给热系数小,热容小
	熔盐 KNO_3 53% $NaNO_2$ 40% $NaNO_3$ 7%	142~530	加热温度高,且均匀,热容小
	联苯混合物(如道生油含联苯 26.5%,联苯醚 73.5%)	15~255(液态) 255~380(蒸气)	适用温度范围广,且易于调节;容易渗漏,渗漏蒸气易燃
	矿物油(包括各类气缸油和压缩机油等)	<350	价廉,易得;黏度大,给热系数小,易分解,易燃
冷却剂	冷水	5~80	来源广,价格便宜,调节方便;温度受地区、季节与气温影响
	空气	>30	取之不竭,用之不尽;给热系数小,温度受季节和气候的影响较大
	冷冻盐水(氯化钙溶液)	0~15	成本高,只适用于低温冷却

工业上常用的冷却介质为水、空气及冷冻盐水。其中水由于比热及传热速率比空气大,又比冷冻盐水经济,故应用最为普遍。水和空气的温度都受来源、地区和季节的限制。在水资源比较紧缺的地区采用空气冷却具有重大现实意义。

在有些情况下,加热或冷却不必采用专门的加热介质和冷却介质,可用生产过程中产生的高温物料与低温物料进行热交换,便可同时达到加热和冷却的目的。

4.1.3 传热过程

1. 传热速率与热通量

传热速率(又称热流量)Q是指单位时间内通过一台换热器的传热面或某指定传热面积的热量,单位为 W。热通量(又称为热流密度)q是指单位换热面积的传热速率,单位为 W/m^2。传热速率与热通量的关系为:

$$q = dQ/dA \qquad (4-1)$$

和其他类型的传递过程相类似,传热速率与传热推动力成正比,与传热阻力成反

比,即:

$$传热速率 = \frac{传热温差(推动力)}{传热热阻(阻力)}$$

传热过程的推动力是指两流体之间的传热温度差,但在传热面的不同位置上,流体的温度差不同,因此在传热计算中,通常采用平均温度差表示;传热阻力则与具体的传热方式、流体物性、壁面材料等多个因素有关,具体将在本章后续相应部分分别介绍。

2. 稳态传热与非稳态传热

传热过程分为稳态传热与非稳态传热。传热系统中各点的温度仅随位置而变,不随时间而变的传热过程称为稳态传热过程。化工生产中连续操作的传热多为稳态传热过程,若传热系统中各点的温度分布随时间而变化,则称为非稳态传热过程。工业生产中间歇操作的传热设备,连续生产设备的启动、停机过程以及变工况的热量传递都是非稳态传热过程。稳态传热过程及其应用是本章的主要讨论内容。

3. 传热的基本方式

热量传递是由于物体内或系统内的两部分之间的温度差而引起的,热量传递方向总是由高温处自发地向低温处移动。温度差越大,热能的传递越快,温度趋向一致,就停止传热。所以传热过程的推动力是温度差。

传热有三种基本方式:热传导、对流和辐射。

(1) 热传导

热传导,简称导热。已经知道,温度是标志物质分子动能大小的一个参量,分子振动愈强,其温度愈高。当物体存在温差时,通过物质分子间物理相互作用造成的能量转移,称为热传导。这种物理相互作用,对非导电固体来说,指分子原地振动发生的分子间的碰撞;对导电固体来说,指自由电子扩散效应;对气体,指分子不规则热运动引起的分子扩散;对非导电液体来说,则指分子碰撞与分子的位移。由此可见,良导体即良导热体。导热是固体中热量传递的主要方式。对于流动流体,在流体近固体壁面处,导热对流体与固体壁面间的传热起到十分重要的作用。导热不能在真空中进行。

(2) 对流传热

对流传热是流体中各部分质点发生相对位移而引起的热量传递过程。虽然对流传热伴随着流体质点微观粒子运动的热传导,但习惯上都称为对流传热。对流只能发生在流体中,与流体的流动状态密切相关。若流体的对流传热是因为泵、风机或搅拌机等机械能输入造成的,称为强制对流传热;流体中因各处温度不同导致密度差引起的对流传热时,称为自然对流传热。化工生产中常见的对流传热是流体流经固体表面时的热量传递,可采用牛顿冷却定律计算传热速率。

(3) 热辐射

热辐射简称辐射,是物体因热的原因而产生电磁波在空间的传递现象。当任何物体的温度大于热力学零度时,都会以电磁波的形式向外界辐射能量,当被另一物体部分或全部接收后,又重新变为热能,这种传热方式称为辐射传热,即辐射传热是物体间相互辐射和吸收能量的总结果。但只有当物体间的温度差别较大时,辐射传热才能成为主要的传热方式。

实际上,以上三种传热方式很少单独存在,一般都是以两种或三种方式同时出现。在一般换热器内,辐射传热量很小,往往可以忽略不计,只需考虑热传导和对流两种传热方式。本章将重点讨论热传导和对流两种传热方式。

4.1.4　冷、热流体热交换形式及换热设备

化工生产中的传热过程,常常是冷流体和热流体之间的热量交换,这种交换必须通过一定的设备来实现,此种设备称为换热器或热交换器。在换热器内,冷、热流体的接触方式可分为直接接触式、间壁式和蓄热式三种,每种接触方式所用的换热器设备的结构不同。

1. 直接接触式换热

直接接触式换热器的特点是:冷、热两种流体在换热器内直接混合进行热交换。这类换热器主要应用于气体的冷却,兼做除尘、增湿或蒸气的冷凝,常见设备有凉水塔、洗涤塔、文氏管及喷射冷凝器等。其优点是传热效果好,设备简单,易于防腐;缺点是仅允许两流体可混合时才能使用。

直接接触式换热器是冷、热流体以直接混合的方式进行热量交换,传热面积大,设备简单。例如工厂中的凉水塔。但这种接触方式伴随传质过程,故采用这类换热器要视工艺是否允许冷、热流体直接接触而定。

2. 蓄热式换热

蓄热式换热是由热容量比较大的蓄热室构成,室内装有耐火砖等固体填充物。操作时冷、热流体交替地流过蓄热室,利用固体填充物来积蓄和释放热量而达到换热的目的。其特点是冷、热流体间的热交换是通过对蓄热体的周期性加热和冷却来实现的。蓄热器通常采用两台交替使用。这类换热器结构简单,能耐高温,常用于高、低温气体的换热。其缺点是设备体积大,且这类换热设备的操作是间歇交替进行的,难免在交替时发生两种流体的混合,所以这类设备在化工生产中使用得不太多。

3. 间壁式换热

这是生产中使用最广泛的一种形式。间壁式换热器的特点是冷、热流体被一固体壁面隔开,分别在壁面的两侧流动,不相混合。传热时热流体将热量传给固体壁面,再由壁面传给冷流体。间壁式换热器适用于两股流体间需要进行热量交换而又不允许直接相混的场合。在本章第6节会详细介绍间壁式换热器的种类。

4.2　热传导

4.2.1　热传导的基本概念

1. 温度场和等温面

温度差的存在是产生导热的必要条件,而热量的传递与物体内部的温度分布有着密切的关系。所以首先必须建立起有关温度分布的概念。

传热速率的大小取决于物体内部的温度分布。物体或传热系统内各点在任一时刻的温度分布情况称为温度场。其数学表达式为：

$$t = f(x, y, z, \tau) \tag{4-2}$$

式中：t——某点的温度，单位℃或 K；

　　τ——时间，单位 s；

　　x、y、z——某点的空间坐标。

物体各点的温度随时间变化而变化，称为非稳态温度场；若温度场不随时间变化，即称为稳态温度场，在稳态温度场中的导热叫作稳态导热，其数学关系如式(4-3)所示。

$$t = f(x, y, z) \tag{4-3}$$

如只考虑温度仅沿着 x 方向发生变化，则称为稳态一维温度场，它具有最简单的数学表达式，即：

$$t = f(x) \tag{4-4}$$

在温度场中，把温度相同的各点连接起来，就得到一系列等温面。由于温度场内任一点的温度只能有一个数值，所以等温面互不相交。此外，在同一等温面上各点间无温度差，也就没有传热现象发生。只有在穿过等温面的方向上才有温度的变化，才有可能发生传热现象。而且在沿等温面的法线 n 方向上，温度的变化率最大。

2. 温度梯度

由图 4-1 可知，不同温度的等温面之间存在温度差。所以沿着与等温面相交的任何方向都有温度变化，这种变化在法线方向上距离最短，单位长度的温度变化最大。为了描述这种变化情况，把两相邻等温面之间沿着法线方向的温度差 Δt 与法向距离 Δn 之比叫作温度梯度，即：

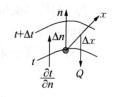

图 4-1　等温面和温度梯度示意图

$$grad(t) = \lim \frac{\Delta t}{\Delta n} = \frac{\partial t}{\partial n} \tag{4-5}$$

温度梯度是沿着与等温线垂直方向的矢量，它的方向以温度升高的方向为正，以温度降低的方向为负。对于定态、一维(n 向)温度场，温度梯度在 n 方向的分量为：

$$grad(t) = \frac{\mathrm{d}t}{\mathrm{d}n} \tag{4-6}$$

温度梯度的物理意义是：某时刻温度场在该点向温度增加方向的温度变化率，它表示该点温度变化的剧烈程度，其值沿温度增加方向为正，沿温度降低方向为负。

上述温度场是普遍的三维温度场。在特殊情况下，若温度场为两个空间坐标的函数，即 $t = f(x, y, \tau)$ 则称为二维温度场。若温度只是一个空间坐标的函数，即 $t = f(x, \tau)$，则称为一维温度场。

4.2.2 傅立叶定律

物质内部的温度梯度是热传导的推动力,热传导速率和温度梯度以及垂直于热流方向的截面积成正比关系。傅立叶(Fourier)在实验研究基础上,提出了如下的热传导基本方程式:

$$dQ = -\lambda dA \frac{\partial t}{\partial x} \qquad (4-7)$$

或

$$q = -\lambda \frac{\partial t}{\partial n} \qquad (4-8)$$

式中:dQ——微分热传导速率,即单位时间传导的热量,其方向与温度梯度的方向相反,单位 W;

q——热通量,单位 W/m^2;

A——导热面积,即垂直于热流方向的截面积,单位 m^2;

$\frac{\partial t}{\partial x}$——空间某点的温度梯度,单位℃/m 或 K/m;

λ——比例系数,称为导热系数,单位 $W/(m \cdot K)$ 或 $W/(m \cdot ℃)$。

式(4-7)称为傅立叶定律或导热基本方程,式中负号表示热传递方向与温度梯度方向相反。傅立叶定律能适用于固体、液体和气体。上式表明,对空间点 C 而言,热通量与 C 点的温度梯度成正比关系。式中负号表示导热的方向与温度梯度方向相反,热量由高温向低温传递。

对于定态一维导热,傅立叶定律可表示为

$$q = -\lambda \frac{dt}{dn} \qquad (4-9)$$

式中:$\frac{dt}{dn}$——法向温度梯度,℃/m。

傅立叶定律表明:在热传导时,其传热速率与温度梯度及传热面积成正比。必须注意,λ 作为导热系数是表示材料导热性能的一个热物性参数,λ 越大,表明该材料导热越快。和黏度 μ 一样,导热系数 λ 也是分子微观运动的一种宏观表现。影响其大小的因素主要是物质种类(固、液、气)和温度。

4.2.3 导热系数

式(4-7)可改写为

$$\lambda = -\frac{dQ}{dA \frac{\partial t}{\partial x}} \qquad (4-10)$$

上式说明,导热系数在数值上等于单位导热面积、单位温度梯度、单位时间内传导的热量。因此,导热系数是反映物质导热能力大小的参数,是物质的物理性质之一。

显然,热导率 λ 值越大,则物质的导热能力越强。所以热导率 λ 是物质导热能力的标志,为物质的物理性质之一。通常,需要提高导热速率时,可选用热导率大的材料;反之,要降低导热速率时,应选用热导率小的材料。各物质的热传导系数单位是 $W \cdot m^{-1} \cdot ℃^{-1}$ 或 $W \cdot m^{-1} \cdot K^{-1}$。热导率通常用实验方法测定。热导率数值的变化范围很大,一般来说,金属是良导体,金属的 λ 值范围大约在 $10 \sim 400 \ W \cdot m^{-1} \cdot K^{-1}$,是诸物质中热传导性能最好的。液体次之,$\lambda$ 值约为 $0.1 \sim 0.6 \ W \cdot m^{-1} \cdot K^{-1}$。气体的热传导性能最差,$\lambda$ 值约为 $0.02 \sim 0.03 \ W \cdot m^{-1} \cdot K^{-1}$。气体热传导能力差的特性已被人们充分利用。

凡是在室温下 λ 小于 $0.2 \ W \cdot m^{-1} \cdot K^{-1}$ 的材料,称为隔热保温材料。例如,岩棉、泡沫塑料、膨胀珍珠岩和硅藻土制品等。保温材料要制成多孔状,其空隙中有不流动的空气,有利于提高隔热效果。

物质的 λ 值与许多因素有关,物质的组成、结构、密度、温度以及压强等都会影响 λ 值。λ 值只能靠实验测得。混合物的 λ 值不能由各组成物的值 λ_i 值按其质量分数 x_i 用加和法求得,如常温时干砖的 λ 为 $0.35 \ W \cdot m^{-1} \cdot K^{-1}$,水的 λ 为 $0.58 \ W \cdot m^{-1} \cdot K^{-1}$,但湿砖的 λ 却为 $1.05 \ W \cdot m^{-1} \cdot K^{-1}$,其间显然不存在加和关系。

工程中常见物质的热导率可从有关手册中查得。表 4-2～4-4 列出某些物质的导热率,供查用。下面对固体、液体和气体的热导率分别进行讨论。

(1) 固体的热导率 表 4-2 为常用固体材料的热导率。金属是良导电体,也是良好的导热体。纯金属的热导率一般随温度的升高而降低,金属的纯度对热导率影响很大,合金的热导率一般比纯金属要低。

表 4-2 常用固体材料的热导率

固体	温度/℃	热导率 λ/$(W \cdot m^{-1} \cdot ℃^{-1})$	固体	温度/℃	热导率 λ/$(W \cdot m^{-1} \cdot ℃^{-1})$	固体	温度/℃	热导率 λ/$(W \cdot m^{-1} \cdot ℃^{-1})$
铝	300	230	熟铁	18	61	棉毛	30	0.050
镉	18	94	铸铁	53	48	玻璃	30	1.09
铜	100	377	石棉板	50	0.17	云母	50	0.43
铅	100	33	石棉	0	0.16	硬橡皮	0	0.15
镍	100	57	石棉	100	0.19	锯屑	20	0.052
银	100	412	石棉	200	0.21	软木	30	0.043
钢(1%C)	18	45	高铝砖	430	3.1	玻璃毛		0.041
青钢		189	建筑转	20	0.69	85%氧化镁		0.070
不锈钢	20	16	镁砂	200	3.8			

固体材料的导热系数与温度有关,对于大多数均质固体,其 λ 值与温度大致呈线性关系:

$$\lambda = \lambda_0 (1 + \partial t) \tag{4-11}$$

式中:λ——物质在温度 t ℃时的导热系数,单位 $W \cdot m^{-1} \cdot ℃^{-1}$ 或 $W \cdot m^{-1} \cdot K^{-1}$;

λ_0——物质在 0 ℃时的导热系数,单位 $W \cdot m^{-1} \cdot ℃^{-1}$ 或 $W \cdot m^{-1} \cdot K^{-1}$;

∂——温度系数,对大多数金属材料和液体为负值,对大多数非金属材料和气体为正值,单位℃$^{-1}$。

当温度变化范围不大时,一般采用该温度范围内的平均值。即可由平均温度 $t=\dfrac{t_1+t_2}{2}$ 求出 λ,其中 t_1 表示最高温度,t_2 表示最低温度。

非金属建筑材料或绝热材料(又称保温材料)的热导率与物质的组成、结构的致密程度及温度有关。通常 λ 值随密度的增加而增大,也随温度的升高而增大。

(2)液体的热导率 表 4-3 列出了几种液体的热导率。

表 4-3 液体的热导率

液体	温度/℃	热导率 λ/(W·m^{-1}·℃$^{-1}$)	液体	温度/℃	热导率 λ/(W·m^{-1}·℃$^{-1}$)
乙酸(50%)	20	0.35	正庚烷	30	0.14
丙酮	30	0.17	水银	28	8.36
苯胺	0~20	0.17	水	30	0.62
苯	30	0.16	硫酸(90%)	30	0.36
乙醇(80%)	20	0.24	硫酸(60%)	30	0.43
甘油(60%)	20	0.38	氧化钙盐水(30%)	30	0.55
甘油(40%)	20	0.45			

液态金属的导热系数比一般液体高,而且大多数液态金属的导热系数随温度的升高而减小。在非金属液体中,水的导热系数最大。除水和甘油外,绝大多数液体的导热系数随温度的升高而略有减小。

一般来说,纯液体的导热系数比其溶液的要大。

(3)气体的导热系数 表 4-4 列出了几种气体的热导率。

表 4-4 气体的热导率

气体	温度/℃	热导率 λ/(W·m^{-1}·℃$^{-1}$)	气体	温度/℃	热导率 λ/(W·m^{-1}·℃$^{-1}$)	气体	温度/℃	热导率 λ/(W·m^{-1}·℃$^{-1}$)
氢	0	0.17	甲烷	0	0.029	乙烯	0	0.17
二氧化碳	0	0.015	水蒸气	100	0.025	乙烷	0	0.18
空气	0	0.024	氮	0	0.024			
空气	100	0.031	氧	0	0.024			

气体的导热系数随温度升高而增大,在相当大的压强范围内,气体的导热系数与压强几乎无关。气体的 λ 值一般与压强亦无关,但在压强很高(大于 200 MPa)或很低(小于 2 700 Pa)时,λ 值随压强增大而增大或随压强降低而减小。

由于气体的导热系数太小,因而不利于导热,但有利于保温与绝热。

4.2.4 通过平壁的热传导

1. 单层平壁热传导

如图 4-2 所示,设有一厚度为 b 的无限大平壁(其长度和宽度远比厚度大),材料的 λ 为常数,平壁的两侧外表面温度分别维持恒定,温度只沿垂直于壁面的方向变化。因此,等温面都是平面,并垂直于 x 轴。现导出通过此平壁的导热速率计算式。

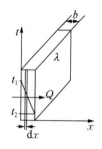

图 4-2 单层平壁热传导

参看图 4-2,设等温面的面积为 A,平壁厚度为 b,平壁两侧面的温度分别为 t_1,t_2,且 $t_1 > t_2$。

对此种稳态的一维平壁热传导,导热速率 Q 和传热面积 A 都是常量,导热系数 λ 为常数,傅立叶定律可写为

$$Q = -\lambda A \frac{\mathrm{d}t}{\mathrm{d}x}$$

分离变量后积分得

$$\int_0^t Q \mathrm{d}x = -\lambda A \int_{t_1}^{t_2} \mathrm{d}t$$

求得导热速率方程式为

$$Q = \frac{\lambda}{b} A (t_1 - t_2) \tag{4-12}$$

或

$$Q = \frac{t_1 - t_2}{\dfrac{b}{\lambda A}} = \frac{\Delta t}{R} = \frac{传热推动力}{热阻} \tag{4-13}$$

式(4-12)也可写为

$$q = \frac{Q}{A} = \frac{\lambda}{b}(t_1 - t_2) \tag{4-14}$$

平壁内的温度分布为

$$\mathrm{d}t = -\frac{Q}{\lambda A} \mathrm{d}x$$

$$t = -\frac{Q}{\lambda A} x + C$$

所以沿壁厚方向温度分布为直线。

式中平壁的平均热传导系数按平壁两侧温度 t_1 和 t_2 的算术平均值计算。若由 t_1 和 t_2 温度分别算出热传导系数 λ_1,λ_2,则平均热传导系数 λ_m 可由 $\lambda_m = (\lambda_1 + \lambda_2)/2$ 求得。由式(4-13)可知,热传导速率类似于电学中的欧姆定律,表示为推动力除以阻力的形式,热传导推动力为传热温差,热阻为 $b/(\lambda A)$。化工过程的推动力均可表示为推动力除以阻力的形式。

【例 4-1】 平壁厚度为 0.37 m，内表面温度为 1 650 ℃，外表面温度为 300 ℃，平壁材料导热系数与温度的关系为 $\lambda = 0.815 + 0.000\ 76t$，试求导热热通量和平壁内的温度分布。

解：平均温度导热系数计算：

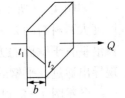

$$t_m = \frac{t_1 + t_2}{2} = \frac{1\ 650 + 300}{2} = 975$$

$$\lambda = 0.815 + 0.000\ 76t \rightarrow \lambda_m = 0.815 + 0.000\ 76 \times 975 = 1.556$$

(1) $$q = Q/S = \frac{\lambda_m \Delta t}{b} = \frac{1.566 \times (1\ 650 - 300)}{0.37} = 5\ 677$$

(2) 设壁厚 x 处的温度为 t

$$q = \frac{\lambda_m}{x}(t_1 - t) \Rightarrow t = t_1 - \frac{qx}{\lambda_m}$$

$$\Rightarrow t = 1\ 650 - 3\ 649x \quad 温度和距离呈直线关系$$

2. 多层平壁热传导

在工业及建筑部门，多层平壁导热问题是经常遇到的，如高温炉的炉壁一般由耐火砖、绝热材料及普通砖组成。多层平壁导热情况如图 4-3 所示。

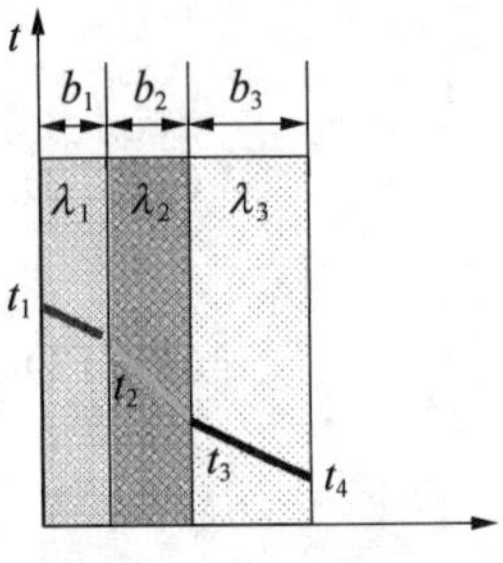

各层厚度分别为 b_1，b_2 和 b_3，各层的平均热传导系数分别为 λ_1，λ_2 和 λ_3。假设层与层之间接触良好，各表面的温度为 t_1，t_2 和 t_3，稳态传热时通过多层平壁热传导速率为

$$Q = \frac{t_1 - t_2}{b_1/(\lambda_1 A)} = \frac{t_2 - t_3}{b_2/(\lambda_2 A)} = \frac{t_3 - t_4}{b_3/(\lambda_3 A)}$$

图 4-3 多层壁导热

令上式中各项分子与分母分别相加，得

$$Q = \frac{\Delta t_1 + \Delta t_2 + \Delta t_3}{\frac{b_1}{\lambda_1 A} + \frac{b_2}{\lambda_2 A} + \frac{b_3}{\lambda_3 A}} = \frac{\Delta t}{\sum\limits_{i=1}^{3} R_i} = \frac{总推动力}{总热阻} \quad (4-15)$$

则

$$q = \frac{Q}{A} = \frac{t_1 - t_4}{\frac{b_1}{\lambda_1} + \frac{b_2}{\lambda_2} + \frac{b_3}{\lambda_3}} \quad (4-16)$$

即多层平壁的传热速率由推动力总温度差与各层的热阻之和的比值求得。式(4-16)与串联热阻时的导电公式形同，该式还可变形为下式：

$$\Delta t_1 = QR_{导1} = R_{导1} \frac{\Delta t}{\sum R_导}, \Delta t_2 = QR_{导2} = R_{导2} \frac{\Delta t}{\sum R_导}, \Delta t_3 = QR_{导3} = R_{导3} \frac{\Delta t}{\sum R_导}$$

$$(4-17)$$

由式(4-17)可以看出，利用总温度差和各层的热阻值，可以较为简便地求出各层的温度差。在多层平壁中，温度差大的壁层，则热阻也大。

【例 4 - 2】 某冷库外壁内、外层砖壁厚均为 12 cm,中间夹层厚 10 cm,填以绝缘材料。砖墙的热导率为 0.70 W/m·K,绝缘材料的热导率为 0.04 W/m·K,墙外表面温度为 10 ℃,内表面为 −5 ℃,试计算进入冷库的热流密度及绝缘材料与砖墙的两接触面上的温度。

解:根据题意,已知 $t_1 = 10$,$t_4 = −5$,$b_1 = b_3 = 0.12$ m,$b_2 = 0.10$ m,$\lambda_1 = \lambda_3 = 0.70$ W/m·K,$\lambda_2 = 0.04$ W/m·K。

按热流密度公式计算 q:$q = \dfrac{Q}{A} = \dfrac{t_1 - t_4}{\dfrac{b_1}{\lambda_1} + \dfrac{b_2}{\lambda_2} + \dfrac{b_3}{\lambda_3}} = \dfrac{10 - (−5)}{\dfrac{0.12}{0.70} + \dfrac{0.10}{0.04} + \dfrac{0.12}{0.70}} = 5.27$ W/m²

按温度差分配计算 t_2、t_3:$t_2 = t_1 - q\dfrac{b_1}{\lambda_1} = 10 - 5.27 \times \dfrac{0.12}{0.70} = 9.1$

$$t_3 = q\frac{b_3}{\lambda_3} + t_4 = 5.27 \times \frac{0.12}{0.70} + (−5) = −4.1$$

4.2.5 圆筒壁的热传导

化工生产常遇到圆筒壁的热传导,它与平壁热传导的不同之处在于圆筒壁的传热面积不是常量,随半径而变,同时温度也随半径而变。

1. 单层圆筒壁热传导

如图 4 - 4 所示。此时,热流的方向是从筒内到筒外($t_1 - t_2$),而与热流方向垂直的圆筒面积(传热面积)$A = 2\pi rL$(r 为圆筒半径,L 为圆筒长度)。可见,传热面积 A 不再是固定不变的常量,而是随半径而变,同时温度也随半径而变。这就是圆筒壁热传导与平壁热传导的不同之处。但传热速率在稳定时依然是常量。

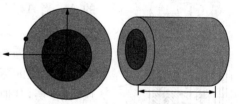

图 4 - 4 单层圆筒壁的热传导

对于圆筒壁,传导面积可写为

$$A = 2\pi rL \tag{4-18}$$

由傅立叶定律式(4 - 7)和式(4 - 18)可得

$$Q = −\lambda(2\pi rL)\frac{dt}{dr} \tag{4-19}$$

分离变量后得

$$dt = −\frac{Q}{2\pi\lambda L}\frac{dr}{r} \tag{4-20}$$

根据边界条件

$$r = r_1, t = t_1$$

$$r = r_2, t = t_2$$

将式(4-20)积分并整理得

$$Q=\frac{2\pi L\lambda(t_1-t_2)}{\ln\frac{r_2}{r_1}} \tag{4-21}$$

$$Q=\lambda A_m\frac{t_1-t_2}{b}=\frac{t_1-t_2}{\frac{b}{\lambda A_m}} \tag{4-22}$$

式中:$b=r_2-r_1$——圆筒壁的厚度;

$A_m=2\pi r_m L$——圆筒壁的平均导热面积;

$r_m=\frac{r_2-r_1}{\ln\frac{r_2}{r_1}}$——圆筒壁的对数平均数半径,当$\frac{r_2}{r_1}<2$时,可采用算术平均值。

设壁厚r处的温度为t,则可得出圆筒壁内温度分布的对数曲线关系。即

$$t=t_1-\frac{Q}{2\pi\lambda L}\ln\frac{r}{r_1} \tag{4-23}$$

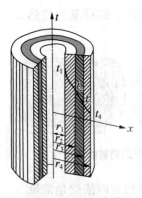

图4-5 多层圆筒壁的热传导

式(4-22)具有与平壁传热相同的计算形式。不过,圆筒壁热传导式中以内、外壁面积的对数平均值A_m替代了平壁热传导中的A。当$A_2/A_1=r_2/r_1<2$时,可用算术平均面积A代替对数平均面积A_m,其误差小于4%。

2. 多层圆筒壁热传导

工厂里的蒸气管道,为了安全及减少热损,管外总包有绝热层、保护层,其他高温或低温物料的管道也都有绝热层及保护层,这些均属多层圆筒壁导热问题。现以3层为例予以说明。参看图4-5,类似于多层平壁热传导,各层的平均热传导系数分别为λ_1、λ_2和λ_3。假设层与层之间接触良好,各层表面的温度为t_1,t_2,t_3和t_4,一维稳态通过多层圆筒壁的热传导速率为

$$Q=\frac{\Delta t_1+\Delta t_2+\Delta t_3}{\frac{\delta_1}{\lambda_1 A_{均1}}+\frac{\delta_2}{\lambda_2 A_{均2}}+\frac{\delta_3}{\lambda_3 A_{均3}}}=\frac{t_1-t_4}{\frac{r_2-r_1}{\lambda_1 A_{均1}}+\frac{r_3-r_2}{\lambda_2 A_{均2}}+\frac{r_4-r_3}{\lambda_3 A_{均3}}}=\frac{t_1-t_4}{\frac{1}{\lambda_1}\ln\frac{r_2}{r_1}+\frac{1}{\lambda_2}\ln\frac{r_3}{r_2}+\frac{1}{\lambda_3}\ln\frac{r_4}{r_3}} \tag{4-24}$$

【例4-3】 $\Phi60\times3.5$ mm钢管外层包有两层绝热材料,里层为40 mm的氧化镁粉,导热系数$\lambda=0.07$ W/m·℃,外层为20 mm的石棉层,导热系数$\lambda=0.15$ W/m·℃。管内壁温度为500℃,最外层表面温度为80℃,管壁的导热系数$\lambda=45$ W/m·℃。试求每米管长的热损失及两层保温层界面的温度。

解:
$$Q=\frac{2\pi L(t_1-t_4)}{\frac{1}{\lambda_1}\ln\frac{r_2}{r_1}+\frac{1}{\lambda_2}\ln\frac{r_3}{r_2}+\frac{1}{\lambda_3}\ln\frac{r_4}{r_3}}$$

$$\frac{Q}{L}=\frac{2\pi(t_1-t_4)}{\frac{1}{\lambda_1}\ln\frac{r_2}{r_1}+\frac{1}{\lambda_2}\ln\frac{r_3}{r_2}+\frac{1}{\lambda_3}\ln\frac{r_4}{r_3}}$$

此处，$r_1=0.053/2=0.026\ 5$ m　　$r_2=0.026\ 5+0.003=0.03$ m

$r_3=0.03+0.04=0.07$ m　　$r_4=0.07+0.02=0.09$ m

$$\frac{Q}{L}=\frac{2\times3.14\times(500-80)}{\frac{1}{45}\ln\frac{0.03}{0.026\ 5}+\frac{1}{0.07}\ln\frac{0.07}{0.03}+\frac{1}{0.15}\ln\frac{0.09}{0.07}}=191.4\ \text{W/m}$$

保温层界面温度 t_3

$$\frac{Q}{L}=\frac{2\pi(t_1-t_3)}{\frac{1}{\lambda_1}\ln\frac{r_2}{r_1}+\frac{1}{\lambda_2}\ln\frac{r_3}{r_2}}\qquad t_3=131.2\ ℃$$

4.3　对流传热

对流传热是指流体中质点发生相对位移而引起的热交换。对流传热仅发生在流体中，与流体的流动状况密切相关。实质上对流传热是流体的对流与导热两者共同作用的结果。流体在传热过程中若不发生相变化，依据流体流动原因不同，对流传热可分为两种情况：

（1）强制对流传热。流体因外力作用而引起的流动称为强制对流，由此而引起的传热过程称为强制对流传热。

（2）自然对流传热。仅因温度差而产生流体内部密度差引起的流体流动称为自然对流，由此而引起的传热过程称为自然对流传热。

4.3.1　对流传热过程

流体质点宏观运动引起的热传递称为对流传热。在工业生产过程中，对流传热的流体通常流过某设备（热交换器）或在容器（反应器、干燥器或精馏设备等）中的流体，热量是通过设备或容器的壁面向流动的流体输入或输出的。流体流过与流体平均温度不同的固体壁面时的热交换过程在工程上称为对流传热或"传热"过程。由于对流传热是靠流体质点的宏观运动来完成，因此对流传热与流体的流动状况密切相关。

由前面所述的知识可知，当流体流经固体壁面时，由于流体黏性的存在，靠近壁面处有一层流内层，外侧有过渡区。然后是湍流主体区。层流内层中流体层之间平行流动，以导热方式传热；湍流主体内流体质点剧烈湍动，各部分充分混合，流速趋于一致，温度也趋于一致。因此，对流传热时，与流体流动方向垂直的同一截面上的温度分布情况如图 4-6 所示。

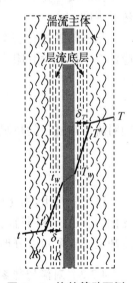

图 4-6　换热管壁两侧流体流动状况及温度分布

由于层流底层的导热热阻大,所需要的推动力温度差就比较大,温度曲线较陡,几乎呈直线下降;在湍流主体,流体温度几乎为一恒定值。一般将流动流体中存在温度梯度的区域称为温度边界层,亦称热边界层。

由上述讨论可知,流体的对流传热耦合了层流底层的热传导和流体主体的对流传热两个过程。对流传热的热阻由流体主体、过渡层以及层流底层三部分串联而成,主要集中在层流底层。为强化对流传热,应设法减少层流底层的热阻,例如增加流体的湍动程度以减薄层流底层的厚度。

4.3.2 牛顿冷却定律

大量实践表明:在单位时间内,以对流传热过程传递的热量与固体壁面的大小、壁面温度和流体主体平均温度二者间的差成正比。即

$$Q \propto A(t_壁 - t)$$

式中:Q——单位时间内以对流传热方式传递的热量,单位 W;

A——固体壁面面积,单位 m^2;

$t_壁$——壁面的温度,单位 ℃;

t——流体主体的平均温度,单位 ℃。

引入比例系数 α,则上式可写

$$Q = \alpha A(t_壁 - t) \tag{4-25}$$

式(4-25)称为对流传热方程式,也称为牛顿冷却定律。牛顿冷却定律以很简单的形式描述了复杂的对流传热过程的速率关系,其中对流传热系数 α 包括了所有影响对流传热过程的复杂因素。

α 称为对流传热系数(或给热系数),其单位为 $W/(m^2 \cdot ℃)$。α 的物理意义是:流体与壁面温差为 1 ℃时,在单位时间内通过每平方米传递的热量。所以 α 值表示对流传热的强度。

根据传递过程速率的普遍关系,壁面与流体间(或流体与壁面间)的对流传热速率,也应该等于推动力和阻力之比,即

$$对流传热速率 = \frac{对流传热推动力}{对流传热阻力}$$

则对流传热过程的热阻为

$$R_对 = \frac{1}{\alpha} \tag{4-26}$$

这里应指出,由于壁面两侧流体沿壁面流动过程中的传热,流体从进口到出口温度是变化的。由于不同流动截面上流体的温度不同,所以 α 值就不同。α 为局部参数,故牛顿冷却定律应采用微分形式。但在工程计算中,因常采用平均对流传热系数。

4.3.3 对流传热系数

牛顿冷却定律把复杂的给热问题用一个简单式子表达,实际上把影响对流、传热的诸

多因素归于一个参量中,但没有解决对流传热中的具体问题。因此,对流传热问题的研究便转化为对各种具体情况的传热系数规律的研究了。

一般 α 值由实验测定,采用科学的实验方法。牛顿冷却定律也是对流传热系数的定义式,即

$$\alpha = \frac{Q}{A\Delta t}$$

对流传热系数 α 与导热系数 λ 不同,它不是流体的物理性质,而是受很多因素影响的一个系数。如流体有无相变化、流体流动的原因、流动状态、流体物性和壁面情况(换热器结构)等都影响对流传热系数。

1. 流体的种类和相变化的情况

液体、气体和蒸气对流表面传热系数都不相同。流体单相、多相的对流传热及其机理也有差别。不同类型的流体如牛顿型流体和非牛顿型流体的对流表面传热系数也有区别。本书只限于讨论牛顿型流体,包括单相与多相变的对流表面传热系数。

2. 流体的物理性质

流体的密度、黏度、比热、导热系数以及容积膨胀系数等物理性质不同,将使 α 值不同。例如流体的导热系数,对于层流对流换热来说是一个决定性因素,而在湍流对流传热过程中,它直接支配着层流内层的导热性能,也是一个不可忽视的因素。在其他条件相同时,导热系数较大的流体,其 α 值也较大。

3. 流体的温度

流体温度对对流表面传热的影响表现在流体温度与壁面温度之差 Δt。流体的物性受温度变化的程度以及附加自然对流等方面的综合影响。因此,在对流表面传热计算中必须修正温度对物性的影响。此外,由于流体内部温度分布不均匀必然导致流体密度的差异,而产生附加的自然对流。这种影响又与热流方向及管子安装情况有关。

4. 流体的流动状况

流体的流动状况,如层流和湍流的 α 值不同;同为湍流时,因湍动程度影响层流内层的厚度,因而影响 α 值。

5. 引起流体流动的原因

按引起流体流动的原因来分类,可分为自然对流和强制对流。自然对流是指由于流体各部分温度不同而导致密度差异所引起的流动。例如,利用暖器取暖就是一个典型的实例。此时,暖器片周围受热的那部分气体因密度减小而上升,附近密度较大的空气就流过来补充,这种流体的密度差使流体产生所谓升浮力。升浮力的大小取决于流体的受热情况、物理性质以及流体所在空间的大小和形状。强制对流是由于外力的作用,如泵、风机、搅拌器等迫使流体流动。

实际上,在有换热的情况下,流体做强制对流的同时也会有自然对流存在。当强制对流的速度很大时,自然对流的影响可忽略不计。

6. 传热面的形状、位置和大小

传热面的形状(如管、板、环隙、翅片等),传热面方位和位置(如水平或垂直放置,管束

的排列方式等)及流道尺寸(如管径、管长、板高和进口效应等)等都直接影响对流表面传热系数。这些影响因素比较复杂,但都将反映在 α 的计算式中。表 4-5 列出了几种对流传热情况下的 α 的数值范围。

表 4-5 α 的数值范围

传热情况	$\alpha/[\text{W}/(\text{m}^2 \cdot \text{K})]$
空气自然对流	5~25
空气强制对流	20~100
水自然对流	200~1 000
水强制对流	1 000~15 000
水蒸气膜状冷凝	5 000~15 000
水蒸气滴状冷凝	4 0000~120 000
水沸腾	2 500~25 000
有机蒸气冷凝	500~2 000

对流传热系数的确定是一个极其复杂的问题,影响因素很多。式 4-25 的牛顿冷却定律是一种经验推论式,因此,采用该定律描述对流传热,将一系列影响因素隐藏在对流传热系数 α 中并没有改变问题本身的复杂性。为了揭示对流传热的本质,应了解各影响因素与 α 的关系,建立相互联系的函数关系,才能求得解析式以计算 α。一般来说,可通过分析影响因素,采用因次分析方法得出准数表达式,再结合实验研究确定准数之间的关系,进而得到准数关联式。

4.3.4 对流传热的因次分析

由于影响表面传热系数的因素很多,无法建立一个普遍适用的数学解析式。应根据 π 定理组成量纲一数群,进行待求函数 α 的量纲分析。不发生相变化的对流传热过程,对流传热系数可表示为:

$$\alpha = f(l, u, \rho, \mu, \lambda, C_p, g\beta\Delta t) \tag{4-27}$$

式(4-27)所涉及的物理量分别为定性长度 l、流体的流速 u、密度 ρ、黏度 μ、导热系数 λ、比定压热容 C_p、单位质量流体的浮升力 $g\beta\Delta t$。8 个物理量共涉及 4 个基本量纲,即:长度 L、质量 M、时间 T 和温度 Θ。按 π 定理,量纲一数群的数目等于变量数与基本量纲数之差,即 4 个。如选定 ρ、l、μ、λ 4 个度量为初始变量,将剩下的 4 个度量 α、u、C_p、$g\beta\Delta t$ 与它们组成 4 个量纲一数群,分别用 π、π_1、π_2、π_3 表示:

$$\pi = \frac{\alpha}{\rho^x l^y \mu^x \lambda^w} \tag{4-28}$$

$$\pi_1 = \frac{\mu}{\rho^{x1} l^{y1} \mu^{x1} \lambda^{w1}} \tag{4-29}$$

$$\pi_2 = \frac{C_p}{\rho^{x2} l^{y2} \mu^{x2} \lambda^{w2}} \tag{4-30}$$

$$\pi_3 = \frac{g\beta\Delta t}{\rho^{x3} l^{y3} \mu^{x3} \lambda^{w3}} \tag{4-31}$$

则量纲一化后的待定函数关系为：

$$\pi = f(\pi1, \pi2, \pi3)$$

$$\pi = A\pi_1^a \pi_2^b \pi_3^c \tag{4-32}$$

式(4-32)中系数 A 和指数 a、b、c 由实验确定。

采用 SI 单位制，式(4-27)中 8 个变量的基本量纲分析如表 4-6 所示。

表 4-6 α 及其影响因素的单位和基本量纲

物理量	SI 单位	基本因次	物理量	SI 单位	基本因次
对流传热系数 α	W·m^{-2}·K^{-1}	$MT^{-3}\Theta^{-1}$	黏度 μ	Pa·s	$ML^{-1}T$
定性长度 l	m	L	导热系数 λ	W·m^{-1}·K^{-1}	$MLT^{-3}\Theta^{-1}$
流体的流速 u	m·s^{-1}	LT^{-1}	比定压热容 C_p	kJ·kg·K^{-1}	$L^2T^{-2}\Theta^{-1}$
密度 ρ	kg·m^{-3}	ML^{-3}	单位质量浮升力 $g\beta\Delta t$	m·s^{-2}	$L\Theta^{-2}$

将相关变量的量纲分别代入式(4-29)～式(4-31)中，量纲分析的结果如表 4-7 所示。

表 4-7 对流传热过程的量纲—准数

表达式	常数名称	含义
$\pi = \dfrac{\alpha l}{\lambda}$	努赛尔准数（Nusselt number）	Nu，反映对流传热系数 α 的大小
$\pi_1 = \dfrac{lu\rho}{\mu}$	雷诺准数（Reynolds number）	R_e，反映流体的流动形态和湍动程度对 α 的影响
$\pi_2 = \dfrac{C_p\mu}{\lambda}$	普朗特准数（Prandtl number）	Pr，反映流体物理性质对 α 的影响
$\pi_3 = \dfrac{\beta g\Delta t l^3 \rho^2}{\mu^2}$	格拉晓夫准数（Grashof number）	Gr，反映温度差而引起的自然对流对 α 的影响

于是，描述对流传热过程的准数关系式如下：

$$Nu = f(R_e, Pr, Gr) \tag{4-33}$$

特征数关联式是一种经验公式，所以应用这种关联式求解 α 时就不能超出实验条件的范围，使用时就必须注意它的适用条件。具体来说，主要指下面三个方面。

① 应用范围　各个准数关联式都有一定的适用范围，只能在实验的范围内应用这些公式，外推是不可靠的。

② 定性温度　严格来说，流体和传热表面的温度是沿程变化的，流体物性也是变化

的,应当以某流动横截面的流体物性计算该处的对流传热系数,因此对流传热系数具有局部性质。但作为工程计算,采用简化处理,取流体进、出口温度的算术平均值作为定性温度,由此求得的是平均传热系数。此外,定性温度尚有其他规定,如高黏度流体的传热,流体黏度用壁温作定性温度;冷凝传热取凝液主体温度和壁温的算术平均值作为定性温度等。

③ 特征尺寸　传热面的几何参数有时是很复杂的,一般选取对传热起决定作用的几何参数作为特征尺寸,各个关联式对特征尺寸都有规定,如管内流动取管内径作为特征尺寸,管外流动取管外径作为特征尺寸等。

此外,尚需注意流通截面积的变化,关联式中涉及流速的准数,需要规定流速按哪个截面计算,例如,列管换热器壳程横掠管束的流动,即属此类。

4.3.5　对流传热系数的经验关联式

各种对流传热的情况差别很大,它们各自可通过实验建立相应的对流传热系数经验式。化工生产中常见的对流传热大致有如下四类:

流体无相变对流传热 $\begin{cases} 强制对流传热 \\ 自然对流传热 \end{cases}$

流体有相变对流传热 $\begin{cases} 蒸气冷凝传热 \\ 液体沸腾传热 \end{cases}$

1. 流体无相变时的对流传热系数

(1) 无相变时流体在管内强制对流

流体强制对流的发生是由于外界机械能的加入。一般情况下,流体强制对流中也存在自然对流。当速度较大时,自然对流的影响就可忽略不计。

流体强制对流时,其传热强度基本上取决于流体的运动情况(层流或湍流)。因此雷诺数是主要影响因素,浮力的影响很小,可以忽略不计。

1) 流体在圆筒直管内做强制湍流

此时自然对流的影响不计,准数关系式可表示为

$$Nu = C\,Re^m\,Pr^n \tag{4-34}$$

许多研究者对不同的流体在光滑管内传热进行大量的实验,发现在下列条件下:

① $Re > 10\,000$,即流动是充分湍流的;

② $0.7 < Pr < 160$;

③ 流体黏度较低(不大于水的黏度的 2 倍);

④ $L/d > 60$,即进口段只占总长的一小部分,管内流动是充分发展的。

式(4-34)中的系数 C 为 0.023,指数 m 为 0.8,即

$$Nu = 0.023\,Re^{0.8}\,Pr^n \tag{4-35}$$

$$\alpha = 0.023\,\frac{\lambda}{d_i}\left(\frac{d_i u\rho}{\mu}\right)^{0.8}\left(\frac{C_p\mu}{\lambda}\right)^n \tag{4-36}$$

式(4-35)中当流体被加热时 $n=0.4$，被冷却时 $n=0.3$。指数 n 被加热与被冷却时采用不同的数值是因为层流底层温度的影响。对液体而言，被加热时层流底层的温度高于流体主体温度，一方面引起黏度降低，层流底层的厚度变薄；另一方面，液体的导热系数随温度的升高而降低(不显著)，总的效应是对流传热系数比液体冷却时大。对气体而言，被加热时层流底层温度升高，黏度和导热系数都增大，黏度增大使热阻增大，而导热系数的增大又使热阻减小，但总的效应是热阻变大。大多数气体的 Pr 普朗特准数小于 1。实验结果表明，被加热时 $n=0.4$，被冷却时 $n=0.3$ 对气体同样适用。

式(4-35)的定性长度为管内径 d，定性温度为流体主体温度在管子进、出口的算术平均值。

对高黏度液体，其主体和近壁液体内温度梯度较大，产生的黏性影响不能忽略，可用下式表示：

$$Nu=0.027\,R_\mathrm{e}^{0.8}Pr^{0.33}\left(\frac{\mu}{\mu_w}\right)^{0.14} \tag{4-37}$$

上式的应用范围：$R_\mathrm{e}>10^4$，$0.7<Pr<100$，$L/d>40$；

特征尺寸为管内径 d；

特性温度除黏度取壁温外，其余均取流体进出口温度的算术平均值。若壁温难于确定，可分别将数值取值为：液体被加热时 $(\mu/\mu_w)^{0.14}=1.05$；气体被加热或冷却时 $(\mu/\mu_w)^{0.14}=1.0$；液体冷却时 $(\mu/\mu_w)^{0.14}=0.95$。

2）流体在圆筒直管内做过渡流

当 $2\,300<R_\mathrm{e}<10^4$ 时，管内流动处于过渡流状态，其传热情况比较复杂。可近似采用湍流对流传热关系式计算，计算结果再乘以校正系数 f_1，即：

$$\alpha_{过渡}=f_1 \cdot \alpha_{湍流}$$

$$f_1=1-\frac{6\times10^5}{R_\mathrm{e}^{1.8}} \tag{4-38}$$

3）流体在圆筒直管内做强制层流

当管径较小，流体与壁面间温差不大，流体的 $\dfrac{\mu}{\rho}$ 值较大，即 $Gr<25\,000$ 时，自然对流的影响可以忽略，此时给热系数可用下式计算，即

$$Nu=1.86\,(R_\mathrm{e})^{\frac{1}{3}}(Pr)^{\frac{1}{3}}\left(\frac{d_i}{L}\right)^{\frac{1}{3}}\left(\frac{\mu}{\mu_w}\right)^{0.14} \tag{4-39}$$

定性温度：除 μ_w 取壁温值外，其余均取液体进、出口温度的算术平均值。

定性尺寸：管内径 d_{io}。

应用范围 $R_\mathrm{e}<2\,300$，$0.6<Pr<6\,700$，$R_\mathrm{e} \cdot Pr \cdot \dfrac{d_i}{L}>10$。

当 $Gr>25\,000$，可先按式(4-39)计算，然后再乘以校正系数 f，f 的计算式为

$$f=0.8(1+0.015Gr^{\frac{1}{3}}) \tag{4-40}$$

4) 其他情况

① 流体在圆形弯管内流动

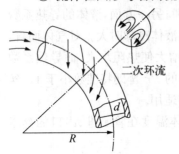

流体在弯管内的流动时,由于离心力的作用引起二次环流,如图4-7所示,从而加剧了流体的扰动,有利于对流传热,所以对流传热系数增大。对流传热系数可先按直管计算,然后乘以校正系数,即:

$$f_3 = \left(1 + 1.77\frac{d}{R}\right) \tag{4-41}$$

$$\alpha' = \alpha\left(1 + 1.77\frac{d}{R}\right) \tag{4-42}$$

图4-7 管内流体的流动

式中:d——管内径,单位 m;

R——弯管轴的曲率半径,单位 m;

α'——弯管中的对流传热系数,单位 W/(m² · K);

α——直管中对流传热系数,单位 W/(m² · K)。

② 流体在非圆形管内流动

对于非圆形管内流体流动给热系数的计算有两种方法。其一是沿用圆形直管的计算公式,只要将定性尺寸 d_i 改为当量直径 d_e 即可,这种方法比较简便,但计算结果准确性较差。其二是使用对非圆形管道直接实验测定得到的计算给热系数的经验公式。例如,对套管环隙用空气和水做实验,可得 α 的经验关联式

$$\alpha = 0.02\frac{\lambda}{d_e}R_e^{0.8}(Pr)^{\frac{1}{3}}\left(\frac{d_2}{d_1}\right)^{0.53} \tag{4-43}$$

式中:d_e——套管当量直径,$d_e = d_2 - d_1$,单位 m;

d_2, d_1——分别为外管内径、内管外径,单位 m。

【例4-4】 常压下,在套管式换热器中用冷却水冷却煤油,冷却水以 0.6 m/s 流速在管内通过,进、出口温度分别为 28 ℃和 36 ℃,管子规格为 Φ25 mm×2.5 mm,管长 6 m,试求:(1) 管内壁与水之间的对流传热系数。(2) 当水流量增大一倍,物理性质和其他工艺条件不变时,对流传热系数如何变化。

解:(1) 先求水的定性温度为 $\frac{(28+36)}{2} = 32$ ℃,根据定性温度和压力,得水的物理性质为:

$\rho = 995$ kg/m³,$\lambda = 0.62$ W/(m · K),$\mu = 7.679 \times 10^{-4}$ N · S/m²,$C_p = 4.198$ kJ/(kg · K)

根据题意,可求得:

$$d = (25 - 5) \times 10^{-3} = 0.02 \text{ m}$$

$$Pr = \frac{C_p\mu}{\lambda} = \frac{(4.198 \times 10^3) \times (7.679 \times 10^{-4})}{0.62} = 5.199$$

$$R_e = \frac{du\rho}{\mu} = \frac{0.02 \times 0.6 \times 995}{7.679 \times 10^{-4}} = 15\ 548 > 10^4$$

$$\frac{L}{d} = \frac{6}{0.02} = 300 > 50$$

由计算可知流体流动为湍流,可应用式(4-35)计算管壁与水之间的对流传热系数,并取 $b=0.4$。

$$Nu = 0.023\ R_e^{0.8} Pr^{0.4} = 0.023 \times 15\ 548^{0.8} \times 5.199^{0.4} = 100.33$$

对流传热系数为:

$$\alpha = \frac{\lambda}{d} Nu = \frac{0.62}{0.02} \times 100.33 = 3\ 110.2\ \text{W/(m}^2 \cdot \text{K)}$$

(2) 流量增加一倍,物理性质和其他工艺条件不变,流体在管内流动仍为湍流。由式(4-36)分析:

$$\alpha \propto \mu^{0.8}$$

故:

$$\frac{\alpha'}{\alpha} = \left(\frac{\mu'}{\mu}\right)^{0.8} = 2^{0.8} = 1.74$$

$$\alpha' = 1.74 \times 3\ 110.2 = 5\ 411.7\ \text{W/(m}^2 \cdot \text{K)}$$

流体的流量增大一倍,对流传热系数增大 1.74 倍。

(2) 无相变时流体在管外强制对流

1) 流体在管束外强制垂直流动

换热器管束中管子的排列方式分为直列和错列两种,错列又可分为正方形排列和等边三角形排列,如图 4-8 所示。

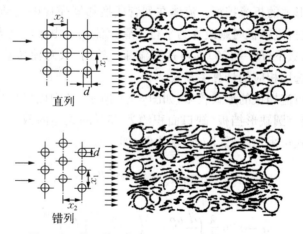

图 4-8 管子排列方式及流体流过管束时的流动

对于常用的列管式换热器,流体虽然大部分是横向流过管束,因管子之间的相互影响,传热过程很复杂。对于第一排管子,不论直列还是错列,其传热情况均与单管相似。

但从第二排开始,因为流体在错列管束间通过时,受到阻拦,使湍流增强,故错列的表面传热系数大于直列的表面传热系数。第三排以后,表面传热系数不再变化。

流体在管束外垂直流过时的对流传热系数可采用下式表示:

$$Nu = c\varepsilon R_e^n Pr^{0.4} \qquad (4-44)$$

式中的 c 均由实验确定,其值见表 4-8。

表 4-8　流体垂直于管束流动时的 c、n 值

排数	直列		错列		c
	n	ε	n	ε	
1	0.6	0.171	0.6	0.171	$x_1/d = 1.2 \sim 3$ 时
2	0.65	0.157	0.6	0.228	$c = 1 + 0.1x_1/d$
3	0.65	0.157	0.6	0.290	$x_1/d > 3$ 时
4	0.65	0.157	0.6	0.290	$c = 1.3$

应用范围:$R_e = 5\,000 \sim 7\,000$,$x_1/d = 1.2 \sim 5.5$,$x_2/d = 2.0 \sim 5.0$;

特征尺寸:管外径、流速取每排管子中最狭窄通道处的流速;

定性温度:流体进、出口温度的算术平均值。

由于各排的对流传热系数不同,可按下式计算整个管束上的平均对流传热系数:

$$\alpha = \sum_{i=1}^{n} \alpha_i A_i / \sum_{i=1}^{n} A_i \ (i = 1, \cdots, n) \qquad (4-45)$$

式中:α_i——第 i 排管子的平均对流传热系数,单位 $W/(m^2 \cdot K)$;

A_i——第 i 排管子的总传热面积,单位 m^2。

2) 流体在换热器管间的流动

在列管式换热器中,由于管束是安装在圆筒形的壳体内,故各排的管数不同,通常在壳程上还装有不同形式的折流挡板。流体在列管式换热器壳程中流动时,大部分是横向流过管束,但在绕过折流挡板时则改变为平行于管束流动。由于流动方向和流速的不断变化,在较小的雷诺数下($R_e = 100$)即可达到湍流。这时,其对流传热系数的计算,要根据换热器具体结构选用相应的计算关系式。

管壳式换热器折流挡板的形式较多,如图 4-9 所示,其中以弓形(圆缺形)挡板最为常见,当换热器内装有圆缺形挡板(缺口面积约为 25% 的壳体内截面积)时,壳方流体的对流传热系数关联式可采用凯恩(Kern)法求解,即:

$$Nu = 0.36 R_e^{0.55} Pr^{0.33} \left(\frac{\mu}{\mu_w}\right)^{0.14} \qquad (4-46)$$

或

$$\alpha = 0.36 \frac{\lambda}{d_e} \left(\frac{d_e u \rho}{\mu}\right)^{0.55} \left(\frac{C_p \mu}{\lambda}\right)^{0.33} \left(\frac{\mu}{\mu_w}\right)^{0.14} \qquad (4-47)$$

应用范围:$R_e = 2 \times 10^3 \sim 1 \times 10^6$。

定性温度:除 μ_w 取壁温值外,均取流体进、出口温度的算术平均值。

定性尺寸:当量直径 d_e。当量直径 d_e 可根据管子排列情况分别用不同的式子进行计算。

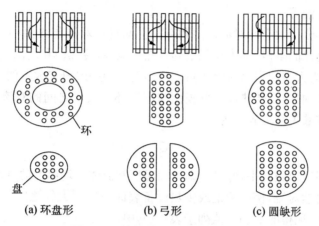

(a) 环盘形   (b) 弓形   (c) 圆缺形

图 4 - 9 换热器折流挡板常见形式

管子为正方形排列
$$d_e = \frac{4\left(x^2 - \frac{\pi}{4}d_o^2\right)}{\pi d_o}$$

管子为正三角形排列
$$d_e = \frac{4\left(\frac{\sqrt{3}}{2}x^2 - \frac{\pi}{4}d_o^2\right)}{\pi d_o}$$

式中:x——相邻两管的中心距,单位 m;

  d_o——管外径,单位 m。

管外流速可根据流体流过管束间的最大流道截面积 A 计算:

$$A = h(D - n_c d_o) \tag{4-48}$$

式中:A——管束间的最大流道截面积,单位 m^2;

  h——两块折流挡板之间的距离,单位 m;

  D——换热器壳体的内径,单位 m;

  n_c——管束中心线上的最大管数(管数最多)。

此外,若换热器的管间无挡板,则管外流体将沿管束平行流动,此时可采用管内强制对流的公式计算,但需将式中的管内径改为管间的当量直径。

(3) 自然对流

自然对流传热的工业具体实例很多,如冷库内冷却蛇管(冷排)的圆筒形壁面放出冷气、冷库平壁面对库内传热等,如果没有风机等强制空气流动的设备时,都是自然对流传热。

流体的自然对流是由于流体各点温度不同引起各点密度的差异,从而在重力场中各点存在势差而产生运动。由此可见,自然对流传热必与流体的体积膨胀系数以及流体主体与传热面之间的温度差等因素有关,换言之,在这种过程中,特征准数 Gr 起着很重要的作用。

自然对流传热过程中,流体的流动是由于流体内部存在温度差引起密度差产生浮升力,使流体内部质点产生移动和混合所引起的,例如水在锅炉中受热、用蒸气盘管在储油罐罐底加热罐内原油等。

自然对流传热分为大空间对流传热和有限空间自然对流传热两种,如流体的自然对流受到周围其他物体的阻碍,称为有限空间自然对流;若传热面和周围没有阻碍自然对流的物体的存在,称为大空间自然对流传热。自然对流中一般研究大空间自然对流传热,如无搅拌时釜内液体的加热,传热设备外表面与周围环境大气之间的对流传热等。大空间自然对流传热的准数关系可表示为:

$$Nu = c (Gr \cdot Pr)^n \qquad\qquad (4-49)$$

上式的定性温度取膜的平均温度,即壁面温度和流体平均温度的算术平均值。

大空间中的自然对流,例如管道或传热设备表面与周围大气之间的对流传热就属于这种情况,通过实验测得的 c 和 n 值列于表 4-9 中。

表 4-9　式(4-49)中的 c 和 n 值

加热表面形状	特征尺寸	$(GrPr)$范围	c	n
水平圆管	外径 d_o	$(10^4 \sim 10^9)$	0.53	1/4
		$(10^9 \sim 10^{12})$	0.13	1/3
垂直管或板	高度 L	$(10^4 \sim 10^9)$	0.59	1/4
		$(10^9 \sim 10^{12})$	0.10	1/3

【例 4-5】　水平放置的蒸气管道,外径 100 mm,置于大水槽中,水温为 20 ℃,管外壁温度 110 ℃。试求:① 管壁对水的给热系数;② 每米管道通过自然对流的散热流率。

解:① 本题属大空间自然对流传热。可用式(4-49)计算

定性温度 $t_m = \dfrac{110+20}{2} = 65 ℃$,在定性温度下水的物性数据如下:

$\rho = 980.5 \ \text{kg/m}^3, \mu = 4.375 \times 10^{-4} \text{Pa} \cdot \text{s}, Pr = 2.76, \beta = 5.41 \times 10^{-4} ℃, \lambda = 0.663 \ \text{W/(m} \cdot ℃)$。

$$Gr = \frac{\beta g \Delta t d_o^3 \rho^2}{\mu^2} = \frac{5.41 \times 10^{-4} \times 9.81 \times (110-20) \times 0.10^3 \times 980.5^2}{(4.375 \times 10^{-4})^2} = 2.40 \times 10^9$$

$$GrPr = 2.40 \times 10^9 \times 2.76 = 6.62 \times 10^9$$

查表得 $c = 0.13$;$n = \dfrac{1}{3}$,则

$$\alpha = c \frac{\lambda}{d_o}(Gr \cdot Pr)^n = 0.13 \frac{0.663}{0.10}(6.62 \times 10^9)^{\frac{1}{3}} = 1\ 618 \ \text{W/(m}^2 \cdot ℃)$$

② $Q = \alpha A(t_w - t) = \alpha \pi d_o L(t_w - t)$

$$\frac{Q}{L} = \alpha \pi d_o (t_w - t) = 1\ 618 \times 3.14 \times 0.10 \times (110-20) = 4.57 \times 10^4 \ \text{W/m}$$

2. 流体有相变时的对流传热系数

蒸气冷凝和液体沸腾都是伴有相变化的对流传热过程,这类传热过程的特点是:流体

放出或吸收大量的潜热,流体的温度不发生变化,其对流传热系数较无相变化时大很多,例如,水的沸腾或水蒸气冷凝时的对流传热系数比水单相流动的要大得多。

有相变时流体的对流传热在工业上是重要的,但是其传热机理至今尚未完全清楚,以下简要介绍蒸气冷凝和液体沸腾的基本机理。

(1) 蒸汽冷凝时的对流传热系数

1) 蒸汽冷凝方式

当饱和蒸汽接触比其饱和温度低的冷却壁面时,蒸汽放出潜热,在壁面上冷凝成液体,产生有相变化的对流传热。蒸气冷凝方式分为膜状冷凝和滴状冷凝两种。如图 4 - 10 所示。

膜状冷凝:冷凝液若能湿润壁面(冷凝液和壁面的接触角($\theta<90°$),就会在壁面上形成连续的冷凝液膜,这种冷凝称为膜状冷凝,如图 4 - 10 的(a)和(b)所示。膜状冷凝时,壁面总被一层冷凝液膜所覆盖,这层液膜

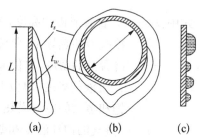

图 4 - 10　蒸汽冷凝方式
(a)、(b) 膜状冷凝;(c) 滴状冷凝

将蒸气和冷壁面隔开,蒸气冷凝只能在液膜表面进行,冷凝放出的潜热必须通过液膜才能传给冷壁面。冷凝液膜在重力作用下沿壁面向下流动,逐渐变厚,最后由壁的底部流走。因为单组分饱和蒸汽冷凝时气相不存在温差,换言之,即气相不存在热阻,可见液膜集中了冷凝传热的全部热阻。液膜厚度越大,热阻也越大,对流表面传热系数就越小。

滴状冷凝:滴状冷凝则发生在润湿性不好的表面,蒸气在冷却面上冷凝成液滴,液滴又因进一步的冷凝与合并而长大、脱落,然后冷却面上又形成新的液滴。滴状冷凝时,由于传热面的大部分直接暴露在蒸气中,不存在冷凝液膜引起的附加热阻,所以其对流传热系数比膜状冷凝要大 5～10 倍以上。但到目前为止,描述滴状冷凝的理论和技术仍不成熟,工业冷凝器的设计通常是以膜状冷凝来处理的。

2) 蒸气膜状冷凝传热

如图 4 - 11 所示,冷凝液在重力作用下沿壁面由上向下流动,由于沿程不断汇入新冷凝液,故冷凝液量逐渐增加,液膜不断增厚,在壁面上部液膜因流量小,流速低,呈层流流动,并随着液膜厚度增大,α 减小。若壁的高度足够高,冷凝液量较大,则壁下部液膜会变成湍流流动,对应的冷凝表面传热系数又有所提高。凝液膜从层流到湍流的临界 R_e 值为 1 800。

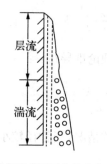

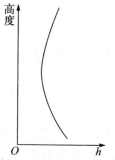

(a) 膜在垂直壁面上流动状态　　(b) 沿壁面的表面传热系数

图 4 - 11　蒸汽在垂直壁上的冷凝

对于蒸气在垂直管外或垂直平板侧的膜状冷凝,若假定冷凝液膜呈层流流动,蒸气与液膜间无摩擦阻力,蒸气温度和壁面温度均保持不变,冷凝液的物性为常数,可推导出计算膜状冷凝对流传热系数的理论式为:

$$\alpha = 0.943 \left(\frac{r \rho^2 g \lambda^3}{L \mu \Delta t} \right)^{\frac{1}{4}} \qquad (4-50)$$

式中:L——垂直管或板的高度,单位 m;

$\quad$ λ——冷凝液的热导率,单位 W/(m·℃);

$\quad$ ρ——冷凝液的密度,单位 kg/m³;

$\quad$ μ——冷凝液的黏度,单位 Pa·s;

$\quad$ r——饱和蒸汽的冷凝潜热,单位 kJ/kg;

$\quad$ Δt——蒸气的饱和温度和壁面温度之差,单位℃。

由于理论推导中的假定不能完全成立,所以大多数蒸气在垂直管外或垂直平板侧的膜状冷凝的实验结果较理论式的计算值差别大 20% 左右,故得修正公式为:

$$\alpha = 1.13 \left(\frac{r \rho^2 g \lambda^3}{L \mu \Delta t} \right)^{\frac{3}{4}} \qquad (4-51)$$

上式也常用无量纲冷凝传热系数 α^* 表示,即:

$$\alpha^* = 1.76 \, R_e^{\frac{-1}{3}} \qquad (4-52)$$

其中

$$\alpha^* = \alpha \left(\frac{\mu^2}{\lambda^3 \rho^2 g} \right)^{\frac{1}{3}} \qquad (4-53)$$

$$R_e = \frac{L u \rho}{\mu} \qquad (4-54)$$

对于 $R_e > 1\,800$ 时的湍流液膜,除靠近壁面的层流底层仍以热传导方式传热外,主体部分增加了涡流传热,与层流相比,传热有所增强。巴杰尔(Badger)根据实验整理出计算湍流时冷凝表面传热系数的关联式为

$$\alpha = 0.007\,7 \left(\frac{\rho^2 g \lambda^3}{\mu^2} \right)^{1/3} R_e^{0.4} \qquad (4-55)$$

对于蒸气在单根水平管外的膜状冷凝,可理论推导得:

$$\alpha = 0.725 \left(\frac{r \rho^2 g \lambda^3}{d_o \mu \Delta t} \right)^{\frac{1}{4}} \qquad (4-56)$$

应指出,蒸气在单根水平管上的膜状冷凝的情况,当管径较小,液膜呈层流流动时,实验结果与理论式的计算值基本吻合。

对于蒸气在纵排水平管束外冷凝,从第二排以下各管受上面滴下冷凝液的影响使液膜增厚,其传热效果较单根水平管差一些,一般用下式估算,即:

$$\alpha = 0.725 \left[\frac{r\rho^2 g\lambda^3}{n^{\frac{2}{3}} d_o \mu \Delta t} \right]^{\frac{1}{4}} \qquad (4-57)$$

式中：n——水平管束在垂直列上的管数

3）影响冷凝传热的因素

饱和蒸气冷凝时，热阻集中在冷凝液膜内，因此液膜的厚度及其流动状况是影响传热的关键因素。

① 冷凝液膜两侧的温度差　当液膜呈层流流动时，若加大，则蒸气冷凝速率增加，因而膜层厚度增厚，使冷热系数降低。

② 流体物性　由膜状冷凝传热系数计算式可知，液膜的密度、黏度及导热系数，蒸气的冷凝潜热，都影响冷凝传热系数。

③ 蒸气流速和流向　前面介绍的公式只适用于蒸气静止或流速影响可以忽略的场合。若蒸气以一定的速度流动时，蒸气与液膜之间会产生摩擦力。若蒸气和液膜流向相同，这种力的作用会使液膜减薄，并使液膜产生波动，导致 α 的增大。若蒸气与液膜流向相反，摩擦力的作用会阻碍液膜流动，使液膜增厚，传热削弱。但是，当这种力大于液膜所受重力时，液膜会被蒸气吹离壁面，反而使 α 急剧增大。

④ 不凝性气体的影响　当蒸气中含有不凝性气体（如空气）或在操作条件下有少量不凝性组分存在时，冷凝传热系数将大大降低。其原因是在连续操作的冷凝器中，可凝性气体被不断冷凝，而不凝性气体将在冷凝器内富集形成不凝性气膜，相当于在传热过程中附加了额外的热阻，导致传热效率降低。例如，当水蒸气中含 1% 空气时，冷凝传热系数将降低 60% 左右。因此在各种与蒸气冷凝有关的传热设备中，都设有不凝性气体排放口，定期排放不凝性气体。

⑤ 冷凝壁面的影响　若沿冷凝液流动方向积存的液体增多，液膜增厚，使传热系数下降。例如管束，冷凝液面从上面各排流到下面各排，使液膜逐渐增厚，因此下面管子的 α 要比上排的低。冷凝面的表面情况对 α 影响也很大，若壁面粗糙不平或有氧化层，使膜层加厚，增加膜层阻力，α 下降。

（2）液体的沸腾传热

化工生产过程中常用的蒸发器、再沸器、蒸气锅炉等，都是将液体加热使之沸腾并产生蒸气的装置。沸腾传热过程可分为大容器沸腾和管内沸腾两种。前者是指加热面浸没在无宏观流动的液体中，液体的流动只是由于自然对流和气泡的运动所致。管内沸腾是指液体以一定流速在加热管内流动时发生的沸腾，亦称为强制对流沸腾。管内沸腾时加热表面上产生的气泡不能自由浮上而被强制流动的液体所夹带，形成复杂的汽-液两相流动，其传热机理较大容器沸腾更为复杂。

1）沸腾过程

液体沸腾的主要特征是气泡的形成及其运动。液体过热是气泡生成的必要条件，由于加热表面具有最大的过热度，所以它是产生气泡最有利的地方。实验观察表明，气泡只能在粗糙加热表面上某些凹凸不平的点上形成，这些点称为汽化核心。汽化核心与壁面材料的性质、表面粗糙度、氧化情况等多种因素有关。气泡首先在汽化核心上生成、长大，当气泡长大到一定大小后,在浮力的作用下脱离壁面上浮,气泡原来所占据的空间由周围温度较低的液体填补,液体过热后产生新的气泡。因此就单个汽化核心而言,一个气泡脱离加热面到另一个新气泡的形成,有一段重新过热的间隔时间,沸腾过程是周期性的。但是加热表面上汽化核心数量很多,各汽化核心不断地重复着同样的周期性变化,保证了沸腾传热过程的稳定。气泡不断地形成、长大和脱离壁面,液体不断回填,在加热面附近形成激烈的扰动,故沸腾时的传热系数比同种液体在无相变化时的传热系数大很多。

2) 大容器饱和沸腾曲线

实验表明,大容积内饱和液体沸腾的表面热通量 q 或对流传热系数 α 可表示为温度差 $\Delta t = t_w - t_s$ 的函数,描述 q 或 α 随 $\Delta t = t_w - t_s$ 变化的曲线称为沸腾曲线。不同工质、不同操作条件下的沸腾曲线是不同的,但基本形式相似。如图 4-12 所示为 101 330 Pa 下水的沸腾曲线。

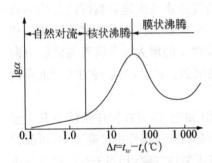

图 4-12 水的饱和沸腾曲线

图 4-12 中,横坐标为加热壁面的过热度 Δt,纵坐标为沸腾传热系数的对数值。常压下当 Δt 较小时($\Delta t < 2.2$ ℃),加热面上的液体过热度较低,只在加热面的少量汽化核心上形成气泡,而且气泡长大的速率慢,边界层受到的扰动小,传热以自然对流为主。$\Delta t < 2.2$ ℃时,因过热度小,水只在表面汽化,这一阶段为自然对流。当 $\Delta t > 2.2$ ℃时,水开始沸腾,α 迅速增大,直到 Δt 为 25 ℃的这一阶段为正常沸腾区,亦称核状或泡核沸腾区。当 $\Delta t > 25$ ℃,因沸腾过于剧烈,气泡量过多,气泡连成片形成气膜,把加热面与液态水隔开,这阶段叫膜状沸腾。膜状沸腾时,因加热面为蒸气所覆盖,而蒸气热导率小,加热面难以将热量传给液态水,所以 α 值迅速降低。若 Δt 再继续升高,虽仍属膜状沸腾,但因加热面温度升高,热辐射增强,传热速率有所增大,故 α 值略有回升。

一般的传热设备通常总是控制在核状沸腾下操作,很少发生膜状沸腾。由于液体沸腾时要产生气泡,所以一切影响气泡生成、长大和脱离壁面的因素对沸腾对流传热都有重要影响。如此复杂的影响因素使液体沸腾的传热系数计算式至今都不完善,误差较大。但液体沸腾时的 α 值一般都比流体不相变的 α 值大,例如,水沸腾时 α 值一般在 1 500～30 000 W/(m² · ℃)。如果与沸腾液体换热的另一股流体没有相变化,传热过程的阻力主要是无相变流体的热阻,在这种情况下,α 值不一定要详细计算,例如,水沸腾时 α 值常取 5 000 W/(m² · ℃)。

3) 影响沸腾传热的因素

① 液体性质 液体的热导率 λ、密度 ρ、黏度 μ 和表面张力 σ 等均对沸腾给热有重要影响。一般情况下,α 随 λ 和 ρ 的增大而加大,随 μ 和 σ 增加而减小。

② 温度差 前面已经讨论了温度差 $\Delta t = t_w - t_s$ 对沸腾传热的影响,Δt 增加能提高传热系数 α 的值。在双对数坐标图中,核状沸腾阶段的传热系数 α 和 Δt 近似呈直线关系,故可以得到:$\alpha = c(\Delta t)^m$,c 与 m 可由实验测定。对于不同的液体和加热面材料,可测得不同的 c 和 m 的值。

③ 操作压强　提高沸腾压强相当于提高液体的饱和温度,液体的表面张力 σ 和黏度 μ 均下降,有利于气泡的生成和脱离,强化了沸腾传热。在相同的 Δt 下能获得更高的给热系数和热负荷。

④ 加热面状况　气泡生成强度还与表面的材质、粗糙度和污染情况有关。不同的材质和水的接触角是不同的,在热流密度小时的影响较大。光滑表面的对流传热系数小于粗糙表面,因为粗糙面孔膜多,因而汽化核心增多。

4.4　传热计算

间壁式传热是化工、制药、食品与生物加工等工业中应用最广泛的传热方式。在绝大多数情况下,这种传热是大规模连续进行的。在这过程中,不论是热流体、冷流体或固体壁面,各点的温度不随时间而变,故属于稳定传热过程。本部分主要讨论稳定传热过程的计算。

传热计算主要有两类:一类是设计计算,即根据生产要求的热负荷确定换热器的传热面积;另一类是校核计算,即计算给定换热器的传热量、流体的流量或温度等。二者均以换热器的热量衡算和传热速率方程为计算基础。

4.4.1　热量衡算

在不考虑热损失的情况下,流体在间壁两侧进行稳态传热时,单位时间热流体放出的热量应等于冷流体吸收的热量,即

$$Q = Q_C = Q_h \tag{4-58}$$

式中:Q——换热器的热负荷,即单位时间热流体向冷流体传递的热量,单位 W;

Q_h——单位时间热流体放出热量,单位 W;

Q_C——单位时间冷流体吸收热量,单位 W。

若换热器间壁两侧流体无相变化,且流体的比热容不随温度而变或可取平均温度下的比热容时,上式可表示为

$$Q = W_h C_{ph}(T_1 - T_2) = W_c C_{pc}(t_2 - t_1) \tag{4-59}$$

式中:C_p——流体的平均比热容,单位 kJ/(kg·℃);

t——冷流体的温度,单位℃;

T——热流体的温度,单位℃;

W——流体的质量流量,单位 kg/h。

若换热器中的热流体有相变化,例如饱和蒸汽冷凝,则

$$Q = W_h R = W_c C_{pc}(t_2 - t_1) \tag{4-60}$$

式中:W_h——饱和蒸汽(热流体)的冷凝速率,单位 kg/h;

R——饱和蒸汽的冷凝潜热,单位 kJ/kg。

上式的应用条件是冷凝液在饱和温度下离开换热器。若冷凝液的温度低于饱和温度

时,则变为

$$Q=W_h[R+C_{ph}(T_s-T_2)]=W_cC_{pc}(t_2-t_1) \tag{4-61}$$

式中:C_{ph}——冷凝液的比热容,单位 kJ/(kg·℃);

T_s——冷凝液的饱和温度,单位℃。

4.4.2 总传热速率方程

在换热器中任一截面处取传热微元 dA,热量依次由热流体传到管内壁,再由管壁导热至管外侧,最后由管外侧传递给冷流体。稳态传热条件下,单位时间内通过每一层热阻的热量相等,则:

$$dQ=\frac{T-T_w}{\dfrac{1}{\alpha_1 dA_1}}=\frac{T_w-t_w}{\dfrac{b}{\lambda dA_m}}=\frac{t_w-t}{\dfrac{1}{\alpha_2 dA_2}}$$

$$=\frac{T-t}{\dfrac{1}{\alpha_1 dA_1}+\dfrac{b}{\lambda dA_m}+\dfrac{1}{\alpha_2 dA_2}} \tag{4-62}$$

式中:T_w、t_w——热、冷流体侧的壁面温度,单位 K;

dA_1、dA_2——热、冷流体侧的传热面积,单位 m²;

dA_m——间壁的平均导热面积,单位 m²;

b——间壁厚度,单位 m;

λ——间壁导热系数,单位 W/(m²·K);

α_1、α_2——热、冷流体的对流传热系数,单位 W/(m²·K)。

若令 $$\frac{1}{KdA}=\frac{1}{\alpha_1 dA_1}+\frac{b}{\lambda dA_m}+\frac{1}{\alpha_2 dA_2} \tag{4-63}$$

则 $$dQ=KdA(T-t) \tag{4-64}$$

式中:K——局部总传热系数,单位 W/(m²·℃);

T——换热器的任一微元截面上热流体的主体温度,单位℃;

t——换热器的任一微元截面上冷流体的主体温度,单位℃。

式(4-64)称为总传热速率微分方程,它是换热器传热计算的基本关系式。由该式可推出局部总传热系数 K 的物理意义,即 K 表示单位传热面积、单位传热温差下的传热速率,它反映了传热过程的强度。

若全管长范围内 K 视为常数,式(4-64)积分结果为:

$$Q=KA\Delta t_m=\frac{\Delta t_m}{\dfrac{1}{KA}} \tag{4-65}$$

式(4-65)为整个换热器的传热速率方程,传热推动力为平均传热温差,$1/(KA)$ 为换热器的总传热热阻,单位为 K/W 或℃/W。

4.4.3　总传热系数 K

由传热基本方程 $Q=KA\Delta t_{\mathrm m}$ 可解决各种实际问题,其中总传热系数 K 的确定是很重要的一部分内容。总传热系数 K 是评价换热器性能的一个重要参数,也是对换热器进行传热计算的依据。K 的数值取决于流体的物性、传热过程中的操作条件及换热器的类型等,因而 K 值变化范围很大。

1. 总传热系数的计算

(1) 总传热系数 K 的计算

总传热系数 K 综合反映传热设备性能、流动状况和流体物性对传热过程的影响,$1/K$ 称为传热过程的总热阻。为建立总传热系数 K 的计算式,取列管式换热器中的一根换热管进行分析,设管内是热流体,管外是冷流体,管壁内侧表面(左侧壁面)与热流体接触,管壁外侧表面(右侧表面)与冷流体接触,冷、热两流体的温度分别为 T 和 t,管壁热侧表面和冷侧表面的温度分别为 T_w 和 t_w,热流体以对流传热的方式将热量传给热侧表面,继而热侧表面以传导传热方式将热量传给冷侧表面,然后冷侧表面以对流传热方式将热量传给冷流体。也就是说,流体通过间壁的热交换经过"对流—传导—对流"三个串联步骤。考虑到两流体沿传热表面流动时沿程各点的温度和温差不同,热流密度各点不同,取微分长度 $\mathrm dl$ 的管段分析。则对应热侧表面积 $\mathrm dA_1$,冷侧表面积 $\mathrm dA_2$,间壁平均面积 $\mathrm dA_{\mathrm m}$,根据牛顿冷却定律,热流体与管壁热侧微分表面的对流传热速率为:

$$\mathrm dQ=\alpha_1(T-T_w)\mathrm dA_1=\frac{T-T_w}{\dfrac{1}{\alpha_1\mathrm dA_1}} \tag{4-66}$$

同理,冷流体与管壁冷侧微分面表面的对流传热速率为:

$$\mathrm dQ=\alpha_2(t_w-t)\mathrm dA_2=\frac{t_w-t}{\dfrac{1}{\alpha_2\mathrm dA_2}} \tag{4-67}$$

通过管壁平均微分面积的导热速率

$$\mathrm dQ=\frac{\lambda}{b}(T_w-t_w)\mathrm dA_{\mathrm m}=\frac{T_w-t_w}{\dfrac{b}{\lambda\mathrm dA_{\mathrm m}}} \tag{4-68}$$

在稳定传热情况下,通过每一串联步骤的热流量均相等,所以联立上面三式并应用合比定律有:

$$\mathrm dQ=\frac{T-t}{\dfrac{1}{\alpha_1\mathrm dA_1}+\dfrac{b}{\lambda\mathrm dA_{\mathrm m}}+\dfrac{1}{\alpha_2\mathrm dA_2}} \tag{4-69}$$

微分面积的传热速率式为

$$dQ = K(T-t)dA = \frac{T-t}{\dfrac{1}{K\,dA}} \qquad (4-70)$$

故可得

$$\frac{1}{K\,dA} = \frac{1}{\alpha_1 dA_1} + \frac{b}{\lambda\,dA_m} + \frac{1}{\alpha_2 dA_2} \qquad (4-71)$$

即

$$\frac{1}{K} = \frac{dA}{\alpha_1 dA_1} + \frac{b\,dA}{\lambda\,dA_m} + \frac{dA}{\alpha_2 dA_2} \qquad (4-72)$$

上式表明,冷、热两流体通过间壁进行热交换的总热阻等于两个对流传热过程热阻与一个热传导热阻之和。由于 K 值与传热面积 A 的基准有关,故对于传热面积几种不同基准情况下的分析如下:

① 一般情况下,对于圆管传热面,若取管外表面积为基准计算传热面积,则有:

$$K_o = \frac{1}{\dfrac{d_o}{\alpha_i d_i} + \dfrac{b d_o}{\lambda d_m} + \dfrac{1}{\alpha_o}} \qquad (4-73)$$

② 对于圆管传热面,若取管内表面积为基准计算传热面积,则有:

$$K_i = \frac{1}{\dfrac{1}{\alpha_i} + \dfrac{b d_i}{\lambda d_m} + \dfrac{d_i}{\alpha_o d_o}} \qquad (4-74)$$

③ 对于圆管传热面,若取管平均面积为基准传热面积,则有:

$$K_m = \frac{1}{\dfrac{d_m}{\alpha_i d_i} + \dfrac{b}{\lambda} + \dfrac{d_m}{\alpha_o d_o}} \qquad (4-75)$$

(2) 污垢热阻

换热器在经过一段时间运行后,壁面往往积有污垢,对传热产生附加热阻,使传热系数降低。在计算传热系数时,一般污垢热阻不可忽略。由于污垢层厚度及其热导率难以测定,通常根据经验选用污垢热阻值。某些常见流体的污垢热阻经验值如表 4-10 所示。

若管壁内、外侧表面上的污垢热阻分别用 R_i 及 R_o 表示,则

$$\frac{1}{K_o} = \frac{d_o}{\alpha_i d_i} + R_i + \frac{b d_o}{\lambda d_m} + R_o + \frac{1}{\alpha_o} \qquad (4-76)$$

污垢热阻不是固定不变的数值,随着换热器运行时间的延长,污垢热阻将增大,导致传热系数下降。因此换热器应采取措施减缓结垢,并定期去垢。

表 4-10 常见流体的污垢热阻经验值

流 体	污垢热阻 $(m^2 \cdot K \cdot kW^{-1})$	流 体	污垢热阻 $(m^2 \cdot K \cdot kW^{-1})$
水(1 m/s，$t>50\ ℃$)		水蒸气	
蒸馏水	0.09	优质——不含油	0.052
海水	0.09	劣质——不含油	0.09
清净的河水	0.21	往复机排出	0.176
未处理的凉水塔用水	0.58	液体	
已处理的凉水塔用水	0.26	处理过的盐水	0.264
已处理的锅炉用水	0.26	有机物	0.176
硬水、井水	0.58	燃料油	1.056
气体		焦油	1.76
空气	0.26~0.53		
溶剂蒸气	0.14		

2. 总传热系数 K 的范围

在进行换热器传热过程计算时，通常需要先估计传热系数。表 4-11 列出了工业换热器中传热系数的经验值的大致范围。由表中数据分析可知，对不同类型流体间的传热，总传热系数的变化范围很大。

表 4-11 列管换热器总传热系数 K 的经验数据

液体种类	总传热系数 K
水-气体	12~60
水-水	800~1 800
水-煤油	350 左右
水-有机溶剂	280~850
气体-气体	12~35
饱和水蒸气-水沸腾	1 400~4 700
饱和水蒸气-气体	30~300
饱和水蒸气-油	60~350
饱和水蒸气-沸腾油	290~870

3. 提高总传热系数的途径

由式(4-76)可以看出，欲提高总传热系数，需设法减小热阻，而传热过程中各层热阻的值并不相同，其中热阻最大的一层就是传热过程的控制热阻。只有设法降低控制热阻，才能较大地提高传热速率。

当管壁(对薄管壁及热传导系数很大)和污垢热阻可忽略不计，式(4-76)可简化为

$$\frac{1}{K}=\frac{1}{\alpha_i}+\frac{1}{\alpha_o} \tag{4-77}$$

① 由上式可知，当 $\alpha_o \ll \alpha_i$ 时，则 $\frac{1}{K}\approx\frac{1}{\alpha_o}$，称为管壁外侧对流传热控制；当 $\alpha_i \ll \alpha_o$ 时，

则$\frac{1}{K}\approx\frac{1}{\alpha_i}$,称为管壁内侧对流传热控制。由此可见,$K$值总是接近于$\alpha$小的一侧流体(即代表该侧流体的热阻很大)的对流传热系数值。可见,总热阻是由热阻大的那一侧流体的对流传热情况所控制,即当两侧流体的对流传热系数相差较大时,要提高K值,关键在于提高α较小侧流体的对流传热系数。

② 若两侧α相差不大时,则必须同时提高两侧α的值,才能提高K值。

③ 同样地,若管壁两侧流体的对流传热系数均很大,即两侧流体的对流传热热阻都很小,而污垢热阻却很大,则称为污垢热阻控制,此时欲提高K值,必须设法减慢污垢形成速率或及时清除污垢。

【例 4 - 6】 有一列管换热器,由$\Phi25\times2.5$的钢管组成。CO_2在管内流动,冷却水在管外流动。已知管外的$\alpha_1=2\,500$ W/m² · K,管内的$\alpha_2=50$ W/m² · K。

(1) 试求传热系数K;

(2) 若α_1增大一倍,其他条件与(1)相同,求传热系数增大的百分率;

(3) 若α_2增大一倍,其他条件与(1)相同,求传热系数增大的百分率。

解:(1) 求以外表面积为基准时的传热系数

取钢管的导热系数$\lambda=45$ W/m · K,

冷却水侧的污垢热阻$R_{s1}=0.58\times10^{-3}$ m² · K/W

CO_2侧污垢热阻$R_{s2}=0.5\times10^{-3}$ m² · K/W

则
$$\frac{1}{K}=\frac{1}{\alpha_1}+R_{s1}+\frac{bd_1}{\lambda d_m}+R_{s2}\frac{d_1}{d_2}+\frac{1}{\alpha_2}\frac{d_1}{d_2}$$

$$=\frac{1}{2\,500}+0.58\times10^{-3}+\frac{0.002\,5}{45}\times\frac{25}{22.5}+0.5\times10^{-3}\times\frac{25}{20}+\frac{1}{50}\times\frac{25}{20}$$

$$=0.000\,4+0.000\,58+0.000\,062+0.000\,625+0.025$$

$$=0.026\,7\ \text{m}^2 \cdot \text{K/W}$$

$K=37.5$ W/m² · K

(2) α_1增大一倍,即$\alpha_1=5\,000$ W/m² · K时的传热系数K'

$$\frac{1}{K'}=0.000\,2+0.000\,58+0.000\,062+0.000\,625+0.025$$

$$=0.026\,5\ \text{m}^2 \cdot \text{K/W}$$

$K'=37.7$ W/m² · K

K值增加的百分率$=\frac{K'-K}{K}\times100\%=\frac{37.7-37.5}{37.5}\times100\%=0.53\%$

(3) α_2增大一倍,即$\alpha_2=100$ W/m² · K时的传热系数

$$\frac{1}{K''}=0.000\,4+0.000\,58+0.000\,062+0.000\,625+0.012\,5$$

$$=0.014\ 2\ m^2 \cdot K/W$$

$$K''=70.4\ W/m^2 \cdot K$$

$$K\ 值增加的百分率=\frac{K''-K}{K}\times 100\% = \frac{70.4-37.5}{37.5}\times 100\% = 87.8\%$$

4.4.4 传热平均温度差

一般情况下,冷、热流体在稳定换热的设备内分别在间壁两侧沿传热面进行吸热或放热,流体的温度沿传热面逐渐变化,局部温度差也是沿传热面而变化的。同时,传热根据温度变化又可分为恒温传热和变温传热。当流体发生相变时,则其一侧或两侧温度保持恒定,例如用蒸气加热液体食品时蒸气一侧为恒温;用蒸气加热液体食品进行蒸发时,两侧均为恒温。当两侧均为变温时,两流体又有并流和逆流之分。

1. 恒温传热

恒温传热时,当间壁换热器两侧流体均发生饱和相变化时,两流体温度可以分别保持不变。例如蒸发器操作,热流体侧为饱和蒸汽冷凝,及保持在恒温 T 下放热;冷流体侧为饱和液体沸腾,即保持在恒温 t 下吸热。因此换热器间壁两侧流体的温度差处处相等,则:

$$\Delta t_m = T-t = 常数 \tag{4-78}$$

2. 变温传热

若传热过程中,间壁两侧流体的温度有任意一个是沿流动方向变化的,则传热温差将随流体流动位置的不同而发生变化,这时的传热过程属变温差传热。

该过程又可分为下列两种情况:

① 间壁一侧流体恒温,另一侧流体变温,如用蒸气加热另一流体以及用热流体来加热另一种在较低温度下进行沸腾的液体。

② 间壁两侧流体皆发生温度变化,这时参与换热的两种流体沿着传热两侧流动,其流动方式不同,平均温度差亦不同,即平均温度差与两种流体的流向有关。生产上换热器内流体流动方向大致可分为下列四种情况,如图 4-13 所示:

并流——参与换热的两种流体在传热面的两侧分别以相同的方向流动。

逆流——参与换热的两种流体在传热面的两侧分别以相对的方向流动。

错流——参与换热的两种流体在传热面的两侧彼此呈垂直方向流动。

折流——一侧流体只沿一个方向流动,而另一侧的流体做折流,使两侧流体间有并流与逆流的交替存在为简单折流;参与热交换的双方流体均做折流为复杂折流。

图 4-13 换热器中流体流向示意图

（1）逆流和并流时的平均温度差

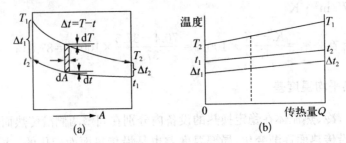

图 4-14 Δt_m 的推导

现以逆流为例推导 Δt_m 的计算式。现任取 $\mathrm{d}l$ 段管长做分析，其相应的传热面积为 $\mathrm{d}A_1$ 或 $\mathrm{d}A_o$，参看图 4-14(a)。基本式为

$$\mathrm{d}Q = W_h C_{ph} \mathrm{d}T \tag{a}$$

$$\mathrm{d}Q = W_c C_{ph} \mathrm{d}t \tag{b}$$

$$\mathrm{d}Q = K_i (T-t) \mathrm{d}A_i \tag{c}$$

由(a)式得 $\dfrac{\mathrm{d}Q}{\mathrm{d}T} = W_h C_{ph} = $ 常量

由(b)式得 $\dfrac{\mathrm{d}Q}{\mathrm{d}t} = W_c C_{pc} = $ 常量

则在图 4-14(b)中，"$T-Q$"，"$t-Q$"关系皆呈直线。

即 $\Delta t = T-t = (m-m')Q + (k-k') = aQ+b$，"$\Delta t - Q$"亦呈直线关系。

$$所以 \quad \frac{\mathrm{d}(\Delta t)}{\mathrm{d}Q} = \frac{\Delta t_2 - \Delta t_1}{Q} \tag{d}$$

将(c)式代入(d)式，得

$$\frac{\mathrm{d}(\Delta t)}{K_i \Delta t \mathrm{d}A_i} = \frac{\Delta t_2 - \Delta t_1}{Q}$$

积分 $\quad \dfrac{1}{K_i}\displaystyle\int_{\Delta t_1}^{\Delta t_2} \dfrac{\mathrm{d}(\Delta t)}{\Delta t} = \dfrac{\Delta t_2 - \Delta t_1}{Q}\displaystyle\int_0^{A_1} \mathrm{d}A_i$

即 $\quad Q = K_i A_i \dfrac{\Delta t_2 - \Delta t_1}{\ln \dfrac{\Delta t_2}{\Delta t_1}}$

同理可得 $\quad Q = K_o A_o \dfrac{\Delta t_2 - \Delta t_1}{\ln \dfrac{\Delta t_2}{\Delta t_1}}$ $\qquad (4-79)$

式(4-79)与式(4-78)对比，可得

$$\Delta t_{\mathrm{m}} = \frac{\Delta t_2 - \Delta t_1}{\ln \dfrac{\Delta t_2}{\Delta t_1}} \qquad (4-80)$$

式(4-80)表示换热器的平均温差是换热器两端温差的对数平均值。

对于并流操作或仅一侧流体变温的情况,可采用类似的方法导出同样的表达式,即式(4-80)是计算逆流和并流时平均温度差的通式。

采用对数平均温度差进行计算时需注意,通常将温度较大者作为 Δt_1,较小者作为 Δt_2,以使计算式中的分子、分母均为正值。当温差 Δt_1 与 Δt_2 相差不大(通常当 $\Delta t_1 / \Delta t_2 < 2$)时,可用算术平均值代替对数平均值,其误差一般不会超过 4%,即

$$\Delta t_{\mathrm{m}} = \frac{\Delta t_1 + \Delta t_2}{2} \qquad (4-81)$$

【例 4-7】 现用一列管式换热器加热原油,原油在管外流动,进口温度为 100 ℃,出口温度为 160 ℃;某反应物在管内流动,进口温度为 250 ℃,出口温度为 180 ℃。试分别计算并流与逆流时的平均温度差。

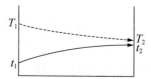

图 4-15 两侧流体变温时的温度变化图

解:
$$\Delta t_{\mathrm{m}} = \frac{\Delta t_1 - \Delta t_2}{\ln \dfrac{\Delta t_1}{\Delta t_2}}$$

并流:
$$\Delta t_{\mathrm{m}} = \frac{\Delta t_1 - \Delta t_2}{\ln \dfrac{\Delta t_1}{\Delta t_2}} = \frac{(250-100)-(180-160)}{\ln \dfrac{250-100}{180-160}} = 65 \text{ ℃}$$

逆流:
$$\Delta t_{\mathrm{m}} = \frac{\Delta t_1 - \Delta t_2}{\ln \dfrac{\Delta t_1}{\Delta t_2}} = \frac{(250-160)-(180-100)}{\ln \dfrac{250-160}{180-100}} = 84.7 \text{ ℃}$$

逆流操作时,因 $\Delta t_1 / \Delta t_2 < 2$,则可用算术平均值

$$\Delta t_{\mathrm{m}} = \frac{\Delta t_1 + \Delta t_2}{2} = \frac{90+80}{2} = 85 \text{ ℃}$$

由上例可知:当流体进、出口温度已经确定时,逆流操作的平均温度差比并流时大。

在换热器的传热量 Q 及总传热系数 K 值相同的条件下,采用逆流操作,可以节省传热面积,而且可以节省加热介质或冷却介质的用量。在生产中的换热器多采用逆流操作,

只是对流体的温度有限制时才采用并流操作。

（2）错流和折流时的平均温度差

简单的逆流和并流操作，在实际换热器的设计中很少应用，因为传热过程除了考虑温度差外，还要考虑影响传热系数的诸多因素及换热器结构等方面的问题，所以，在换热器中的流体通常采用比较复杂的流向。

当两流体呈错流和折流流动时，平均温度差 Δt_m 的计算较为复杂，通常采用安德伍德（Underwood）和鲍曼（Bowman）提出的图算法，其基本思路是先按逆流计算对数平均温度差，再乘以考虑流动方向的校正因素，即：

$$\Delta t_m = \psi \Delta t_{m,逆} \tag{4-82}$$

式中 ψ 称为温差校正系数，ψ 值与冷、热两流体的温度变化有关，表示为 p 和 R 两参数的函数：

$$p = \frac{t_2 - t_1}{T_1 - t_1} = \frac{冷流体实际温度变化}{两流体最大温度变化} \tag{4-83}$$

$$R = \frac{T_1 - T_2}{t_2 - t_1} = \frac{热流体实际温度变化}{冷流体实际温度变化} \tag{4-84}$$

常见换热器的 ψ 值见图 4-15。

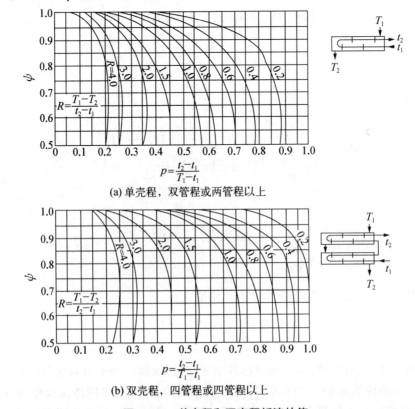

(a) 单壳程，双管程或两管程以上

(b) 双壳程，四管程或四管程以上

图 4-16 单壳程和双壳程折流的值

【例 4-8】 通过一单壳程双管程的列管式换热器,用冷却水冷却热流体。两流体进、出口温度分别为 100 ℃,40 ℃ 和 15 ℃,30 ℃,问此时的传热平均温差为多少?又为了节约用水,将水的出口温度提高到 35 ℃,平均温差又为多少?

解:逆流时 $\Delta t_{m,逆} = 43.7$ ℃

$$p = \frac{t_2 - t_1}{T_1 - t_1} = \frac{30 - 15}{100 - 15} = 0.176$$

$$R = \frac{T_1 - T_2}{t_2 - t_1} = \frac{100 - 40}{30 - 15} = 4.0$$

查图得:
$$\psi_{\Delta t} = 0.92$$

$$\therefore \Delta t_m = \psi_{\Delta t} \Delta t_{m,逆} = 0.92 \times 43.7 = 40.2 \text{ ℃}$$

又冷却水终温提到 35 ℃,

逆流时:
$$\Delta t_{m,逆} = \frac{65 - 25}{\ln \dfrac{65}{25}} = 41.9 \text{ ℃}$$

$$p = \frac{35 - 15}{100 - 15} = 0.235 \quad R = \frac{100 - 40}{35 - 15} = 3.0$$

查图得:
$$\psi_{\Delta t} = 0.86$$

$$\Delta t_m = 0.86 \times 41.9 = 36.0 \text{ ℃}$$

(3) 不同流动形式的比较

1) 在进、出口温度相同的条件下,逆流的平均温度差最大,并流的平均温度差最小,其他形式流动的平均温度介于逆流和并流之间。因此,就提高传热推动力而言,逆流优于并流及其他形式流动。当换热器的传热量 Q 及总传热系数 K 相同的条件下,采用逆流操作,所需传热面积最小。

2) 逆流可以节省冷却介质或加热介质的用量。所以热换器应当尽量采用逆流流动,尽可能避免并流流动。在某些生产工艺有特殊要求时,如要求冷流体被加热时不得超过某一温度或热流体冷却时不得低于某一温度,应采用并流操作。当换热器有一侧流体发生相变而保持温度不变时,就无所谓并流和逆流,不论何种流动形式,只要进、出口温度相同,平均温度就相等。

3) 采用折流和其他复杂流动的目的是为了提高传热系数,其代价是平均温度差相应减小,温度修正系数 $\psi_{\Delta t}$ 是用来表示某种流动形式在给定工况下接近逆流的程度。综合利弊,一般在设计时最好使 $\psi_{\Delta t} > 0.9$,至少不能使 $\psi_{\Delta t} < 0.8$。否则应另选其他流动形式,以提高 $\psi_{\Delta t}$。

(4) 壁温的计算

在传热过程计算中,一般都需要知道固体壁面的温度。热量从热流体通过壁面传递给冷流体,在稳态下,两侧流体对固体壁面的对流传热速率及间壁的导热速率均相等,则由前述各传热速率表示式有：

$$Q = \frac{T - T_w}{\dfrac{1}{\alpha_1 A_1}} = \frac{T_w - t_w}{\dfrac{b}{\lambda A_m}} = \frac{t_w - t}{\dfrac{1}{\alpha_2 A_2}} \tag{4-85}$$

式(4-85)包括三个方程,由传热生产任务和换热器结构尺寸不难求解出壁温。式(4-85)同时表明,传热过程中热阻大的环节,其温差也大。若换热器材料的导热系数很大,壁面导热热阻可忽略,则间壁的温度接近对流传热系数较大一侧(热阻较小一侧)流体的温度。

【例4-9】 在一由 $\Phi 25 \times 2.5$ mm 钢管构成的废热锅炉中,管内通入高温气体,进口 500 ℃,出口 400 ℃。管外为 $p = 981$ kN/m² 压力(绝压)的水沸腾。已知高温气体对流传热系数 $\alpha_1 = 250$ W/m²·℃,水沸腾的对流传热系数 $\alpha_2 = 10\,000$ W/m²·℃。忽略管壁、污垢热阻。试求管内壁平均温度 T_w 及管外壁平均 t_w。

解:(a) 总传热系数

以管子内表面积 A_1 为基准

$$K_1 = \frac{1}{\dfrac{1}{\alpha_1} + \dfrac{b}{\lambda} \times \dfrac{d_1}{d_m} + \dfrac{1}{\alpha_2} \times \dfrac{d_1}{d_2}} = \frac{1}{\dfrac{1}{250} + \dfrac{0.002\,5}{45} \times \dfrac{20}{22.5} + \dfrac{1}{10\,000} \times \dfrac{20}{25}} = 242 \text{ W/m}^2 \cdot \text{K}$$

(b) 平均温度差在 $p = 981$ kN/m²,水的饱和温度为 179 ℃

$$\Delta t_m = \frac{(500 - 179) + (400 - 179)}{2} = 271 \text{ ℃}$$

(c) 计算单位面积传量

$$Q/A_1 = K_1 \Delta t_m = 242 \times 271 = 65\,582 \text{ W/m}^2$$

(d) 管壁温度

T——热流体的平均温度,取进、出口温度的平均值

$$T = (500 + 400)/2 = 450 \text{ ℃}$$

管内壁温度
$$T_w = T - \frac{Q}{\alpha_1 A_1} = 450 - \frac{65\,582}{250} = 188 \text{ ℃}$$

管外壁温度
$$t_w = T_w - \frac{b}{\lambda} \times \frac{Q}{A_m}$$

$$\frac{Q}{A_m} = \frac{Q}{A_1} \times \frac{A_1}{A_m} = \frac{Q}{A_1} \times \frac{d_1}{d_m} = 65\,582 \times \frac{20}{22.5} = 58\,295 \text{ W/m}^2$$

$$t_w = 188 - \frac{0.002\,5}{45} \times 58\,295 = 184.8 \text{ ℃}$$

由此题计算结果可知:由于水沸腾对流传热系数很大,热阻很小,则壁温接近水的温度,即壁温总是接近对流传热系数较大一侧流体的温度。又因管壁热阻很小,所以管壁

两侧的温度比较接近。

4.4.5　稳态传热的计算

稳态传热计算的基本公式:

热量衡算方程:$Q=W_hC_{ph}(T_1-T_2)=W_cC_{pc}(t_2-t_1)$;

总传热速率方程:$Q=KA\Delta t_m$。

传热计算可分为设计型计算和操作型计算两种。

1. 设计型计算

换热器的设计型计算是根据要求的传热速率和工艺条件,确定所需的传热面积及换热器其他有关尺寸,为换热器的合理选用和进一步设计提供依据。通常情况下,设计型计算中冷、热流体的进出口温度由工艺给定或设计选定,故应用对数平均温度差法较多。对数平均温度差法进行设计型计算的大致步骤如下:

(1) 首先由传热任务用热量衡算式计算换热器的热负荷 Q。

(2) 根据工艺条件做出适当的选择(如流体的流向,即决定采用逆流、并流还是其他复杂流动方式;选择冷却介质的出口温度 t_2 或加热介质的出口温度 T_2)并计算平均温度差 Δt_m。

(3) 计算冷、热流体与管壁的对流传热系数 α_1、α_2 及总传热系数 K。

(4) 由总传热速率方程计算传热面积 A、管长 L 和管子根数。

2. 操作型计算

在实际工作中,换热器的操作型计算问题是经常碰到的。例如,判断一个现有换热器对指定的生产任务是否适用,或者预测某些参数的变化对换热器传热能力的影响等都是属于操作型问题。常见的操作型问题命题如下。

① 第一类命题

a. 给定条件　换热器的传热面积以及有关尺寸,冷、热流体的物理性质,冷、热流体的流量和进口温度以及流体的流动方式。

b. 计算目的　冷、热流体的出口温度。

② 第二类命题

a. 给定条件　换热器的传热面积及有关尺寸,冷、热流体的物理性质,热流体的流量和进、出口温度,冷流体的进口温度以及流动方式。

b. 计算目的　所需冷流体的流量及出口温度。

在换热器内所传递的热流量,可由传热基本方程式计算,对于逆流操作其值为

$$W_hC_{ph}(T_1-T_2)=KS\frac{(T_1-t_2)-(T_2-t_1)}{\ln\dfrac{T_1-t_2}{T_2-t_1}}$$

此热流体所造成的结果,必须满足热量衡算式:

$$W_hC_{ph}(T_1-T_2)=W_cC_{pc}(t_2-t_1)$$

因此对于各种操作型问题,可联立求解以上两式得到解决。

4.5 辐射传热

绝对零度以上的任何物体都会不停地向外界辐射能量,能量的主要形式是电磁波,同时这些物体又可以不断地吸收来自其他物体的辐射能。所谓辐射传热就是不同物体间相互辐射和吸收能量的综合过程,辐射传热实现了能量从高温物体向低温物体的传递。

研究辐射传热对于工业过程具有重要的意义:许多设备如换热器、蒸气管道等,当其外壁温度高于周围大气温度时,会以辐射形式向环境发射能量。同时,可广泛利用辐射加热方法针对工业生产过程中的需要,对原料或产品进行焙烤、干燥等。

4.5.1 基本概念和定律

1. 热辐射的基本概念

物体以发射电磁波形式传递能量的过程称为辐射,被传递的能量称为辐射能。物体可由不同的原因产生电磁波,其中因热的原因引起的电磁波辐射,即为热辐射。热辐射和光辐射的本质完全相同,即热辐射具有光的波动性及粒子性,都服从反射与折射定律,能在均一介质中做直线传播,在真空和大多数的气体(惰性组分气体和对称的双原子气体)中热射线可完全透过,不同仅仅是波长的范围。

热辐射具有以下特点:

① 物体的热能转化为辐射能,只要物体的温度不变,其发射的辐射能亦不变;

② 物体向外发射辐射能的同时,并不断吸收周围物体辐射来的能量,结果是高温物体向低温物体传递了能量,称为辐射传热;

③ 理论上,热辐射的电磁波波长为零到无穷大,实际上,波长仅在 $0.4\sim40~\mu m$ 的范围是明显的;

④ 可见光的波长为 $0.4\sim0.8~\mu m$,红外线的波长 $0.8\sim40~\mu m$,可见光与红外线统称为热射线;

⑤ 虽然热射线与可见光的波长范围不同,但本质一样。

（1）物体对热辐射的作用

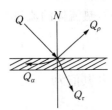

如图 4-17 所示,假设外界投射到物体表面上的总辐射能量为 Q,其中一部分进入表面后被物体吸收 Q_a。一部分被物体反射 Q_ρ,其余部分穿透物体 Q_τ。按能量守恒定律:

$$Q=Q_a+Q_\rho+Q_\tau \tag{4-86}$$

图 4-17 辐射能的吸收、反射和透过

或:

$$\frac{Q_a}{Q}+\frac{Q_\rho}{Q}+\frac{Q_\tau}{Q}=1$$

式中各部分能量与投射到物体表面总能量的比值 $Q_a/Q,Q_\rho/Q,Q_\tau/Q$ 分别定义为该物体对投射辐射能的吸收率、反射率和透过率,分别以 α,ρ 和 τ 表示。即:

$$\alpha+\rho+\tau=1$$

吸收率、反射率和透过率的大小取决于物体的性质、温度、表面状况和辐射线的波长等,一般来说,表面粗糙的物体吸收率大。

① 如果吸收率 $\alpha=1$,即 $\rho=\tau=0$,也就是落到物体的能量全部被吸收,这种物体称为绝对黑体或黑体。实际上,黑体是不存在的,但有些物体吸收性能接近于黑体,例如无光泽的黑漆表面,$\alpha=0.96\sim0.98$。

② 能全部反射辐射能的物体,即 $\rho=1$ 的物体称为绝对白体或镜体,白体实际也不存在,但有些物体性质接近于白体。例如表面磨光的铜,$\rho=0.97$。

③ 能透过全部辐射能的物体,即 $\tau=1$ 的物体称为透热体,一般单原子或对称双原子气体(例如 He、O_2、N_2 和 H_2 等)可近似为透热体。

应该注意,黑体、白体不能由颜色区分,例如霜在光学上是白色,但其 $\alpha\approx1$,是黑体。

(2) 灰体

实际物体在相同的温度下,辐射特性与黑体有较大差别,如一般固体能部分地吸收由零到∞的所有波长范围的辐射能。凡能以相同的吸收率且部分地吸收由零到∞所有波长范围的辐射能的物体,称为灰体。灰体也是理想物体,但是大多数的工程材料都可视为灰体,从而可使辐射传热的计算大为简化。灰体具有吸收率 α 不随辐射线的波长而变;灰体是不透热体,即 $\alpha+\rho=1$。

2. 物体的辐射能力

物体的辐射能力指物体在一定温度时,单位时间单位表面积发射的能量,以 E 表示,单位是 W/m^2。辐射能力表征物体发射辐射能的本领。

由于物体的辐射能力是物体发射全部波长的辐射能力。若将该辐射能按连续辐射谱分解为等距离的微小波段的局部辐射能,可了解局部辐射能力随波长的分布。为了更好地描述此分布,定义单色辐射能力 E_λ 为

$$E_\lambda=\frac{dE}{d\lambda} \tag{4-87}$$

式中:λ——波长,单位 m 或者 μm;

E_λ——单色辐射能力,单位 W/m^3。

若用下标 b 表示黑体,则黑体辐射能力和单色辐射能力分别用 E_b 和 $E_{b\lambda}$ 表示,于是:

$$E_b=\int_0^\infty E_{b\lambda}\,d\lambda \tag{4-88}$$

(1) 斯蒂芬-玻耳兹曼定律

黑体的辐射能力(E_b)服从斯蒂芬-玻耳兹曼定律,即:

$$E_b=\sigma_0 T^4=C_0\left(\frac{T}{100}\right)^4 \tag{4-89}$$

式中:E_b——黑体辐射能力,单位 W/m^2;

σ_0——黑体辐射常数,其值 5.67×10^{-8} $W/(m^2\cdot K^4)$;

T——黑体表面的绝对温度,单位 K;

C_0——黑体辐射系数,其值为5.67 W/(m² · K⁴)。

斯蒂芬-玻耳兹曼定律表明黑体的辐射能力与其表面的绝对温度的四次方成正比,也称为四次方定律。该定律表明辐射传热对温度异常敏感,低温时热辐射往往可以忽略,而高温时则成为主要的传热方式。

黑体在任何给定温度下具有最大可能的辐射能力,是所有其他辐射体发射能力的比较标准。工程上最重要的是确定实际物体的辐射能力。

因为许多工程材料的辐射特性近似于灰体,所以通常将实际物体视为灰体来计算其辐射能力 E,可用下式计算:

$$E=C\left(\frac{T}{100}\right)^4 \qquad (4-90)$$

式中 C——灰体的辐射系数,单位与 C_0 相同。

不同物体的辐射系数 C 值不相同。其值与物体的性质、表面状况和温度等有关,其值恒小于 C_0。

前已述及,在辐射传热中黑体是用来作为比较基准,通常将物体辐射能力与同温度下黑体辐射能力之比,定义为物体的发射率(又称黑度),用 ε 表示,即

$$\varepsilon=E/E_b=\frac{C}{C_0} \qquad (4-91)$$

或

$$E=\varepsilon E_b=\varepsilon C_0\left(\frac{T}{100}\right)^4 \qquad (4-92)$$

物体的黑度 ε 与其种类、表面温度、表面状况(如粗糙度、表面氧化程度等)、波长等有关,与外界因素无关,其值通常由实验测定。常见工程材料的黑度见表 4-12。

表 4-12 常用工业材料的黑度 ε

材料	温度/℃	黑度	材料	温度/℃	黑度
木材	20	0.80～0.92	磨光的铜板	940～1 100	0.55～0.61
石棉纸	40～400	0.93～0.94	磨光的铝	225～575	0.039～0.057
红砖	20	0.93	磨光的铜	20	0.03
耐火砖	500～1 000	0.80～0.90	磨光的铸铁	330～910	0.6～0.7
氧化的铝	200～600	0.11～0.19	磨光的金	200～600	0.02～0.03
氧化的铜	200～600	0.57～0.87	磨光的银	200～600	0.02～0.03
氧化的铸铁	200～600	0.64～0.78	抛光的不锈钢	25	0.60
各种颜色的油漆	100	0.92～0.96	上过釉的瓷器	22	0.924

（2）克希霍夫定律

该定律描述了灰体的辐射能力与其吸收率之间的关系。

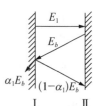

图 4-18 克希霍夫定律的推导

设有两块相距很近的平行平板，两板中间介质为透热体。两块板中一块为透过率 $D=0$ 的灰体，一块为黑体，如图 4-18 所示。

若板Ⅰ为灰体，其辐射能力、吸收率和温度分别为 E_1、α_1 和 T_1，板Ⅱ为黑体，其辐射能力，吸收率和温度分别为 E_b、α_0（$=1$）和 T_0，且 $T_1>T_0$，于是灰体能量平衡可分析如下：以单位时间单位平板面积计，板Ⅰ发射的 E_1 被板Ⅱ全部吸收，板Ⅱ发射的 E_b 被板Ⅰ吸收了 $\alpha_1 E_b$，其余的 $(1-\alpha_1)E_b$ 被反射回板Ⅱ并被全部吸收。对板Ⅰ而言，发射的能量为 E_1，获得的能量为 $\alpha_1 E_b$，其差额即为板Ⅰ向板Ⅱ的净辐射传热量：

$$Q=E_1-\alpha_1 E_b \qquad (4-93)$$

当过程进行到两个物体的温度相等时，辐射传热达到平衡状态，即 $Q=0$，也即 $E_1=\alpha_1 E_b$ 或 $E_1/\alpha_1=E_b$。若板Ⅰ用任意灰体板来代替，则：

$$\frac{E_1}{\alpha_1}=\frac{E_2}{\alpha_2}=\cdots=\frac{E}{\varepsilon}=E_b \qquad (4-94)$$

上式即为克希霍夫定律。该式表明任何物体的辐射能力与吸收率之比值恒为常数，且等于同温度下黑体的辐射能力，故其值仅与物体的温度有关，即：

$$E=\alpha E_b=\alpha C_b\left(\frac{T}{100}\right)^4=C\left(\frac{T}{100}\right)^4 \qquad (4-95)$$

式中，$C=\alpha C_b$，为灰体的辐射系数。

比较式（4-91）和式（4-95）可得：

$$\varepsilon=\frac{E}{E_b}=\alpha \qquad (4-96)$$

即同一温度下，物体的黑度在数值上等于它的吸收率。这样，实际物体难以确定的吸收率均可用其黑度表示。

4.6　换热器

传热设备简称换热器，是化工、石油、轻工及其他许多工业部门的通用设备，在工业生产中占有重要地位。换热器按功能可作为加热器、冷却器、冷凝器、蒸发器和再沸器等，是应用最广泛的设备之一。在化工厂，换热器的设备投资及钢材消耗占有相当大的比重，其在企业控制生产成本、节能降耗中的意义重大。

4.6.1　换热器的分类

化工生产中所用的换热器类型很多，分类方法也不一样。可按其用途分类，亦可按热量传递方式分类。

1. 按用途分类

换热器按用途不同可分为加热器、冷却器、蒸发器、冷凝器等。

2. 按结构分类

换热器按结构可以分为夹套式、浸没式、喷淋式、套管式和管壳式，其中以管壳式应用最为普遍。

3. 按热量的传递方式分类

换热器按热量传递的方式不同，可以分为三类，即间壁式、混合式与蓄热式。

① 间壁式换热器　此类换热器是在冷、热两流体间用一金属壁（亦可用非金属）隔开，以便两种流体不相混合而进行热量传递。常见的有夹套式、蛇管式、套管式、列管式、板式、板翅式等。

② 混合式换热器　混合式也称为直接接触式，在这类换热器中。冷、热流体通过直接混合进行热量交换。这种传热方式不存在间壁导热热阻和污垢热阻，只要流体间的接触情况良好，就具有较大的传热速率。混合式换热器具有结构简单、传热效率高等特点。因此在工艺上允许两种流体相互混合的情况下，采用此类换热器是比较方便和有效的。混合式换热器常用于气体的冷却或水蒸气的冷凝，例如，冷水塔（凉水塔）、气流干燥装置、流化床等。

③ 蓄热式换热器　蓄热式换热器又称为蓄热器，它主要由热容量较大的蓄热室构成，蓄热室内的填料物一般是耐火砖或金属材料等。当冷、热两种流体交替地通过同一蓄热室时，即可通过填料的热量储存与释放，将热流体传给蓄热室的热量间接地传递给冷流体，达到换热的目的。这类换热器的结构简单，可耐高温，其缺点是设备体积较大，而且冷、热流体交替时难免有一定程度的混合。蓄热式换热器常用于气体的余热或冷量的回收利用。

其中以间壁式换热器应用最为普遍，以下讨论仅限于此类换热器。

4.6.2　间壁式换热器的类型

间壁式换热器按照传热面的形状与结构特点可分为夹套式、管式、板式和扩展表面式几种类型。

1. 夹套式换热器

这种换热器的构造简单，如图 4 - 19 和 4 - 20 所示。换热器的夹套安装在容器的外部，夹套与夹壁之间形成密闭的空间，为载热体（加热介质）或载冷体（冷却介质）的通道。夹套通常用钢或铸铁制成，可焊在器壁上或者用螺钉固定在容器的法兰或器盖上。

夹套式换热器主要应用于反应过程的加热或冷却。在用蒸气进行加热时，蒸气由上部接管进入夹套，冷凝水则由下部接管流出。作为冷却器时，冷却介质（如冷却水）由夹套下部的接管进入，而由上部接管流出。

这种换热器的表面传热系数较低，传热面又受容器的限制，因此适用于传热量不太大的场合。为了提高其传热性能。可在容器内安装搅拌器，使器内液体做强制对流，为了弥补传热面的不足，还可在器内安装蛇管等。

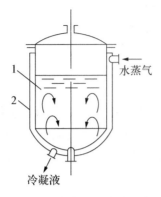

图 4-19 夹套式换热器示意图
1—容器；2—夹套

图 4-20 夹套式换热器实物图

2. 管式换热器

（1）蛇管式换热器

蛇管式换热器可分为沉浸式和喷淋式两种。

① 沉浸式蛇管换热器 沉浸式蛇管换热器的蛇管一般由金属管子弯绕而制成，可由肘管连接直管组成，如图 4-21(a)所示，或由盘成蛇旋形的弯管组成，如图 4-21(b)所示。除安装成排外，蛇管可构成一个平面，水平地安装在容器底部。图 4-22 为各种不同形状的蛇管，蛇管的形状还可根据容器的形状任意加工。

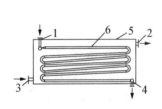

(a)肘管连接沉浸式蛇管换热器

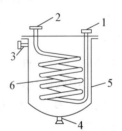

(b)蛇旋形沉浸式蛇管换热器

图 4-21 沉浸式蛇管换热器图
1、2、3、4—冷、热流体进出口；5—容器；6—蛇管

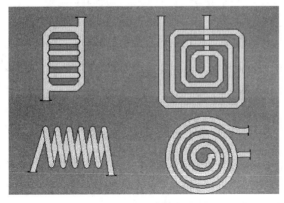

图 4-22 蛇管形状

将蛇管及没在容器的液体中,冷、热流体在管内外进行换热。这类换热器的优点是结构简单,价格低廉,便于防腐,能承受高压。主要缺点是传热面积小,由于容器的体积远远大于蛇管的体积,故管外流体的对流传热系数小。可在容器内加搅拌提高传热系数。

沉浸式蛇管换热器可用于液体的预热或蒸发,石油化工厂中常用作冷凝蒸气或冷却石油产品。

② 喷淋式换热器 喷淋式换热器的结构与操作如图 4-23 所示。这种换热器多用作冷却器。热流体在管内自下而上流动,冷水由最上面的淋水管流出,均匀地分布在蛇针上,并沿其表面呈膜状自上而下流下,最后流入水槽排出。喷淋式换热器常用于室外空气流通处。

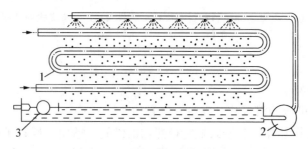

图 4-23 喷淋式换热器
1—弯管;2—循环泵;3—控制阀

冷却水在空气中汽化亦可带走部分热量,增强冷却效果。其优点是便于检修,传热效果较好。缺点是喷淋不易均匀。

(2) 套管式换热器

套管式换热器系用管件将两种尺寸不同的标准管连接成为同心圆的套管,然后用 180°的回弯管将多段套管串联而成,如图 4-24 所示。每一段套管称为一程,程数可根据传热的要求而增减。每程的有效长度为 4~6 m。若管子太长,则管中间会向下弯曲,使环形中的流体分布不均匀。

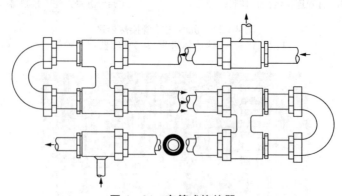

图 4-24 套管式换热器

套管式换热器是用标准管与管件组合而成,具有结构简单,加工方便,易于维修和清洗,能承受高温、高压等优点。可以通过增减管段数量来满足工艺的需要或变化,参与热交换的流体能保持完全逆流使平均温度差最大。

该换热器的主要缺点是：结构不紧凑，单位长度其有传热面积较小，间接头较多，易发生泄漏；单位传热面积的价格较高。适用于流量不大、所需传热面积较小的传热过程。

（3）列管式换热器

列管式（又称管壳式）换热器是目前化工生产中应用最广泛的换热设备，其用量约占全部换热设备的 90%。与前述的几种换热器相比，它的突出优点是单位体积具有的传热面积大、结构紧凑、坚固而且能用多种材料制造、适用性较强、操作弹性大等。在高温、高压和大型装置中多采用列管式换热器。

列管式换热器有多种形式。

① 固定管板式　如图 4-25 所示，固定管板式管壳换热器的特点是：两端管板与壳体连成一体。其优点是结构简单，造价低廉，每根换热管都可以进行更换，且管内清洗方便；缺点是壳程不易检修、清洗。这种换热器的热补偿方式是加补偿圈，适用范围为：两流体温度<70 ℃；壳程流体压力<6 atm（1 atm＝101 330 Pa）。因而壳程压力受膨胀节强度的限制不能太高。固定管板式换热器适用于壳方流体清洁且不易结垢，两流体温差不大或温差较大但壳程压力不高的场合。

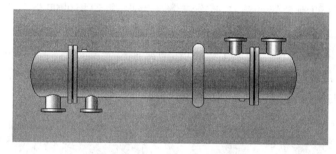

图 4-25　固定管板式换热器

② 浮头式　浮头式换热器如图 4-26 所示，该换热器的两端管板只有一端和壳体相连，称为固定端；另一端管板不与外壳固定连接，称为浮头。由于管束连同浮头可以在壳体内自由伸缩，因此这种结构不但可以消除热应力，而且整个管束可从壳体中抽出，便于清洗和检修。

浮头式换热器应用较为普遍，但该种换热器结构较复杂，金属耗量较多，造价较高。

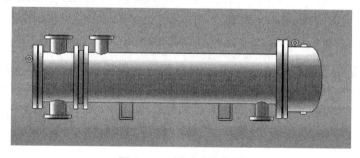

图 4-26　浮头式换热器

③ U 形管式　U 形管式如图 4-27 所示，U 形管式换热器的特点是：每根换热管都弯成 U 形，管子两端分别固定在同一管板上，管束可以自由伸缩，当壳体与 U 形换热管有

图 4-27　U 形管式换热器实物图

温差时,不会产生热应力。其优点是结构简单,重量轻,耐高温、高压;缺点是管内清洗困难,管板上布管利用率低(因管壳弯成 U 形需一定的弯曲半径)。内层管子坏了不能更换,因而报废率较高。U 形管式换热器适用于管、壳壁温差较大或壳程介质易结垢,而管程介质清洁不易结垢以及高温、高压、腐蚀性强的场合。一般高温、高压、腐蚀性强的介质走管内,可使高压空间减小,密封易解决,并可节约材料和减少热损失。

3. 板式换热器

(1) 平板式换热器

平板式换热器(通常为板式换热器)主要由一组冲压出一定凹凸波纹的长方形薄金属板平行排列,以密封及夹套装置组装于支架上构成。两相邻板片的边缘衬有垫片,压紧后可以达到对外密封的目的。操作时要求板间通道冷、热流体相间流动,即一个通道走热流体,其两侧紧邻的流道走冷流体。为此,每块板的四个角上各开一个圆孔。通过圆孔外设置或不设置圆形垫片可使每个板间通道只同两个孔相连。板式换热器的组装流程如图 4-28(a)所示。由图可见,引入的流体可并联流入一组板间通道,而组与组间又为串联。换热板的结构如图 4-28(b)所示。板上的凹凸波纹可增大流体的湍流程度,亦可增加板的刚性,波纹的形式有多种。

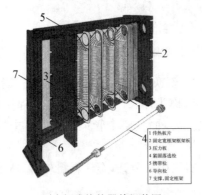

1 传热板片
2 固定宽框架框架板
3 压力板
4 紧固落选栓
5 携带栓
6 导向栓
7 支撑、固定框架

(a) 板式换热器的组装图

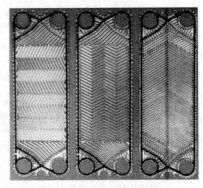

(b) 板式换热器板片

图 4-28　板式换热器

该类换热器的优点是结构紧凑,单位体积的传热面积大,总传热系数高[如低黏度的液体可达 7 000 W/(m² · ℃)],且传热面积可调节,检修、清洗方便;缺点是处理量小,操作压力和温度受密封垫片材料性能限制而不宜过高。板式换热器适用于经常需要清洗、工作环境要求十分紧凑、工作压力在 2.5 MPa 以下、温度在 -35~200 ℃ 的场合,较多用于化工、食品、医药工业。

(2) 螺旋板式换热器

螺旋板式换热器也是发展较早的一种由板材制造的换热器,它同样具有传热系数大、结构紧凑等特点。螺旋板式换热器由两张互相平行的钢板,卷制成互相隔开的螺旋形流道,两板之间焊有定距柱以维持流道的间距,螺旋板的两端焊有盖板,冷、热流体分别在两流道内流动,通过螺旋板进行热量交换。如图 4 - 29 所示。

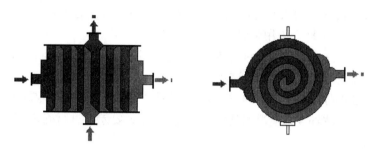

图 4 - 29 螺旋式换热器

螺旋板式换热器结构紧凑,单位体积的传热面积可达列管式换热器的 3 倍。在该换热器中,螺旋流动使流体在较低的雷诺数下($R_e = 1\,400 \sim 1\,800$)就发生湍流,操作中可选用较高的流速(液体达 2 m/s,气体达 20 m/s),故总传热系数较大。由于流体的流速较高,流体中悬浮物不易沉积,一旦结垢,由于是单流道,流道截面积减小使流速更大,对污垢又起到冲刷作用,故螺旋板式换热器不易被堵塞。由于流体流动的流道长而且可实现完全的逆流传热,故能利用低温热源,且能精密控制出口温度。

螺旋板式换热器的主要缺点是操作压强和温度不宜过高。目前最高操作压强不超过 2 MPa(20at),温度在 400 ℃以下。而且常用的螺旋板式换热器被焊成一体,一旦损坏,修理很困难。

4.6.3 列管式换热器的设计和选用

换热器的设计和选用,以完成生产工艺要求的传热任务为根本目的,通过传热面积的确定,进行换热器结构尺寸的计算(或选择合适的换热器)。选用和设计的依据仍然是热量衡算方程和传热速率方程。但实际上由于参与热交换的流体性质差异很大,换热器的种类繁多,故在选用或设计换热器时需要综合考虑的因素较多,必须经过系列参数的选择和技术经济评价才能完成。本节将以列管式换热器为例,着重讨论换热器选用和设计的基本原则和计算步骤。

1. 列管式换热器选用时考虑的问题

(1)流体流动通道的选择

流体流动通道的选择可参考以下原则:

① 不清洁或易结垢的流体,宜走容易清洗的一侧。对于直管管束,宜走管程,便于清洗;对于 U 形管管束,宜走壳程。

② 具有腐蚀性的流体应走管内,以免壳体和管子同时受腐蚀,而且管子也便于清洗和检修。且可以用普通材料制造壳体,仅仅管子、管板和封头用耐腐蚀材料。

③ 压力高的流体宜走管程,以免壳体受压,可节省壳体金属消耗量。

④ 饱和蒸汽宜走壳程,便于冷凝液的及时排除,同时饱和蒸汽比较清洁,不易污染壳体,其对流传热系数大,流速影响小。

⑤ 被冷却的流体宜走壳程,便于散热,增强冷却效果。

⑥ 有毒易污染的流体宜走管程,以减少泄漏量。

⑦ 高黏度流体走壳程,以易于形成湍流,扰动程度大,提高给热系数。

⑧ 需要提高流速以增大其对流表面传热系数的流体宜走管内,因为管内截面积通常都比管间小,而且管束易于采用多管程以增大流速。

⑨ 若两流体温差较大,宜使对流传热系数大的流体走壳程,因壁面温度与 α 大的流体接近,以减小管壁与壳壁的温差,减小温差应力。

以上讨论的原则并不是绝对的,对具体的流体来说,上述原则可能是相互矛盾的。因此,在选择流体的流程时,必须根据具体的情况,抓住主要矛盾进行确定。

(2) 流体流速的选择

流体在壳程或管程中的流速增大,不仅增大对流传热系数,也可减少杂质沉积或结垢,但流体阻力也相应增大,故应选择适宜的流速。流体的适宜流速通常可根据经验选取,工业上常用的流速范围列于表 4-13、4-14 和 4-15 中。

表 4-13 列管式换热器中常用的流速范围

流体的种类		一般液体	易结垢液体	气体
流速/(m/s)	管程	0.5~3.0	>1	5~30
	壳程	0.2~1.5	>0.5	9~15

表 4-14 列管式换热器中不同黏度液体的常用流速

流体黏度/(mPa·s)	>1 500	1 500~500	500~100	100~35	35~1	<1
最大流速/(m/s)	0.6	0.75	1.1	1.5	1.8	2.4

表 4-15 列管式换热器中易燃、易爆液体的安全运行速度

液体名称	乙醚、二硫化碳、苯	甲醇、乙醇、汽油	丙酮
安全允许速度/(m/s)	<1	<2~3	<10

(3) 流体进出口温度的确定

在换热器中冷、热流体的温度一般由工艺条件所规定,就不存在确定两端温度的问题。若其中一种流体仅已知进口温度,则出口温度由设计者来确定。例如用冷水冷却某热流体,冷水的进口温度可以根据当地的气温条件做出估计,而从换热器出口的冷水温度,便需要根据经济衡算来决定。为了节省水量,可让水的出口温度提高些,但传热面积就需要加大;反之,为了减小传热面积,则要增加水量。两者是相互矛盾的。一般来说,设计时冷却水进出口温度差可取为 5~10 ℃。缺水地区选用较大的温度差,水源丰富地区选用较小的温度差。

(4) 换热管规格及其在管板的排列方式

小直径管的单位体积换热器传热面积大,因此在结垢不很严重及压降允许的情况下,管径可取小些;反之则应取大管径。我国目前试行的列管换热器系列标准中只采用 $\Phi25$ mm×2.5 mm 和 $\Phi19$ mm×2 mm 两种规格的管子。

管子的排列方式有正三角形排列、正方形直列和正方形错列 3 种,如图 4-30 所示。

正三角形排列比较紧凑,管外流体湍动程度高,给热系数大,应用最广。正方形直列管子排列便于管外清洗,但给热系数较正三角形排列时低。正方形错列的情况则介于正三角形排列和正方形直列之间。

管子在管板上排列的间距 t 和管子与管板的连接方法有关。通常焊接法取 $t=1.25d_0$(d_0 为管子的外径);而胀针法取 $t=(1.3\sim1.5)d_0$,且 $t\geq(d_0+6)$mm。

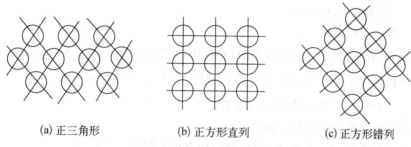

(a) 正三角形   (b) 正方形直列   (c) 正方形错列

图 4-30 管子在管板上的排列

(5) 管程和壳程数的确定

① 管程数 N_P 的确定   当换热器的换热面积较大而管子又不能很长时,就得排列较多的管子,为了提高流体在管内的流速,需将管束分程。但是程数过多,导致管程流动阻力加大,动力能耗增大,同时多程会使平均温差下降,设计时应权衡考虑。管壳式换热器系列标准中管程大致有 1、2、4、6 四种。采用多程时,通常应使每程的管子数相等。管程数 N_P,可按下式计算,即:

$$N_P=\frac{u}{u'} \tag{4-97}$$

式中:u——管程内流体的适宜流速,单位 m/s;

　　　u'——管程内流体的实际流速,单位 m/s。

为提高管程流体的流速以增大其给热系数,可采用多管程。同理,为提高壳程流体的流速,亦可采用多壳程。但流体分程的温差校正系数 $\psi_{\Delta t}$ 以不小于 0.8 为宜。

多壳程换热器纵向隔板制造和检修困难,所以一般采用两个(或多个)换热器串联使用。

(6) 折流挡板

列管式换热器壳程安装折流挡板,是为了改善管程流体的流动状态,提高对流传热系数,因此折流挡板的形状和间距必须适当。对于圈缺形挡板,弓形缺口如设计不当,不但达不到增大传热系数的目的,反而会造成流体流动阻力的增加。通常弓形缺口的高度约为壳体直径的 10%～40%,最常见的有 20% 和 25% 两种。

挡板应按等间距布置,挡板最小间距应不小于壳体内径的 1/5,且不小于 50 mm;最大间距不应大于壳体内径。系列标准中采用的板间距为:固定管板式有 150 mm、300 mm 和 600 mm 三种;浮头式有 150 mm、200 mm、300 mm、480 mm 和 600 mm 五种。板间距过小,不便于制造和检修,阻力也较大;板间距过大,流体难于垂直流过管束,使对流传热系数下降。

（7）壳径的确定

换热器壳体的内径应等于或稍大于管板的直径，一般在初步设计中，可先分别选定两种流体的流速，然后计算所需的管程和壳程的流通截面积，在系列标准中查出外壳的直径。待全部设计完成后，再应用作图法画出管子的排列图；初步设计中也可用下式计算壳体内径，即：

$$D = t(n_c - 1) + 2b' \qquad (4-98)$$

式中：D——壳体内径，单位 m；

t——管中心距，单位 m；

b'——管束中心线上最外层管的中心至壳体内壁的距离，一般 $b' = (1\sim1,5)d_0$，单位 m；

n_c——位于管束中心线上的管数，管子按正三角形排列时，$n_c = 1.1\sqrt{n}$；管子按正形排列时 $n_c = 1.19\sqrt{n}$（n 为换热器的总管数）。

（8）流体流动阻力（压强降）的计算

流体流经列管换热器的阻力，须按管程和壳程分别进行计算。

① 管程阻力（压强降）Δp_t：管程阻力可按一般摩擦阻力公式计算，对于多程换热器，其总阻力等于各程直管阻力、回弯阻力及进、出口阻力之和。

$$\Delta p_t = (\Delta p_i + \Delta p_r)N_s N_p \qquad (4-99)$$

其中

$$\Delta p_i = \lambda \frac{l}{d_i} \times \frac{u^2 \rho}{2} \qquad (4-100)$$

$$\Delta p_r = \sum \xi \frac{u^2 \rho}{2} \qquad (4-101)$$

式中：Δp_i——每程直管阻力（压强降）；

Δp_r——每程局部阻力（压强降，包括回弯管以及进、出口阻力）；

N_s——壳程数；

N_p——管程数；

注意：Δp_i 应该按一根管子计算。

② 壳程阻力

计算壳程阻力的公式很多，但由于壳程的流动情况复杂，用不同公式计算的结果往往很不一致。下面介绍埃索法计算壳程阻力的公式。

$$\sum \Delta p_0 = (\Delta p'_1 + \Delta p'_2)F_s N_s \qquad (4-102)$$

式中：$\sum \Delta p_0$——壳程总阻力所引起的压力降，单位 Pa；

$\Delta p'_1$——流体横向通过管束的压力降，单位 Pa；

$\Delta p'_2$——流体通过折流口缺口处的压力降，单位 Pa；

F_s——壳程结垢系数，无因次，对液体取 1.15；对气体或蒸气可取 1.0。

N_s——壳程数。

2. 列管式换热器的选用步骤

管壳式换热器的设计计算步骤如下：

（1）估算传热面积，初选换热器型号

① 根据工艺的传热要求，计算传热量。

② 确定流体在换热器两端的温度，计算定性温度并确定流体物理性质参数。

③ 计算传热温度差。

④ 选择两流体流动通道，根据两流体温度差，选择换热器形式。

⑤ 依据总传热系数的经验范围，初选总传热系数 K 值。

⑥ 由总传热速率方程计算传热面积，由传热面积确定换热器具体型号（若为设计时应确定换热器基本尺寸）。

（2）计算壳程、管程阻力

根据初选的设备规格，计算管程、壳程的流速和阻力，检查结果是否合理和满足工艺要求。若不符合要求，再调整管程数和折流板间距，或选择另一型号的换热器重新计算管程、壳程阻力，直至符合要求为止。

（3）核算总传热系数

计算管、壳程对流传热系数，确定污垢热阻 R_i 和 R_o，再计算总传热系数 $K_{计}$，然后与 $K_{选}$ 值比较，若 $K_{计}/K_{选}=1.15\sim1.25$，则初选的换热器合适，否则需另选 $K_{选}$ 值，重复上述计算步骤。

4.6.4　传热过程的强化途径

如欲强化现有传热设备，开发新型高效的传热设备，以便在较小的设备上获得更大的生产能力和效益，成为现代工业发展的一个重要问题。由总传热方程 $Q=KA\Delta t_m$ 可知，提高 K，A，Δt_m 均可强化传热。

1. 增大传热面积 A

增大传热面积是强化传热的有效途径之一，但不能靠增大换热器体积来实现，而是要从设备的结构入手，提高单位体积的传热面积。当间壁两侧 α 值相差很大时，增加 α 值小的那一侧的传热面积，会大大提高换热器的传热速率。如采用小直径管，用螺旋管、波纹管代替光滑管，采用翅片式换热器都是增大传热面积的有效方法。

2. 增加平均温差

在生产上常常采用增大温差的方法来强化传热，例如，用饱和水蒸气作加热介质时，通过增加蒸气的温度，在水冷器中降低水温以增大温差。在冷、热两流体的进、出口温度都固定不变的条件下，采用逆流操作以增加传热温差 Δt_m 愈大，热流量愈大。增加 Δt_m 理论上可采取提高加热介质温度或降低冷却介质温度的办法，但往往受客观条件（如蒸气压力、气温、水温）和工艺条件（如制品的热敏性、冰点）的限制。传热温差越大，有效能的损失越大；提高蒸气压力，设备造价又会随之升高。另外，在一定的条件下，采用逆流方法代替并流，也可提高 Δt_m。

3. 增大传热系数 K

增大 K 值是在强化传热过程中应该着重考虑的方面。提高传热系数是提高传热效

率的最有效途径。已知传热系数的计算公式为

$$K = \cfrac{1}{\cfrac{1}{\alpha_内} + R_内 + \cfrac{\delta}{\lambda} + R_外 + \cfrac{1}{\alpha_外}}$$

由上式可知,欲提高 K 值,就必须减小对流传热热阻、污垢热阻和管壁热阻所占比重不同,故应设法减小其中起控制作用的热阻,即设法增加 α 值较小的一方。但当两个 α 值相近时,应同时予以提高。根据对流传热过程分析,对流传热的热阻主要集中在靠近管壁的层流边界层上,减小层流边界层的厚度是减小对流传热热阻的主要途径,通常采用的措施如下:

① 提高流速,增强流体湍动程度以减小层流底层的厚度。如增加列管式换热器的管程数和壳体中的挡板数,可分别提高管怪和壳程流体的流速。

② 增加流体的扰动,以减小层流底层厚度。如采用螺旋板式换热器,采用各种异形管或在管内加装螺旋圈或金属丝等添加物均有增加流体湍动程度的作用。

③ 用传热进口段换热较强的特点,采用短管换热器。板翅式换热器的锯齿形翅片,不但可增加流体的扰动,而且由于换热器流道短,边界层厚度小,因而使对流传热强度加大。

应予指出,强化传热过程要权衡得失,综合考虑。如通过增加流速或增加流体扰动程度来强化传热,都伴随着流体阻力的增加,以及设备结构复杂,清洗和检修困难等问题。因此在采取强化传热措施时,要对设备结构、制造费用、动力消耗、检修操作等方面做全面的考虑,选择经济合理的方案。

最后需补充的是化工生产中,通常用水蒸气来加热各种物料,但在需要高温(180 ℃以上)或要求启动迅速洁净控温方便等场合时,也采用电加热或其他加热技术(比如高频介后加热、微波加执和红外加热)。

习　题

1. 某燃烧炉的平壁由耐火砖、绝热砖和普通砖三种砌成,它们的导热系数分别为 1.2 W/(m·℃),0.16 W/(m·℃)和 0.92 W/(m·℃),耐火砖和绝热砖厚度都是 0.5 m,普通砖厚度为 0.25 m。已知炉内壁温为 1 000 ℃,外壁温度为 55 ℃,设各层砖间接触良好,求每平方米炉壁散热速率。

2. 在外径 100 mm 的蒸气管道外包绝热层。绝热层的导热系数为 0.08 W/(m·℃),已知蒸气管外壁 150 ℃,要求绝热层外壁温度在 50 ℃ 以下,且每米管长的热损失不应超过 150 W/m,试求绝热层厚度。

3. $\Phi 38 \times 2.5$ mm 的钢管用作蒸气管。为了减少热损失,在管外保温。第一层是 50 mm 厚的氧化锌粉,其平均导热系数为 0.07 W/(m·℃);第二层是 10 mm 厚的石棉层,其平均导热系数为 0.15 W/(m·℃)。若管内壁温度为 180 ℃,石棉层外表面温度为 35 ℃,试求每米管长的热损失及两保温层界面处的温度。

4. 有一外径为 150 mm 的钢管,为减少热损失,今在管外包以两层绝热层。已知两种绝热材料导热系数之比 $\lambda_2/\lambda_1 = 2$,两层绝热层厚度相等皆为 30 mm。试问应把哪一种材

料包在里层时管壁热损失小？设两种情况下两绝热层的总温差不变。

5. 冷冻盐水(25%的氯化钙溶液)从 $\Phi25\times2.5$ mm、长度为 3 m 的管内流过,流速为 0.3 m/s,温度自 -5 ℃升至 15 ℃。假设管壁平均温度为 20 ℃,试计算管壁与流体之间的平均对流给热系数。已知定性温度下冷冻盐水的物性数据如下:密度为 1 230 kg/m³,黏度为 4×10^{-3} Pa·s,导热系数为 0.57 W/(m·℃),比热为 2.85 kJ/(kg·℃)。壁温下的黏度为 2.5×10^{-3} Pa·s。

6. 油罐中装有水平蒸气管以加热管内重油,重油温度为 20 ℃,蒸气管外壁温为 120 ℃,在定性温度下重油物性数据如下:密度为 900 kg/m³,比热 1.88×10^{3} J/(kg·℃),导热系数为 0.175 W/(m·℃),运动黏度为 2×10^{-6} m²/s,体积膨胀系数为 3×10^{-4},管外径为 68 mm,试计算蒸气对重油的传热速度 W/m²。

7. 有一双程列管换热器,煤油走壳程,其温度由 230 ℃降至 120 ℃,流量为 25 000 kg/h,内有 $\Phi25\times2.5$ mm 的钢管 70 根,每根管长 6 m,管中心距为 32 mm,正方形排列。用圆缺型挡板(切去高度为直径的 25%),试求煤油的给热系数。已知定性温度下煤油的物性数据为:比热为 2.6×10^{3} J/(kg·℃),密度为 710 kg/m³,黏度为 3.2×10^{-4} Pa·s,导热系数为 0.131 W/(m·℃)。挡板间距 $h=240$ mm,壳体内径 $D=480$ mm。

8. 为保证原油管道的输送,在管外设置蒸气夹。对一段管路来说,设原油的给热系数为 420 W/(m·℃),水蒸气冷凝给热系数为 10^{4} W/(m·℃)。管子规格为 $\Phi35\times2$ mm 钢管。试分别计算 K_i 和 K_0,并计算各项热阻占总热阻的分率。

9. 某列管换热器,用饱和水蒸气加热某溶液,溶液在管内呈湍流。已知蒸气冷凝给热系数为 10^{4} W/(m·℃),单管程溶液给热系数为 400 W/(m·℃),管壁导热及污垢热阻忽略不计,试求传热系数。若把单管程改为双管程,其他条件不变,此时总传热系数又为多少？

10. 一列管换热器,管子规格为 $\Phi25\times2.5$ mm,管内流体的对流给热系数为 100 W/(m·℃),管外流体的对流给热系数为 2 000 W/(m·℃),已知两流体均为湍流流动,管内外两侧污垢热阻均为 0.001 8 m·℃/W。试求:① 传热系数 K 及各部分热阻的分配;② 若管内流体流量提高一倍,传热系数有何变化;③ 若管外流体流量提高一倍,传热系数有何变化。

11. 一套管换热器,用热柴油加热原油,热柴油与原油进口温度分别为 155 ℃和 20 ℃。已知逆流操作时,柴油出口温度 50 ℃,原油出口 60 ℃,若采用并流操作,两种油的流量、物性数据、初温和传热系数皆与逆流时相同,试问并流时柴油可冷却到多少温度？

12. 一套管换热器,冷、热流体的进口温度分别为 55 ℃和 115 ℃。并流操作时,冷、热流体的出口温度分别为 75 ℃和 95 ℃。试问逆流操作时,冷、热流体的出口温度分别为多少？假定流体物性数据与传热系数均为常量。

13. 在一单管程列管式换热器中,将 2 000 kg/h 的空气从 20 ℃加热到 80 ℃,空气在钢质列管内做湍流流动,管外用饱和水蒸气加热。列管总数为 200 根,长度为 6 m,管子规格为 $\Phi38\times3$ mm。现因生产要求需要设计一台新换热器,其空气处理量保持不变,但管数改为 400 根,管子规格改为 $\Phi19\times1.5$ mm,操作条件不变,试求此新换热器的管子长度为多少米。

14. 某平壁燃烧炉是由一层耐火砖与一层普通砖砌成,两层的厚度均为 100 mm,其导热系数分别为 0.9 W/(m·℃) 及 0.7 W/(m·℃)。待操作稳定后,测得炉膛的内表面温度为 700 ℃,外表面温度为 130 ℃。为了减少燃烧炉的热损失,在普通砖外表面增加一层厚度为 40 mm、导热系数为 0.06 W/(m·℃) 的保温材料。操作稳定后,又测得炉内表面温度为 740 ℃,外表面温度为 90 ℃。设两层砖的导热系数不变,试计算加保温层后炉壁的热损失比原来的减少百分之几。

15. 在外径为 140 mm 的蒸气管道外包扎保温材料,以减少热损失。蒸气管外壁温度为 390 ℃,保温层外表面温度不大于 40 ℃。保温材料的 λ 与 t 的关系为 $\lambda = 0.1 + 0.000\ 2t$($t$ 的单位为 ℃,λ 的单位为 W/(m·℃))。若要求每米管长的热损失 Q/L 不大于 450 W/m,试求保温层的厚度以及保温层中温度分布。

16. 热空气在冷却管外流过,$\alpha_2 = 90$ W/(m²·℃),冷却水在管内流过,$\alpha_1 = 1\ 000$ W/(m²·℃)。冷却管外径 $d_0 = 16$ mm,壁厚 $b = 1.5$ mm,管壁的 $\lambda = 40$ W/(m·℃)。试求:① 总传热系数 K_0;② 管外对流传热系数 α_2 增加一倍,总传热系数有何变化;③ 管内对流传热系数 α_1 增加一倍,总传热系数有何变化。

思考题

1. 传热过程有哪三种基本方式?
2. 传热按机理分为哪几种?
3. 物体的导热系数与哪些主要因素有关?
4. 流动对传热的贡献主要表现在哪儿?
5. 自然对流中的加热面与冷却面的位置应如何放才有利于充分传热?
6. 液体沸腾的必要条件有哪两个?
7. 工业沸腾装置应在什么沸腾状态下操作? 为什么?
8. 沸腾给热的强化可以从哪两个方面着手?
9. 蒸气冷凝时为什么要定期排放不凝性气体?
10. 为什么低温时热辐射往往可以忽略,而高温时热辐射则往往成为主要的传热方式?
11. 影响辐射传热的主要因素有哪些?
12. 为什么有相变时的对流给热系数大于无相变时的对流给热系数?
13. 传热基本方程中,推导得出对数平均推动力的前提条件有哪些?
14. 为什么一般情况下,逆流总是优于并流? 并流适用于哪些情况?

工程案例分析

换热器以小替大改善换热效果

在某化工产品的生产装置中,混合液在分解塔中进行反应时,放出大量的热量,若不及时移走,塔内温度将持续上升,导致过量焦油的产生,使产品质量下降,也易堵塞管道造成事故。国内该类生产装置大都采用蒸发冷却的方法来移走反应热(即塔内温度靠液体自身的蒸发来维持)。

但北方某厂采用外循环冷却的方式,即将塔内液体用泵抽出,经塔外一双管程列管换热器用水冷却后循环回流至分解塔。

所用换热器 R1 的主要参数为:壳径 1 m,双管程,换热管 Φ38×2.5 mm,管长 2.5 m,管数 370 根,总传热面积 100 m²。

现该厂欲将塔内温度由 88 ℃ 降至 60 ℃,这一改变要求冷却器热负荷增至 $4×10^5$ kJ/h。该厂技术人员采取了两种技改方法。

技改方案 1:采用增大循环量(即提高传热系数的方法),更换大泵,将混合液循环量提高至原来的 3 倍。但换热效果并未得到明显改善。

技改方案 2:将一个传热面积比原来大的换热器 R2 取代 R1,R2 的主要参数:壳径 1 m,双管程,换热管 Φ25×2.5 mm,管长 3 m,管数 1 200 根,总传热面积 215 m²。结果发现,采用该换热器的传热效果还不如原换热器。

两种方案都失败,于是厂方专门聘请有关专家寻求解决方案。专家通过现场收集数据,并进行技术指标的核算,终于找到了问题的症结所在,并提出了如下的方案:改用换热面积更小的换热器。厂方抱着试试看的心态,从该项厂车库内找来壳径为 270 mm,内装 48 根 Φ25×2.5 mm 换热管,总传热面积仅为 37.5 m² 的换热器两台。实际结果果然如专家预测,传热效果反而比 R1、R2 都要好,生产能力相应提高了 75%,完全达到了改造的目标。

请分析换热器以小代大而传热效果反而更好的原因。

提示:

影响换热器传热速率的因素有哪些?

传热面积过大对传热系数的影响如何?

如何综合评价一台换热器的传热效果?

第5章 干 燥

学习要求

熟练掌握湿空气的性质；湿空气的状态及各种湿空气变化过程在焓湿图上的表示；干燥过的物料衡算和热量衡算。

了解工业生产中的干燥过程，对流干燥设备和影响干燥速率和干燥时间的因素。

5.1 干燥概述

5.1.1 去湿方法和干燥方式

在化学工业中，经过一系列的物理和化学的加工步骤，所得到的产品或半成品往往是固态物质，这些固体通常含有过多的水分或其他溶剂，称为湿分。要制得合格的产品，需要除去其中的水或其他溶剂，简称去湿。常用的去湿方法有机械去湿法、化学去湿法和加热去湿法。

1. 机械去湿法

对于含有较多湿分的悬浮液，通常先用沉降、过滤或离心分离等机械分离法，除去其中的大部分液体。这种方法能量消耗较少，一般用于初步去湿。

2. 化学去湿法

用生石灰、浓硫酸、无水氯化钙等吸湿物料来除去湿分。这种方法费用高、操作麻烦，适用于小批量固体物料的去湿，或除去气体中水分的情况。

3. 加热去湿法

对湿物料加热，使其所含的湿分汽化，并及时移走所生成的蒸气。这种方法称为物料的干燥。这种方法热能消耗较多。

根据湿物料的加热方式不同，干燥可分为如下几种。

（1）热传导干燥法 将热能以传导的方式通过金属壁面传给湿物料，使其中湿分汽化。这类方法热效率较高，约为 $70\%\sim50\%$。

（2）对流传热干燥法 利用热空气、烟道气等作干燥介质将热量以对流方式传递给湿物料，又将汽化的水分带走的干燥方法。这类方法热效率约为 $30\%\sim70\%$。

（3）辐射干燥法 热能以电磁波的形式由辐射器发射，并被湿物料吸收后转化为热能,使物料中湿分汽化。用作辐射的电磁波一般是红外线。这种方法适用于以表面蒸发为主的膜状物质。

(4) 微波加热干燥法 微波是一种超高频电磁波。其工作原理是湿物料中水分子的偶极子在微波能量的作用下,发生激烈的旋转运动,在此过程中水分子之间会产生剧烈的碰撞与摩擦而产生热能。这种加热从湿物料内部到外部,干燥时间短,干燥均匀。

(5) 冷冻干燥法 将湿物料在低温下冻结成固态,然后在高真空下,对物料提供必要的升华热,使冰升华为水汽,水汽用真空泵排出。干燥后物料的物理结构和分子结构变化极小,产品残存的水分也很小。冷冻干燥法常用于医药、生物制品及食品的干燥。

按操作压力不同。干燥可分为常压干燥和真空干燥。工业上应用最多的是对流加热干燥法,本章主要介绍以热空气为干燥介质,除去的湿分为水的对流干燥。

5.1.2 空气干燥器的操作原理

典型空气干燥器的工艺流程如图 5-1 所示。它是利用热气体与湿物料做相对运动,热空气将能量传递给湿物料,使湿物料的湿分汽化并扩散到空气中,并被带走。因此空

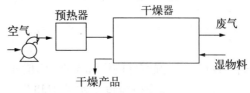

图 5-1 空气干燥器工艺流程

气干燥器实际上是动量传递、热量传递和质量传递同时进行的传递过程。热空气称为干燥介质,它既是载热体,又是载湿体。

5.2 湿空气的性质及湿度图

5.2.1 湿空气的性质

空气由干气与水蒸气所组成,在干燥中称湿空气。在干燥过程中,湿空气中的水汽含量不断增加,而其中的干气作为载体(载热体和载湿体),质量流量是不变的。因此为了计算上的方便,湿空气的各项参数都以单位质量的干气为基准。

1. 湿空气中水汽的分压 $p_水$

作为干燥介质的湿空气是不饱和的空气,其水汽分压 $p_水$ 与干气分压 $p_空$ 及其总压力 p 的关系为

$$p = p_水 + p_空 \tag{5-1}$$

并有

$$p_水 = py \tag{5-2}$$

式中:y——湿空气中水汽的摩尔分数。

2. 湿度 H

湿度又称为湿含量,为湿空气中水汽的质量与干气的质量之比。即

$$H = \frac{湿空气中水汽的质量}{湿空气中干气的质量} = \frac{n_水 M_水}{n_空 M_空} = \frac{18n_水}{29n_空} \tag{5-3}$$

式中:H——空气的湿度,单位 kg/kg 干气;

M——摩尔质量,单位 kg/kmol;

n——物质的量,单位 kmol。

(下标"水"表示水蒸气,"空"表示干气)

因常压下湿空气可视为理想气体,由道尔顿分压定律可知,理想气体混合物中各组分的摩尔比等于分压比,则式(7-3)可表示为:

$$H=\frac{18p_水}{29p_空}=0.622\frac{p_水}{p-p_水}\tag{5-4}$$

当总压一定,水蒸气的分压等于湿空气温度下的饱和蒸气压时,湿空气的湿度达到最大值,此时湿空气呈饱和状态,对应的湿度称为饱和湿度,可用式(5-5)表示:

$$H_饱=0.622\frac{p_饱}{p-p_饱}\tag{5-5}$$

式中:$H_饱$——湿空气的饱和湿度,单位 kg/kg 干气;

$p_饱$——湿空气温度下水的饱和蒸气压,单位 Pa 或 kPa。

水的饱和蒸气压仅与温度有关,因此空气的饱和湿度是湿空气的总压及温度的函数。

3. 相对湿度 φ

湿空气的温度只是表示所含水分的多少,不能直接反映这种情况下湿空气还有多大的吸湿潜力,而相对湿度则是用来表示这种潜力的。

在一定总压下,相对湿度 φ 的定义式为:

$$\varphi=\frac{p_水}{p_饱}\times100\%\tag{5-6}$$

相对湿度 φ 与水汽分压 $p_水$ 及空气温度 t 有关[因 $p_饱=f(t)$],当 t 一定时,φ 随 $p_水$ 的增大而增大。当 $p_水=0$ 时,$\varphi=0$,空气为干气,当 $p_水<p_饱$ 时,$\varphi<1$,空气为未饱和湿空气;当 $p_水=p_饱$ 时,$\varphi=1$,空气为饱和湿空气,气体不能再吸湿,因而不能用作干燥介质。

4. 湿空气的比体积 $\nu_湿$

在湿空气中,1 kg 干气连同其所带有的水蒸气体积之和称为湿空气的比体积。其定义式为:

$$\nu_湿=\frac{湿空气体积}{湿空气中干气的质量}$$

在标准状态下,气体的标准摩尔体积为 22.4 m³/kmol。因此在总压力为 p、温度为 t、湿度为 H 的湿空气的比体积为:

$$\nu_湿=22.4\left(\frac{1}{M_空}+\frac{H}{M_水}\right)\times\frac{(273+t)}{273}\times\frac{101.3}{p}\tag{5-7}$$

式中:$\nu_湿$——湿空气的比体积,单位 $\frac{\text{m}^3\ 湿空气}{\text{kg 干气}}$;

t——温度,单位℃;

p——湿空气总压,单位 kPa。

将 $M_空=29$ kg/kmol,$M_水=15$ kg/mol 代入式(5-7),得

$$\nu_湿=(0.773+1.244H)\times\frac{(273+t)}{273}\times\frac{101.3}{p} \tag{5-8}$$

5. 湿空气的比热容 $C_湿$

在常压下,将 1 kg 干气和 H kg 水蒸气温度升高(或降低)1 ℃所吸收(或放出)的热量,称为湿空气的比热容。即

$$C_湿=C_空+C_水 H \tag{5-9}$$

式中:$C_湿$——湿空气的比热容,kJ/(kg 干气·℃);

$C_空$——干气的比热容,kJ/(kg 干气·℃);

$C_水$——水蒸气的比热容,kJ/(kg 水汽·℃)。

在通常的干燥条件下,干气的比热容和水蒸气的比热容随温度的变化很小,在工程计算中通常取常数,取 $C_空=1.01$ kJ/(kg 干气·℃),$C_水=1.88$ kJ/(kg 水汽·℃)。将这些数值代入式(5-9),得

$$C_湿=1.01+1.88H \tag{5-10}$$

即湿空气的比热容只随空气的湿度变化。

6. 湿空气的比焓 I

湿空气中 1 kg 干气的焓与相应 H kg 水蒸气的焓之和称为湿空气的比焓。根据定义可写为

$$I=I_空+HI_水 \tag{5-11}$$

式中:I——空气的比焓,单位 kJ/kg 干气;

$I_空$——干气的比焓,单位 kJ/kg 干气;

$I_水$——水蒸气的比焓,单位 kJ/kg 水汽。

通常以 0 ℃干气与 0 ℃液态水的焓等于零为计算基准,0 ℃液态水的汽化热为 $r_0=2\,490$ kJ/kg水,则有

$$I_空=C_空 t=1.01t$$

$$I_水=r_0+C_水 t=2\,490+1.88t$$

因此,湿空气的比焓可由式(5-12)计算

$$I=(C_空+C_水 H)t+r_0H=(1.01+1.88H)t+2\,490H \tag{5-12}$$

7. 干球温度 t

在湿空气中,用普通温度计测得的温度称为湿空气的干球温度,为湿空气的真实温度。通常简称为空气的温度。

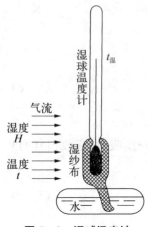

图 5-2 湿球温度计

图中标注：湿球温度计　$t_湿$　气流　湿度 H　温度 t　湿纱布　水

8. 湿球温度 $t_湿$

用湿纱布包裹温度计的感温部分，将它置于一定温度和湿度的流动的空气中，如图 5-2 所示，达到稳定时所测得的温度称为空气的湿球温度。

湿球温度为空气与湿纱布之间的传热、传质过程达到动态平衡条件下的稳定温度。当不饱和空气流过湿球表面时，由于湿纱布表面的饱和蒸气压大于空气中的水蒸气分压，在湿纱布表面和空气之间存在着湿度差，这一湿度差使湿纱布表面的水分汽化并被空气带走，水分汽化所需潜热，首先取自湿纱布表面的显热，使其降温，于是在湿纱布表面与空气气流之间又形成了温度差，这一温差将引起空气向湿纱布传递热量。当空气传入的热量等于汽化消耗的潜热时，湿纱布表面将达到一个稳定温度，即湿球温度。

达到稳定状态时，空气向湿纱布的传热速率为

$$Q = \alpha A(t - t_湿) \tag{5-13}$$

式中：α——空气向湿纱布的对流传热膜系数，单位 $W/(m^2 \cdot ℃)$；

A——空气与湿纱布的接触面积，单位 m^2；

t——空气的温度，单位 ℃；

$t_湿$——空气的湿球温度，单位 ℃。

与此同时，湿纱布中水分汽化并向空气中传递。其传质速率为

$$N = k_H(H'_饱 - H)A \tag{5-14}$$

式中：N——水汽由湿纱布表面向空气的传质速率，单位 kg/s；

k_H——以湿度差为推动力的传质系数，单位 $kg/(m^2 \cdot s \cdot \Delta H)$；

$H'_饱$——温度为湿球温度时的饱和湿度，单位 kg/kg 干气；

H——空气的湿度，单位 kg/kg 干气。

达到稳定状态时，空气传入的显热等于水的汽化潜热，即

$$Q = N\gamma' \tag{5-15}$$

式中：γ'——湿球温度 $t_湿$ 下水汽的汽化热，单位 kJ/kg。

联解式(5-13)、式(5-14)、式(5-15)，并整理得

$$t_湿 = t - \frac{k_H \gamma'}{\alpha}(H'_饱 - H) \tag{5-16}$$

实验证明，k_H 与 α 都与空气速度的 0.5 次幂成正比，故可认为比值 α/k_H 近似为一常数。对水蒸气与空气系统，$\alpha/k_H = 1.09$。而 γ' 和 $H'_饱$ 决定于湿球温度 $t_湿$，于是在 α/k_H 为常数时，湿球温度 $t_湿$ 为湿空气的温度 t 和湿度 H 的函数。当 t 和 H 一定时，$t_湿$ 必定为定值。反之当测得湿空气的干球温度 t 和湿球温度 $t_湿$ 后，可求得空气的湿度 H。在测量湿

球温度时,空气速度应大于 5 m/s,使对流传热起主要作用,以减少辐射和热传导的影响,使测量较为准确。

9. 绝热饱和温度 $t_绝$

不饱和的空气和大量的水充分接触,进行传质和传热,最终达到平衡,此时空气与液体的温度相等,空气被水蒸气所饱和。若过程满足以下两个条件:

① 气液系统与外界绝热;

② 气体放出的总显热等于水分汽化所吸收的总潜热。

则空气和水最终达到的同一温度称为绝热饱和温度 $t_绝$,与之对应湿度称为绝热饱和湿度,用 $H_绝$ 表示。

由以上可知,达到稳定状态时,空气释放出的显热等于液体汽化所需的潜热,故

$$c_湿(t-t_绝)=\gamma_绝(H_绝-H)$$

整理得
$$t_绝=t-\frac{\gamma_绝}{c_湿}(H_绝-H) \tag{5-17}$$

式中:$\gamma_绝$——绝热饱和温度时液体的汽化潜热,单位 kJ/kg。

在湿空气的绝热增湿饱和过程中,水分汽化潜热取自空气,空气因降温显热减小,与此同时,水汽又带了这部分热量回到湿空气中,所以空气的焓值不变。实验证明,对空气与水物系,$\alpha/k_H\approx c_湿$,因此,由式(5-16)、式(5-17)可知

$$t_绝\approx t_湿。$$

10. 露点温度 $t_露$

不饱和湿空气在总压 p 和湿度 H 一定的情况下进行冷却、降温,直至水蒸气饱和,此时的温度称为露点温度,用 $t_露$ 表示。由式(5-5)

$$H_饱=0.622\frac{p_饱}{p-p_饱}$$

可见,在一定总压下,只要测出露点温度,便可从手册中查得此温度下对应的饱和蒸气压,从而求得空气湿度。反之,若已知空气的湿度,可根据上式求得饱和蒸气压,再从水蒸气表中查出相应的温度即为露点温度。

由以上的讨论可知,表示湿空气性质的特征温度有干球温度 t、湿球温度 $t_湿$、绝热饱和温度 $t_绝$、露点温度 $t_露$。对于空气-水物系,$t_湿\approx t_绝$,并且有下列关系:

不饱和湿空气　　　　　　　$t>t_湿>t_露$

饱和湿空气　　　　　　　　$t=t_湿=t_露$

【例题 5-1】　总压力 $p=101.325$ kPa、温度 $t=20$ ℃的湿空气,测得露点温度为 10 ℃。试求此湿空气的湿度 H、相对湿度 φ、比体积 $\nu_湿$、比热容 $C_湿$ 及比焓 I。

解:① 由 $t_露=10$ ℃查得水的饱和蒸气压 $p_饱=1.227$ kPa,由露点温度定义可知,湿空气中水汽分压 $p_水=1.227$ kPa。因此湿空气的湿度为

$$H=0.622\frac{p_水}{p-p_水}=0.622\times\frac{1.227}{101.325-1.227}=0.007\,62\ \text{kJ/kg 干气}$$

② $t=20\ ℃$ 时,湿空气中水汽的饱和蒸气压 $p_饱=2.338\ \text{kPa}$。因此,湿空气的相对湿度为

$$\varphi=p_水/p_饱=1.227/2.338=0.525=52.5\%$$

③ 湿空气的比体积为

$$\nu_湿=(0.773+1.244H)\frac{273+t}{273}=(0.773+1.244\times0.007\,62)\frac{(273+20)}{273}=0.84\ \text{m}^3\text{/kg 干气}$$

④ 湿空气的比热容为

$$C_湿=1.01+1.88H=1.01+1.88\times0.007\,62=1.024\ \text{kJ/kg 干气}$$

⑤ 湿空气的比焓

$$I=C_湿 t+2\,490H=1.024\times20+2\,490\times0.007\,62=39.5\ \text{kJ/kg 干气}$$

5.2.2　湿空气的焓湿图(I-H 图)及其应用

总压一定时,湿空气的各项参数,只要规定其中的两个相互独立的参数,湿空气的状态即可确定。在干燥过程计算中,由前述各公式计算空气的性质时,计算比较繁琐,工程上为了方便起见,将各参数之间的关系绘在坐标图上。这种图通常称为湿度图,常用的湿度图有焓湿图(I-H 图)和湿度-温度图(H-t 图)。下面介绍工程上常用的焓湿图(I-H 图)的构成和应用。

1. I-H 图的构成

图 5-3 是在总压力 $p=100\ \text{kPa}$ 下,绘制的 I-H 图。此图纵轴表示湿空气的焓值 I,横轴表示湿空气的湿度 H。为了避免图中许多线条挤在一起而难以读数,本图采用夹角为 $135°$ 的斜角坐标。又为了便于读取湿度数值,作一水平辅助轴,将横轴上的湿度值投影到水平辅助轴上。图中共有五种线,分述如下。

(1) 等焓(I)线　为一系列平行于横轴(斜轴)的线,每条直线上任何点都具有相同的焓值,图中读数范围为 0～650 kJ/kg 干气。

(2) 等湿度(H)线　为一系列平行于纵轴的垂直线,每条线上任何一点都具有相同的湿含量,其值在辅助轴上读取,图中读数范围为 0～0.2 kg/kg 干气。

(3) 等干球温度(t)线　即等温线,将式(5-12)写成

$$I=1.01t+(1.88t+2\,490)H$$

由此式可知,当 t 为定值,I 与 H 呈直线关系。任意规定 t 值,按此式计算 I 与 H 的对应关系,标绘在图上,即为一条等温线。同一条直线上的每一点具有相同的温度数值。图中的读数范围为 0～250 ℃。因直线斜率($1.88t+2\,490$)随温度 t 的升高而增大,所以等温线互不平行。

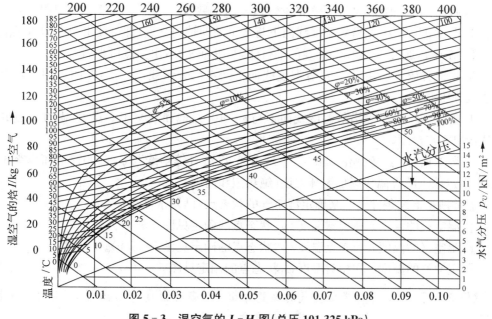

图 5 - 3 湿空气的 I - H 图 (总压 101.325 kPa)

（4）等相对湿度（φ）线 由式(5 - 4)、式(5 - 6)可得

$$H = 0.622 \frac{\varphi p_{饱}}{p - \varphi p_{饱}} \tag{5 - 18}$$

等相对湿度（φ）线就是用式(5 - 15)绘制的一组曲线。当总压 $p = 101.325$ kPa 时，因 $\varphi = f(H, p_{饱})$，$p_{饱} = f(t)$，所以对于某一 φ 值，在 $t = 0 \sim 100\ ℃$ 范围内给出一系列 t，就可根据水蒸气表查到相应的 $p_{饱}$ 数值，再报据式(5 - 15)计算出相应的湿度 H，在图上标绘一系列 (t, H) 点，将上述各点连接起来，就构成了等相对湿度线。

图 5 - 3 中共有 11 条等相对湿度线，由 $5\% \sim 100\%$。$\varphi = 100\%$ 时称为饱和空气线，此时的空气被水汽所饱和。

（5）水蒸气分压（$p_水$）线由式(5 - 4)可得

$$p_水 = \frac{pH}{0.622 + H} \tag{5 - 19}$$

图 5 - 3 中水蒸气分压线就是由式(5 - 19)标绘的。它是在总压 $p = 101.325$ kPa 时，空气中水汽分压 $p_水$ 与湿度 H 之间的关系曲线。水汽分压 $p_水$ 的坐标，位于图的右端纵轴上。

2. I - H 图的应用

利用 I - H 图可方便地确定湿空气的性质。首先，需确定湿空气的状态点，然后由 I - H 图中读出各项参数。假设已知湿空气的状态点 A 的位置，如图 5 - 4 所示。可直接读出通过 A 点的四条参数线的数值。可由 H 值读出与其相关的参数

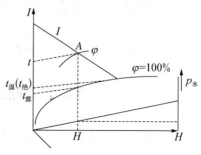

图 5 - 4 I - H 图的应用

$p_水$、$t_露$ 的数值,由 I 值读出与其相关的参数 $t_湿 \approx t_绝$ 的数值。确定各项参数具体过程如下。

① 湿度 H,由 A 点沿等湿度线向下与水平辅助轴的交点,即可读出交点的 A 点值。

② 焓值 I,通过 A 点作等焓线的平行线,与纵轴相交,由交点可得焓值。

③ 水汽分压 $p_水$,由 A 点沿等湿度线向下交水汽分压线于一点,在图右端纵轴上读出水汽分压值。

④ 露点 $t_露$,由 A 点沿等湿度线向下与 $\varphi=100\%$ 饱和线交于一点,再由过该点的等温线读出露点温度。

⑤ 湿球温度 $t_湿$(绝热饱和温度 $t_饱$),由 A 点沿着等焓线与 $\varphi=100\%$ 饱和线交于一点,再由过该点的等温找读出湿球温度(绝热饱和温度)。

通常根据下述条件之一来确定湿空气的状态点,已知条件是:

① 湿空气的温度 t 和湿球温度 $t_湿$,状态点的确定见图 5-5(a)。

② 湿空气的温度 t 和露点温度 $t_露$,状态点的确定见图 5-5(b)。

③ 湿空气的温度 t 和相对湿度 φ,状态点的确定见图 5-5(c)。

【例 5-2】 进入干燥器的空气的温度为 65 ℃,露点温度为 15.6 ℃,使用 $I-H$ 图,确定湿空气湿度、相对湿度、比焓、湿球温度和水汽分压。

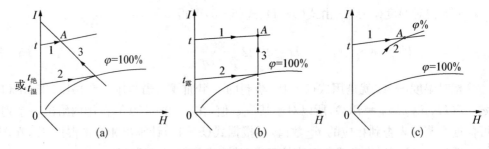

图 5-5 在 $I-H$ 图中确定湿空气的状态点

解:① 由 $t=15.6$ ℃的等温线与 $\varphi=100\%$ 的等相对湿度线相交的交点,读得 $H=0.011$ kg/kg 干气。

② 由 $H=0.011$ kg/kg 干气的等湿度线与 $t=65$ ℃的等温线相交的交点即为湿空气的状态点,由图上读得:$\varphi=7\%$,$I=95$ kJ/kg 干气。

③ 由过空气状态点的等焓线与 $\varphi=100\%$ 的等相对湿度线相交的交点,读得 $t_湿=25$ ℃。

④ 由过空气状态点的等湿度线与水汽分压线相交的交点,读得 $p_水=1.5$ kPa。

5.3 干燥过程的物料衡算与热量衡算

将典型的干燥装置 5-6 用框图 5-7 表示,可得到用热空气干燥介质的一般对流干燥流程。该流程主要由空气预热器对空气进行加热,提高其热焓值,并降低它的相对湿度,以便更适宜作为干燥介质。而干燥器则是对物料除湿的主要场所。

对干燥流程的设计中,通过物料衡算可计算出物料汽化的水分量 W(或称为空气带走的水分量)和空气的消耗量(包括绝干气消耗量 L 和新鲜空气消耗量 L_0),而通过热量衡算计算干燥流程的热能耗用量及各项热量分配量(即预热器换热量 Q_P、干燥器供热从 Q_D 及干燥器热损失 Q_L)。

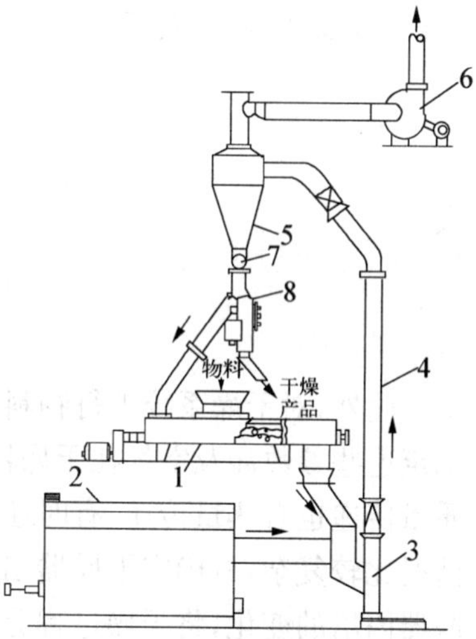

图 5-7 所示为衡算示意图,其中:

H_0,H_1,H_2——分别为新鲜湿空气进入预热器、离开预热器(进入干燥器)和离开干燥器时的湿度,kg(水)/kg(绝干气);

I_0,I_1,I_2——分别为新鲜湿空气进入预热器、离开预热器(进入干燥器)和离开干燥器时的焓,kJ/kg(绝干气);

t_0,t_1,t_2——分别为新鲜湿空气进入预热器、离开预热器(进入干燥器)和离开干燥器时的温度,℃;

图 5-6 具有粉碎机的气流干燥装置流程图
1—螺旋桨式输送混合器;2—燃烧炉;3—球磨机;4—气流干燥器;5—旋风分离器;6—风机;7—复式加料器;8—流动固体物料的分配器

L——绝干空气的流量,kg(绝干气)/s;

Q_P——单位时间内预热器消耗的热量,kW;

Q_D——单位时间内向干燥器补充的热量,kW;

Q_L——干燥器的热损失速率,kW;

G_1,G_2——分别为湿物料进入和离开干燥器时的流量,kg(湿物料)/s;

X_1,X_2——分别为湿物料进入和离开干燥器时的干基含水量,kg(水)/kg(绝干料);

θ_1,θ_2——分别为湿物料进入和离开干燥器时的温度,℃;

I'_1,I'_2——分别为湿物料进入和离开干燥器时的焓,kJ/kg(绝干料)。

湿物料含水量是物料衡算和热量衡算中的重要变量。湿物料分成水分和绝干物料两部分,其中水含量有湿基含水量和干基含水量两种表示法。

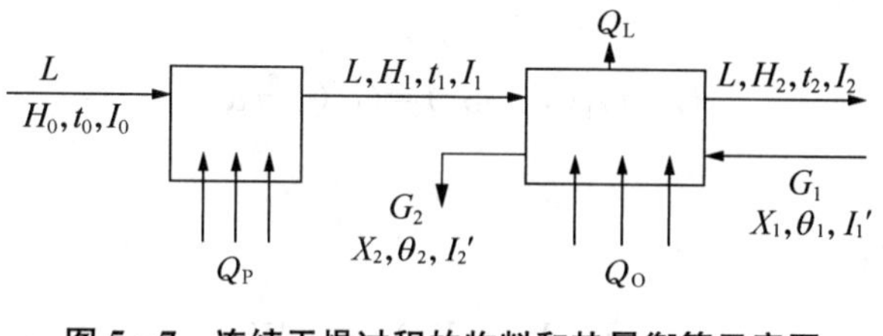

图 5-7 连续干燥过程的物料和热量衡算示意图

(1)湿基含水量 w

$$w = \frac{湿物料中水分的质量}{湿物料的总质量} \times 100\% \qquad (5-20)$$

(2)干基含水量 X

$$X = \frac{湿物料中的水分质量}{湿物料中绝干物料的质量} \times 100\% \qquad (5-21)$$

（3）w 与 X 的关系

$$w=\frac{X}{1+X} \quad\quad (5-22a)$$

或

$$X=\frac{w}{1-w} \quad\quad (5-22b)$$

此外,对干燥系统进行物料和热量衡算时,必须知道空气离开干燥器时的状态参数,确定这些参数涉及空气在干燥器内所经历的过程性质。在干燥器内,空气与物料间既有质量传递也有热量传递,有时还要向干燥器补充热量,而且又有热量损失于周围环境中,情况比较复杂,故确定干燥器出口处空气状态较为复杂。为简化起见,一般根据空气在干燥器内熔的变化,将干燥过程分为等熔过程与非等熔过程两大类。

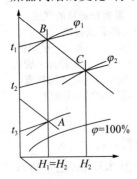

图 5-8 中,若 $I_2=I_1$,则空气在干燥器内经历等熔干燥过程,又称理想干燥过程,如图 5-8 所示。过程沿等熔线 BC 进行。整个干燥过程由状态 $A \to B \to C$ 点,图 5-7 中,若 $I_2 \neq I_1$,则干燥为非等熔过程,过程沿图 5-8 中的 BC_1 或 BC_2 线变化。此过程中,若外界向干燥器补充的热量恰好等于水分蒸发所需热量,则干燥为等温增湿过程,沿图 5-8 中的等温线 BC_3 变化。

5.3.1 物料衡算

图 5-7 中,仅干燥器内有水分含量的变化,所以物料衡算只需围绕干燥器进行。

图 5-8 等熔干燥过程中湿空气的状态变化示意图

1. 水分蒸发量 W

$$W=G(X_1-X_2)=G_1-G_2=L(H_2-H_1) \quad\quad (5-23)$$

其中

$$G=G_1(1-w_1)=G_2(1-w_2) \quad\quad (5-24)$$

2. 空气消耗量 L

由式（5-23）得:

$$L=\frac{G(X_1-X_2)}{H_2-H_1}=\frac{W}{H_2-H_1} \quad\quad (5-25)$$

定义

$$l=\frac{L}{W}=\frac{1}{H_2-H_1} \quad\quad (5-26)$$

其含义为每蒸发 1 kg 水分所消耗的绝干空气量,称为单位空气消耗量,单位是 kg（绝干气）/kg（水分）。

新鲜空气用量

$$L_0=L(1+H_0) \quad\quad (5-27)$$

利用风机向预热器入口输送新鲜空气时,则风机入口风量就是新鲜空气的体积流量 V_0[单位 m³(新鲜空气)/s],得到

$$V_0 = L \cdot \nu_H = L(0.772 + 1.244H)\frac{101.3}{p} \times \frac{t+273}{273} \qquad (5-28)$$

3. 干燥产品流量 G_2

因为

$$G_1(1-w_1) = G_2(1-w_2)$$

所以

$$G_2 = G_1 \frac{1-w_1}{1-w_2} \qquad (5-29)$$

5.3.2 热量衡算

若忽略预热器的热损失,则对图 5-7 中的预热器进行热量衡算,得

$$Q_P = L(I_1 - I_0) \qquad (5-30)$$

再对图 5-7 中的干燥器进行热量衡算,得

$$Q_D = L(I_2 - I_1) + G(I_2' - I_1') + Q_L \qquad (5-31)$$

所以,干燥过程所需总热量为

$$Q = Q_P + Q_D = L(I_2 - I_0) + G(I_2' - I_1') + Q_L \qquad (5-32)$$

假设新鲜空气中水汽的焓等于离开干燥器废气中水气的焓,则

$$Q \approx L \times 1.01(t_2 - t_0) + W(2\,490 + 1.88t_2) + GC_m(\theta_2 - \theta_1) + Q_L \qquad (5-33)$$

Q=加热空气所需热量+物料中水分蒸发所需热量+加热热湿物料所需热量+热损失

式中:C_m——湿物料的平均比热容,kJ/[kg(绝干料)·℃]。

干燥系统的热效率 η,定义为蒸发水分所需热量与向干燥系统输入的总热量之比,即

$$\eta = \frac{W(2\,490 + 1.88t_2)}{Q} \times 100\% \qquad (5-34)$$

当空气出干燥器时,若温度 t_2 降低而湿度 H_2 增高,则 η 会提高。但 t_2 过低而 H_2 过高,会使物料返潮,所以应综合考虑。

【例 5-3】 用热空气干燥某湿物料,要求干燥产品量为 0.1 kg/s。进干燥器时湿物料温度为 15 ℃,含水量为 13%(湿基),出干燥器的产品温度为 40 ℃,含水量为 1%(湿基)。新鲜空气的温度为 15 ℃,湿度为 0.007 3 kg(水)/kg(绝干气),在预热器中加热至 100 ℃后进入干燥器。出干燥器时的废气温度为 50 ℃,湿度为 0.023 5 kg(水)/kg(绝干气)。试问:当预热器中采用 200 kPa(绝压)的饱和水蒸气作热源时,每小时需消耗的蒸

气为多少 kg?

解：先将湿基含水量换算成干基含水量

$$X_1 = \frac{w_1}{1-w_1} = \frac{0.13}{1-0.13} = 0.149 \text{ kg(水)/kg(绝干料)}$$

$$X_2 = \frac{w_2}{1-w_2} = \frac{0.01}{1-0.01} = 0.010\ 1 \text{ kg(水)/kg(绝干料)}$$

则干物料流量为

$$G = G_2(1-w_2) = 0.1 \times (1-0.01) = 0.099 \text{ kg/s}$$

蒸发出去的水分量为

$$W = G(X_1 - X_2) = 0.099 \times (0.149 - 0.010\ 1) = 0.013\ 7 \text{ kg/s}$$

所需空气流量为

$$L = \frac{W}{H_2 - H_0} = \frac{0.013\ 7}{0.023\ 5 - 0.007\ 3} = 0.846 \text{ kg/s}$$

空气经过预热器前后湿度不变，所以预热器所需热量为

$$Q_P = L(I_1 - I_0) = L(1.01 + 1.88H_0) \times (t_1 - t_0)$$
$$= 0.846 \times (1.01 + 1.88 \times 0.007\ 3) \times (100 - 15)$$
$$= 73.6 \text{ kW}$$

由查表得 200 kPa 时饱和水蒸气的汽化焓 $r = 2\ 205$ kJ/kg，则预热器中蒸气消耗量为

$$D = \frac{Q_P}{r} = \frac{73.6}{2\ 205} \times 3\ 600 = 120.2 \text{ kg/h}$$

5.4 干燥动力学

5.4.1 物料中水分分类

物料中水分可以按以下两种形式分类。

1. 平衡水分与自由水分

当物料与一定状态的湿空气充分接触后，物料中不能除去的水分称为平衡水分，用 X^* 表示；而物料中超过平衡水分的那部分水分称为自由水分，这种水分可用干燥操作除去。由于物料达到平衡水分时，干燥过程达到此操作条件下的平衡状态，所以 X^* 与物料性质、空气状态及两者接触状态有关。平衡水分 X 可用平衡曲线描述，如图 5-9 所示。由该图可知：当空气状态恒定时，不同物料的平衡水分相差很大；同一物料的平衡水分随空气状态而变化；当 $\varphi = 0$ 时，X^* 均为 0，说明湿物料只有与绝干空气相接触，才有可能得

到绝干物料。

物料中平衡含水量随空气温度升高而略有减少,由实验测得。由于缺乏各种温度下平衡含水量的实验数据,因此只要温度变化范围不太大,一般可近似认为物料的平衡含水量与空气温度无关。

2. 结合水与非结合水

结合水是指那些与物料以化学力和物理化学力等强结合力相结合的水分,它们大多存在于如细胞壁、微孔中,不易除去;而结合力较弱、机械附着于固体表面的水分称为非结合水,这种水分容易由干燥操作除去。结合水与非结合水的关系示于图 5 - 10 中。由于直接测定物料的结合水与非结合水很困难,所以可利用平衡曲线外延至与 $\varphi = 100\%$ 线相交而得到的 X 为结合水量,高于它的部分为非结合水量。非结合水极易除去,而结合水中高于平衡水分的部分也能被除去,但很困难。

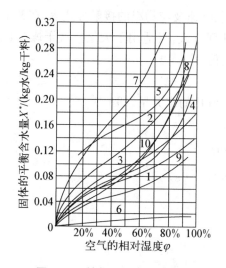

图 5 - 9　某些物料的平衡水分
1—新闻纸;2—羊毛、毛织物;3—硝化纤维;4—丝;5—皮革;
6—陶土;7—烟叶;5—肥皂;9—牛皮胶;10—木材

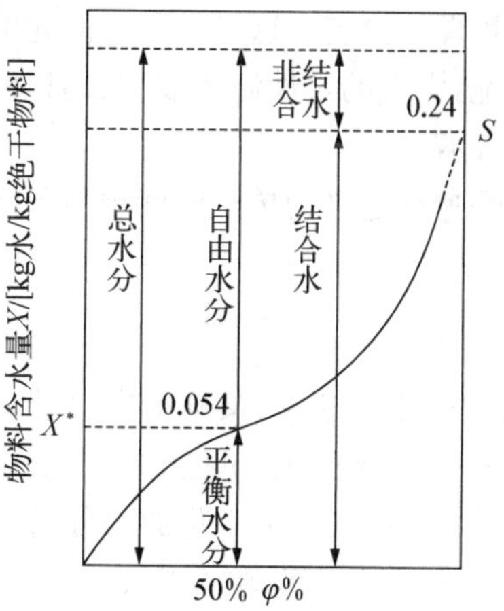

图 5 - 10　固体物料中水分的区分
(t 为定值)

3. 平衡曲线的应用

(1) 判断过程进行的方向。当干基含水量为 X 的湿物料与一定温度及相对湿度为 φ 的湿空气相接触时,可在干燥平衡曲线(见图 5 - 9,图 5 - 10)上找到与该湿空气相应的平衡水分 X^*,比较湿物料的含水量 X 与平衡含水量 X^* 的大小,可判断过程进行的方向。

若物料含水量 X 高于平衡含水量 X^*,则物料脱水而被干燥;若物料的含水量 X 低于平衡含水量 X^*,则物料将吸水而增湿。

(2) 确定过程进行的极限。平衡水分是物料在一定空气条件下被干燥的极限,利用平衡曲线,可确定一定含水量的物料与指定状态空气相接触时平衡水分与自由水分的大小。

图 5 - 10 所示为一定温度下某种物料(丝)的平衡曲线。当将干基含水量为 $X = 0.30\ \text{kg(水)}/\text{kg(绝干料)}$ 的物料与相对湿度为 50% 的空气相接触时,由平衡曲线可得平衡水分为 $X^* = 0.054\ \text{kg(水)}/\text{kg(绝干料)}$,相应自由水分为 $X - X^* = 0.246\ \text{kg(水)}/\text{kg}$

（绝干料）。

（3）判断水分去除的难易程度。利用平衡曲线可确定结合水分与非结合水分的大小。图 5 - 11 中，平衡曲线与 $\varphi=100\%$ 线相交于 S 点，查得结合水分为 0.24 kg（水）/kg（绝干料），此部分水较难去除。相应非结合水分为 0.06 kg（水）/kg（绝干料），此部分水较易去除。

应予指出，平衡水分与自由水分是依据物料在一定干燥条件下，其水分能否用干燥方法除去而划分的。既与物料的种类有关，也与空气的状态有关。而结合水分与非结合水分是依据物料与水分的结合方式（或物料中所含水分去除的难易）而划分的，仅与物料的性质有关，而与空气的状态无关。

5.4.2　恒定干燥条件下的干燥速率

恒定干燥条件是指，干燥介质的温度、湿度、流速及与物料的接触方式等，在整个干燥过程中均保持恒定。这是一种对问题的简化处理方式，可适用于大量空气干燥少量湿物料的情况，空气的定性温度取进、出口温度平均值。

1. 干燥速率

干燥速率定义为单位时间单位干燥面积上汽化的水分量，即

$$U=\frac{dW'}{Sd\tau} \tag{5-35}$$

式中：U——干燥速率，又称干燥通量，单位 kg/（m²·s）；

S——干燥面积，单位 m²；

W'——批操作中汽化的水分量，单位 kg；

τ——干燥时间，单位 s。

又因为

$$dW'=-G'dX$$

式中：G'——批操作中绝干物料的质量，单位 kg。

所以

$$U=\frac{-GdX}{Sd\tau} \tag{5-36}$$

上式中的负号表示 X 随干燥时间的增加而减小。

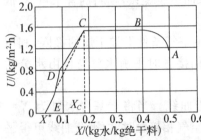

图 5 - 11　恒定干燥条件下干燥速率曲线

2. 干燥速率曲线

干燥过程的计算主要包括确定干燥的操作条件，计算干燥时间和干燥器尺寸，这就必须求得干燥速率。干燥速率通常通过实验测得，即将实验数据计算处理后描点绘图，得到干燥速率曲线以供参考。

如图 5 - 11 所示为恒定干燥条件下一种典型的

干燥速率曲线,AB 是预热段,很快进入恒速干燥阶段(BC 段),这是除去非结合水的阶段,所以速率大且不随 X 而变化;CD 和 DE 段是降速阶段,是除去结合力很强的结合水的过程,所以干燥速率随 X 减小而迅速下降,情况比较复杂:最后当 $U=0$ 时,达到该操作条件下的平衡含水量。其中 C 点是临界点,X_C 称为临界含水量[(水)/kg(绝干料)],U_C 称为恒速段干燥速率[kg/($m^2 \cdot s$)]。若 X_C 增大,则恒速段变短,不利于干燥燥作。

临界含水量随物料的性质、厚度及干燥速率不同而异。对同一种物料,如干燥速率增大,则其临界含水量值亦增大;对同一干燥速率,物料层愈厚,X_C 值也愈厚。物料的临界含水量通常由实验测定,在缺乏实验数据的条件下,可按表 5-1 所列的 X_C 值估计。

表 5-1 不同物料的临界含水量范围

有机物料		无机物料		临界含水量（干基）/%
特征	实例	特征	实例	
很粗的纤维	为染过的羊毛	粗粒无孔的物料,大于 50 目	石英	3～5
		晶体的、粒状的、孔隙较少的物料,颗粒大小为 50～325 目	食盐、海砂、矿石	5～15
晶体的、粒状的、孔隙较小的物料	麸酸结晶	细晶体有孔物料	硝石、细砂、黏土料、细泥	15～25
细纤维细粉	粗毛线、醋酸纤维、印刷纸、碳素颜料	细沉淀物、无定形和胶体状态的物料、无机颜料	碳酸钙、细陶土、普罗土蓝	25～50
细纤维、无定形的和均匀状态的压紧物料	淀粉、亚硫酸、纸浆、厚皮革	浆状,有机物的无机盐	碳酸钙、碳酸镁、二氧化钛、硬脂肪酸	50～100
分散的压紧物料、胶体状态和凝胶状态的物料	鞣制皮革、糊墙纸、动物胶	有机物的无机盐、媒触剂、吸附纸	硬脂酸锌、四氯化锡、硅胶、氢氧化铝	100～3 000

经实验测定和理论分析可知,空气平行流过物料表面时,U_C 与 $(L')^{0.5}$ 成正比;空气垂直流过物料表面时,U_C 与 $(L')^{0.37}$ 成正比。式中,L' 指湿气质量流速,单位量 kg/($m^2 \cdot h$),$L'=u\rho$。

3. 干燥速率的影响因素

在恒速阶段与降速阶段内,物料干燥的机理不同,从而影响因素也不同,分别讨论如下。

(1) 恒速干燥阶段 恒速干燥阶段中,当干燥条件恒定时,物料表面与空气之间的传热和传质情况与测定湿球温度时相同。

在恒定干燥条件下,空气的温度、湿度、速度及气固两相的接触方式均应保持不变,故 α 和 k_H 亦应为定值。这阶段中,由于物料表面保持完全润湿,若不考虑热辐射对物料温度的影响,则湿物料表面达到的稳定温度即为空气的湿球温度 t_w,与 t_w 对应的 $H_{s,tw}$ 值也应恒定不变。所以,这种情况湿物料和空气间的传热速率和传质速率均保持不变。这样,湿物料以恒定的速率汽化水分,并向空气中扩散。

在恒速干燥阶段,空气传给湿物料的显热等于水分汽化所需的潜热。

所以

$$U=k_H(H_{s,tw}-H)=\frac{\alpha}{r_w}(t-t_w) \tag{5-37}$$

显然,干燥速率可根据对流传热系数 α 确定。对于静止的物料层,α 的经验关联式如下:

① 当空气平行流过物料表面时

$$\alpha=0.020\ 4(\overline{L})^{0.5} \tag{5-38}$$

应用范围:空气的质量流速 $\overline{L}=2\ 450\sim29\ 300\ \text{kg}/(\text{m}^2\cdot\text{h})$,空气温度为 $45\sim150\ ℃$。

② 单空气垂直流过物料层时

$$\alpha=1.17(\overline{L})^{0.37} \tag{5-39}$$

应用范围:空气的质量流速 $\overline{L}=3\ 900\sim19\ 500\ \text{kg}/(\text{m}^2\cdot\text{h})$。

③ 在气流干燥器中,固体颗粒呈悬浮态,气体与颗粒间的对流传热系数 α 由下式估算:

$$Nu=2+0.54\,R_{eP}^{0.5} \tag{5-40a}$$

$$\alpha=\frac{\lambda_g}{d_p}\left[2+0.54\left(\frac{d_pu_t}{\nu_g}\right)^{0.5}\right] \tag{5-40b}$$

式中:d_p——颗粒的平均直径,单位 m;

λ_g——空气的热异率,单位 W/(m·℃);

u_t——颗粒的沉降速度,单位 m/s;

ν_g——空气的运动黏度,单位 m^2/s。

④ 流化床干燥器的对流传热系数 α 由下式估算:

$$Nu=4\times10^{-3}R_e^{1.5} \tag{5-41a}$$

$$\alpha=4\times10^{-3}\frac{\lambda_g}{d_p}\left(\frac{d_pw_g}{\nu_g}\right)^{0.5} \tag{5-41b}$$

式中:w_g——流化气速,单位 m/s。

恒速干燥阶段属物料表面非结合水分汽化过程,与自由液面汽化水分情况相同。这个阶段的干燥速率取决于物料表面水分的汽化速率,亦即取决于物料外部的干燥条件,故又称为表面汽化控制阶段。

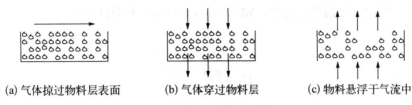

(a) 气体掠过物料层表面　　(b) 气体穿过物料层　　(c) 物料悬浮于气流中

图 5 - 12　物料与空气的接触方式

由式(5-37)可知,影响恒速干燥速率的因素有 α、k_H、$t-t_w$、$H_{s,tw}-H$。提高空气流速能增大 α 和 k_H,而提高空气温度、降低空气湿度 $t-t_w$ 和 $H_{s,tw}-H$ 可增大传热和传质的推动力。此外,水分从物料表面汽化的速率与空气同物料的接触方式有关。图 5-12 所示的 3 种接触方式中,以(c)接触效果最佳,不但 α 和 k_H 最大,而且单位质量物料的干燥面积也最大;(b)次之;(a)最差。应注意的是,干燥操作不但要求有较大的汽化速率,而且还要考虑气流的阻力、物料的粉碎情况、粉尘的回收、物料耐温程度以及物料在高温、低湿度气流中的变形或收缩等问题。所以对于具体干燥物系,应根据物料特性及经济核算等来确定适宜的气流速度、温度和湿度等。

(2) 降速干燥阶段　由图 5-11 所示,当物料的含水量降至临界含水量 X_C 以下时,物料的干燥速率随其含水量的减小而降低。此时,因水分自物料内部向表面迁移的速率低于物料表面水分的汽化速率,所以湿物料表面逐渐变干,汽化表面逐渐向内部移动,表面温度逐渐上升。随着物料内部水分含量的不断减少,物料内部水分迁移速率不断降低,直至物料的含水量降至平衡含水 X^* 时,物料的干燥过程便会停止。

在降速干燥阶段中,干燥速率的大小主要取决于物料本身结构、形状和尺寸,与外界干燥条件关系不大,故降速干燥阶段又称为物料内部迁移控制阶段。

综上所述,恒速干燥阶段和降速干燥阶段速率的影响因素不同。因此在强化干燥过程时,首先要确定在某一定干燥条件下物料的临界含水量 X_C,再区分干燥过程属于哪个阶段,然后采取相应措施以强化干燥操作。

4. 干燥时间的计算

恒定干燥条件下,干燥时间等于恒速阶段干燥时间 τ_1 与降速阶段干燥时间 τ_2 之和,即

$$\tau_{总} = \tau_1 + \tau_2 \tag{5-42}$$

(1) τ_1 的计算
因为

$$U_C = \frac{-G'\mathrm{d}X}{S\mathrm{d}\tau} \Rightarrow \int_0^{\tau_1} \mathrm{d}\tau = -\frac{G'}{U_C S} \int_{X_1}^{X_C} \mathrm{d}X$$

所以

$$\tau_1 = \frac{G'}{U_C S}(X_1 - X_C) \tag{5-43}$$

式中:X_1——物料的初始含水量,单位 kg(水分)/kg(绝干料);

$\dfrac{G'}{S}$——单位干燥面积上的绝干物料质量,单位 kg(绝干料)/m²。

又因为

$$U_C = \frac{\alpha(t-t_w)}{r_{t_w}}$$

所以

$$\tau_1 = \frac{G \cdot r_{t_w}}{S\alpha} \times \frac{X_1 - X_2}{t - t_w} \qquad (5-44)$$

(2) τ_2 的计算

$$\tau_2 = \int_0^{\tau_1} \mathrm{d}\tau = -\frac{G'}{S} \int_{X_1}^{X_2} \frac{\mathrm{d}X}{U} \qquad (5-45)$$

式中:X_2——降速阶段终了时物料的含水量,单位 kg(水分)/kg(绝干料);

U——降速阶段的瞬时干燥速率,单位 kg/(m²·s)。

若 U 与 X 呈线性关系,即

$$U = K_X(X - X^*)$$

则

$$\tau_2 = \frac{G'}{S} \int_{X_2}^{X_C} \frac{\mathrm{d}X}{K_X(X - X^*)} = \frac{G'}{SK_X} \ln \frac{X_C - X^*}{X_2 - X^*} \qquad (5-46)$$

又因为

$$U_C = K_X(X_c - X^*) \Rightarrow K_X = \frac{U_C}{X_C - X^*}$$

代入式(5-46)中得到

$$\tau_2 = \frac{G'(X_C - X^*)}{SU_C} \ln \frac{X_C - X^*}{X_2 - X^*} \qquad (5-47)$$

式中:K_X——降速阶段干燥速率线的斜率,单位 kg(绝干料)/(m²·s)。

若 U 与 X 呈非线性关系,则可采用图解积分法求解。

【例 5-4】 某物料在恒定空气条件下干燥,降速阶段干燥速率曲线可近似作直线处理。已知物料初始含水量为 0.33 kg(水)/kg(干物料),干燥后物料含水量为 0.09 kg(水)/kg(干物料),干燥时间为 7 h,平衡含水量为 0.05 kg(水)/kg(干物料),临界含水量为 0.10 kg(水)/kg(绝干料)。求同样情况下将该物料从 $X'_1 = 0.37$ kg(水)/kg(绝干料)干燥至 $X'_2 = 0.07$ kg(水)/kg(干物料)所需的时间。

解:根据条件 $\tau_1 + \tau_2 = 7 \times 3\,600 = 2.52 \times 10^4$ s 可知

$$\frac{G'(X_1 - X_C)}{SU_C} + \frac{G'(X_C - X^*)}{SU_C} \ln \frac{X_C - X^*}{X_2 - X^*} = 2.52 \times 10^4$$

$$\frac{G'(0.33-0.10)}{SU_c}+\frac{G'(0.10-0.05)}{SU_c}\ln\frac{0.10-0.05}{0.09-0.05}=2.52\times10^4$$

所以

$$\frac{G'}{SU_c}=1.04\times10^5$$

新工况下

$$X_1' \xrightarrow{\tau_1'} X_C \xrightarrow{\tau_1'} X_2'$$

因为干燥条件与旧工况相同,所以$\frac{G'}{SU_c}$数值不变,故

$$\tau_1'=\frac{G'}{U_cS}(X_1-X_C)=1.04\times10^5\times(0.37-0.10)=2.73\times10^4\ \text{s}$$

$$\tau_2'=\frac{G'(X_C-X^*)}{SU_c}\ln\frac{X_C-X^*}{X_2-X^*}=1.04\times10^5\times(0.10-0.05)\times\ln\frac{0.10-0.05}{0.07-0.05}=4.63\times10^3\ \text{s}$$

则

$$\tau'=\tau_1'+\tau_2'=3.19\times10^4\ \text{s}=8.87\ \text{h}$$

5.5 干燥设备

5.5.1 干燥器的类型

工业上常用的干燥器类型多种多样,除了 5.3 中介绍的气流干燥器外,还有以下几种主要类型。

(1) 厢式干燥器 厢式干燥器又称盘架式干燥器,如图 5-13 所示。其外形像一个箱子,外壁为绝热层,物料装在浅盘里,置于支架上,层叠放置。新鲜空气由风机引入,经预热器加热后沿挡板均匀进入各层挡板之间,吹过处于静止状态的物料而起干燥作用。部分废气经排除管排出,余下的循环使用以提高热效率。这种干煤器采用常压间歇式操作,可以干燥多种不同形态的物料,一般在下列情况下使用才合理:① 小规模生产。② 物料停留时间长时不影响产品质量。③ 同时干燥几种产品。

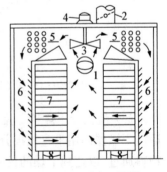

图 5-13 厢式干燥器

(2) 洞道式干燥器 洞道式干燥器是一种连续操作的干燥设备,如图 5-14 所示。外形为狭长的隧道,两端有门,底部有铁轨。待干燥的物料置于轨道的小车上,每隔一定时间用推车机推动小车前进,小车上的物料与热空气接触被干燥。这种干燥器容积大,常用来干燥陶瓷、木材、耐火制品等,缺点是干燥品种单纯,造价高。

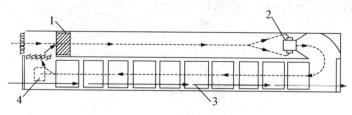

图 5-14 洞道式干燥器
1—加热器;2—风扇;3—装料车;4—排气口

(3) 转筒干燥器 转筒干燥器的主体是与水平线稍成倾斜的可转动的圆筒。湿物料自转筒高的一端加入,自低的一端排出。转筒内壁安装有翻动物料的各式抄板,可使物料均匀分散,同时也使物料向低处流动。干燥介质常用热空气、烟道气等,被干燥的物料多为颗粒状或块状,操作方式可采用逆流或并流。这种干燥器对物料适应性强,生产能力大,操作控制方便。产品质量均匀;但设备复杂庞大,一次性投资大,占地面积大。

(4) 喷雾干燥器 喷雾干燥器是连续式常压干燥器的一种,用于溶液、悬浮液或泥浆状物料的干燥,如图 5-15 所示。料液用泵送到喷雾器,在圆筒形的干燥室中喷成雾滴而分散于热气流中,物料与热气流以并流、逆流或混流的方式相互接触,使水分迅速汽化达到干燥的目的。干燥后可获得 $30\sim50\ \mu m$ 粒径的干燥产品。产品经器壁落到器底,由风机吸至旋风分离器中被回收,废气经风机排出。这种干燥器干燥时间短,产品质量高,便于自动化控制;但对流传热系数小,热利用低,能量消耗大。

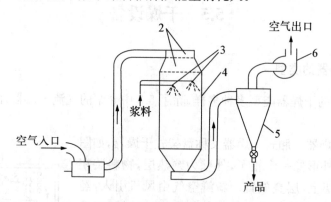

图 5-15 喷雾干燥流程图
1—燃烧炉;2—空气分布器;3—压力式喷头;4—干燥塔;5—旋风分离器;6—风机

(5) 流化床干燥器 流化床干燥器(沸腾床干燥器)是流态化技术在干燥操作中的应用。干燥器内用垂直挡板分成 4~5 个隔室,挡板与多孔分布板之间留有一定间隙让粒状物料通过,以达到干燥的目的。湿物料由加料口进入第一室,然后依次流到最后一室,最后由出料口排出。热气体自下而上通过分布板和松散的粒状物料层,气流速度控制在流化床阶段。此时,颗粒在热气流中上下翻动,气、固两相进行充分的传热和传质。流化床干燥器结构简单,选价低,活动部件少,操作维修方便;但其操作控制要求较严,而且因颗粒在床层中随机运动,可能引起物料的返混或短路。

5.5.2 干燥器的选型

干燥操作是一种比较复杂的过程,很多问题还不能从理论上解决,需要借助于经验。干燥器的类型和种类也很多,主要由物料的性质决定其所适用的干燥器。间歇操作的干燥器生产能力低,设备笨重,物料层是静止的,不适合现代化大生产的要求,只适用于干燥小批量或多品种的产品。间歇操作的干燥器已逐渐被连续操作的干燥器所代替。连续操作的干燥器可以缩短干燥时间,提高产品质量,操作稳定,容易控制。

选择干燥器时,首先根据被干燥物料的性质和工艺要求选用几种可用的干燥器,然后通过对所选的干燥器的基建费和操作费进行经济核算,最终比较后选定一种最适用的干燥器。

表 5-2 可作为干燥器选型的参考。

表 5-2 干燥器选型参考

项目		物料							
		溶液	泥浆	膏糊状	粒径 100 目以下	粒径 100 目以上	特殊形状	薄膜状	片状
加热方式	干燥器	无机盐、牛奶、萃取液、橡胶乳液等	颜料、纯碱、洗涤剂、石灰、高岭土、黏土等	滤饼、沉淀物、淀粉、染料等	离心机滤饼、颜料、黏土、水泥等	合成纤维、结晶、矿砂、合成橡胶等	陶瓷、砖瓦、木材、填料等	塑料薄膜、玻璃纸、纸张、布匹等	薄板、塑料、泡沫、照相材料、印刷材料、皮革、三夹板
对流加热	气流	5	3	3	4	1	5	5	5
	流化床	5	3	3	4	1	5	5	5
	喷雾	1	1	4	5	5	5	5	5
	转筒	5	5	3	1	1	5	5	5
	盘架	5	4	1	1	1	1	5	1
传导加热	耙式真空	4	1	1	1	1	5	5	5
	滚筒	1	1	4	4	5	5	多滚筒	5
	冷冻	2	2	2	2	2	5	5	5
辐射加热	红外线	2	2	2	2	2	1	1	1
介电加热	微波	2	2	2	2	2	1	2	2

注:1-适合;2-经费许可时才适合;3-特定条件下适合;4-适当条件时可应用;5-不适合。

5.5.3 干燥器的设计

干燥器的设计计算采用物料衡算、热量衡算、速率关系和平衡关系四类基本方程,但由于干燥过程的机理比较复杂,因此干燥器的设计仍借助经验或半经验的方法进行。各种干燥器的设计方法差别很大,但设计的基本原则是物料在干燥器内的停留时间必须等于或稍大于所需的干燥时间。下面通过实例简要介绍常用的气流干燥器(见图 5-6)的设计方法。

【例 5-5】 试设计一气流干燥器以干燥某种颗粒状物流,基本参数如下。

(1)每小时干燥 150 kg 湿物料。

（2）进干燥器的空气温度 $t_1 = 90$ ℃、湿度 $H_1 = 0.0075$ kg（水）/kg（绝干气），离开干燥器的温度 $t_2 = 65$ ℃。

（3）物料的初始含水量 $X_1 = 0.2$ kg（水）/kg（干物料），终了时的含水量 $X_2 = 0.002$ kg（水）/kg（干物料）。物料进干燥器时温度 $\theta_1 = 15$ ℃，颗粒密度 $\rho_s = 1544$ kg/m³，绝干物料的比热容 $C_s = 1.26$ kJ/[kg（绝干料）·℃]，临界含水量 $X_C = 0.01455$ kg（水）/kg（绝干料），平衡含水量 $X^* = 0$ kg（水）/kg（绝干料）。颗粒可视为表面光滑的球体，平均粒径 $d_{pm} = 0.23$ mm。

在干燥器没有补充热量，且热损失可忽略不计的情况下，试计算干燥管的直径和高度。

解：（1）首先计算物料离开干燥器时的温度 θ_2

物料在干燥器中的干燥过程如图 5-11 所示。物料出口温度 θ_2 与很多因素有关，但主要取决于物料的临界含水量 X_C 及降速阶段的传质系数。目前还没有计算 θ_2 的理论公式。对气流干燥器，若 $X_C < 0.05$ kg（水）/kg（绝干料），则可按下式计算 θ_2：

$$\frac{t_2 - \theta_2}{t_2 - t_{w2}} = \frac{r_{tw2}(X_2 - X^*) - C_s(t_2 - t_{w2})\left(\dfrac{X_2 - X^*}{X_c - X^*}\right)^{\frac{r_{tw2}(X_c - X^*)}{C_s(t_2 - t_{w2})}}}{r_{tw2}(X_c - X^*) - C_s(t_2 - t_{w2})} \tag{1}$$

应用上式计算 θ_2 要用试差法。

$$\text{绝干物料流量} \quad G = \frac{G_1}{1 + X_1} = \frac{180}{1 + 0.2} = 150 \text{ kg/h} = 0.0417 \text{ kg/s}$$

$$\text{水分蒸发量} \quad W = G(X_1 - X_2) = 0.0417 \times (0.2 - 0.002) = 0.00826 \text{ kg/s}$$

下面利用物料衡算及热量衡算方程求解空气离开干燥器时的湿度 H_2。围绕干燥器做物料衡算，得

$$L(H_2 - H_1) = W = 0.00826 \text{ kg/s}$$

$$L = \frac{0.00826}{H_2 - 0.0075} \tag{2}$$

空气的进出口焓值为

$I_1 = (1.01 + 1.88 H_1)t_1 + 2490 H_1$

$\quad = (1.01 + 1.88 \times 0.0075) \times 90 + 2490 \times 0.0075$

$\quad = 110.8$ kJ/kg（绝干料）

$I_2 = (1.01 + 1.88 H_2)t_2 + 2490 H_2$

$\quad = (1.01 + 1.88 H_2) \times 65 + 2490 H_2$

$\quad = 65.65 + 2612.2 H_2$

设 $\theta_2 = 49$ ℃，则湿物料的进出口焓值为

$$I'_1=(C_s+C_wX_1)\theta_1=(1.26+4.187\times0.2)\times15=31.46 \text{ kJ/kg(绝干料)}$$

$$I'_2=(C_s+C_wX_2)\theta_2=(1.26+4.187\times0.002)\times49=62.15 \text{ kJ/kg(绝干料)}$$

围绕干燥器做热量衡算

$$LI_1+GI'_1=LI_2+GI'_2$$

并代入上面的焓值和流量值,得到

$$45.15L-2\,612.2H_2L=1.279\,8 \tag{3}$$

联立(2)和(3)求解,得

$$H_2=0.016\,74 \text{ kg(水汽)/kg(绝干气)}$$

$$L=0.893\,9 \text{ kg(绝干气)/s}$$

根据 $t_2=65$ ℃、$H_2=0.016\,74$ kg(水汽)/kg(绝干气,由 $H-I$ 图查得 $t_{w2}=31$ ℃,由内插法查得 $r_{tw2}=2\,421$ KJ/kg。

将以上诸值代入式(1)以核算所假设的温度 θ_2,即

$$\frac{65-\theta_2}{65-31}=\frac{2\,421\times0.002-1.26\times(65-31)\times\left(\dfrac{0.002-0}{0.014\,55-0}\right)^{\frac{2\,421\times0.014\,55}{1.26\times(65-31)}}}{2\,421\times0.014\,55-1.26\times(65-31)}$$

解得:$\theta_2=49.2$ ℃

故假设 $\theta_2=49$ ℃是正确的。

(2) 计算干燥管的直径 D

$$D=\sqrt{\frac{L\nu_H}{\dfrac{\pi}{4}u_g}}$$

其中,$\nu_H=(0.772+1.244H_1)\times\dfrac{273+t_1}{273}=(0.772+1.244\times0.007\,5)\times\dfrac{273+90}{273}$

$$=1.04 \text{ m}^3/\text{kg(干空气)}$$

取空气进入干燥管的速度 $u_g=10$ m/s,则

$$D=\sqrt{\frac{L\nu_H}{\dfrac{\pi}{4}u_g}}=\sqrt{\frac{0.893\,9\times1.04}{\dfrac{\pi}{4}\times10}}=0.344 \text{ m}$$

(3) 计算干燥管的高度

$$h=\tau(u_g-u_0)$$

式中,τ——颗粒在气流干燥器内的停留时间,即干燥时间,单位 s;

u_0——颗粒沉降速度,单位 m/s。

① 根据重力沉降中的沉降速度公式计算 u_0。

假设颗粒处于过渡区，即 $R_{e0} \approx 1 \sim 1\,000$，则阻力系数 $\xi = \dfrac{18.5}{R_{e0}^{0.6}}$，代入沉降速度公式并整理为 u_0 的显式形式

$$u_0 = \left[\frac{4(\rho_s - \rho)g d_{pm}^{1.6}}{55.5 \rho \nu_g^{0.6}}\right]^{\frac{1}{1.4}}$$

空气的物性粗略地按绝干空气，且取进出干燥器的平均温度 t_m 求算，即

$$t_m = \frac{65+90}{2} = 77.5 \ ℃$$

由查表得 77.5 ℃时绝干空气的物性为

$$\lambda = 3.03 \times 10^{-5} \ kW/(m \cdot ℃) \quad \rho = 1.007 \ kg/m^3$$

$$\mu = 2.1 \times 10^{-5} \ Pa \cdot s \quad \nu = \frac{\mu}{\rho} = \frac{2.1 \times 10^{-5}}{1.007} = 2.085 \times 10^{-5} \ m^2/s$$

所以

$$u_0 = \left[\frac{4(1\,544-1.007) \times 9.81 \times (0.23 \times 10^{-3})^{1.6}}{55.5 \times 1.007 \times (2.085 \times 10^{-5})^{0.6}}\right]^{\frac{1}{1.4}} = 1.04 \ m/s$$

核算

$$R_{e0} = \frac{d_{pm}u_0}{\nu} = \frac{0.23 \times 10^{-3} \times 1.04}{2.085 \times 10^{-5}} = 11.5$$

所以假设 R_{e0} 值在 $1 \sim 1\,000$ 范围内是正确的，相应的 $u_0 = 1.04 \ m/s$ 也是正确的。

② 计算 u_g

前面取空气进干燥器的速度为 10 m/s，相应温度 $t_1 = 90\ ℃$，现校核为平均温度 $t_m = 77.5\ ℃$下的速度

$$u_g = \frac{10 \times (273+77.5)}{273+90} = 9.66 \ m/s$$

③ 计算 τ

$$\tau = \frac{Q}{\alpha S_p \Delta t_m}$$

其中：Q——传热速率，单位 kW；

$\quad \alpha$——对流传热系数，单位 $kW/(m^2 \cdot ℃)$；

$\quad S_p$——每秒钟内颗粒提供的干燥面积，单位 m^2/s；

$\quad \Delta t_m$——平均温度差，单位℃。

$$S_p = \frac{6G}{d_{pm}\rho_s} = \frac{6 \times 0.041\,7}{0.23 \times 10^{-3} \times 1\,544} = 0.705 \ m^2/s$$

$$Q = Q_1 + Q_2$$

$$Q_1 = G[(X_1 - X_C)r_{tw1} + (C_s + C_w X_1)(t_{w1} - \theta_1)]$$

根据 $t_1 = 90\ ℃$、$H_1 = 0.007\ 5\ \text{kg(水)/kg(绝干气)}$,由湿焓图可查出 $t_{w1} = 32\ ℃$,相应的水的汽化潜热 $r_{tw1} = 2\ 419.2\ \text{kJ/kg}$,故

$$Q_1 = 0.041\ 7 \times [(0.2 - 0.014\ 55) \times 2\ 419.2 + (1.26 + 4.187 \times 0.2)(32 - 15)] = 20.2\ \text{kW}$$

而

$$Q_2 = G[(X_C - X_2)r_{tm} + (C_s + C_w X_2)(\theta_2 - t_{w1})]$$

第二阶段物料平均温度 $t_m = \dfrac{49 + 32}{2} = 40.5\ ℃$,相应水的汽化潜热 $r_{tm} = 2\ 400\ \text{kJ/kg}$,所以

$$Q_2 = 0.041\ 7 \times [(0.014\ 55 - 0.002) \times 2\ 400 + (1.26 + 4.187 \times 0.002)(49 - 32)] = 2.16\ \text{kW}$$

$$Q = 20.2 + 2.16 = 22.36\ \text{kW}$$

$$\Delta t_m = \frac{(t_1 - \theta_1) - (t_2 - \theta_2)}{\ln \dfrac{t_1 - \theta_1}{t_2 - \theta_2}} = \frac{(90 - 15) - (65 - 49)}{\ln \dfrac{90 - 15}{65 - 49}} = 38.2\ ℃$$

空气与运动着的颗粒间的传热系数用下式计算:

$$\alpha = (2 + 0.54 R_{e0}^{\frac{1}{2}})\frac{\lambda}{d_{pm}} = (2 + 0.54 \times 11.5^{\frac{1}{2}})\frac{3.03 \times 10^{-5}}{0.23 \times 10^{-3}} = 0.505\ \text{kW/(m}^2 \cdot ℃)$$

所以

$$\tau = \frac{22.36}{0.505 \times 0.705 \times 38.2} = 1.64\ \text{s}$$

$$z = \tau(u_g - u_0) = 1.64 \times (9.66 - 1.04) = 14.1\ \text{m}$$

习 题

1. 已知湿空气总压为 50.65 kPa,温度为 70 ℃,相对湿度为 10%,试求:(1) 湿空气中水汽分压;(2) 湿度;(3) 湿空气的密度;(4) 比热;(5) 焓值。

2. 已知空气的干燥温度为 60 ℃,湿球温度为 30 ℃,试计算空气的湿含量 H,相对湿度 φ,焓 I 和露点温度 t_d。

3. 湿度为 0.015 kg 水/kg 干空气的湿空气在预热器中加热到 125 ℃后进入常压等焓干燥器中,离开干燥器时空气的温度为 49 ℃,求离开干燥器时露点温度。

4. 将某湿空气($t_0 = 25\ ℃$, $H_0 = 0.020\ 4$ kg 水/kg 绝干气),经预热后送入常压干燥器。试求:(1) 将该空气预热到 50 ℃时所需热量,以 kJ/kg 绝干气表示。(2) 将它预热到 120 ℃时相应的相对湿度值。

5. 在常压连续干燥器中,将某物料从含水量 10% 干燥至 0.5%(均为湿基),绝干物料

比热为 1.5 kJ/(kg·℃),干燥器的生产能力为 3 600 kg 绝干物料/h,物料进、出干燥器的温度分别为 20 ℃和 70 ℃。热空气进入干燥器的温度为 130 ℃,湿度为 0.005 kg 水/kg 绝干空气,离开时温度为 50 ℃。热损失忽略不计,试确定干空气的消耗量及空气离开干燥器时的温度。

6. 某厂利用气流干燥器将含水 20%的物料干燥到含水为 5%(均为湿基),已知每小时处理的原料量为 1 000 kg,于 40 ℃进入干燥器,假设物料在干燥器中的温度变化不大,空气的干球温度为 20 ℃,湿球温度为 16.5 ℃,空气经预热器预热后进入干燥器,出干燥器的空气干球温度为 60 ℃,湿球温度为 40 ℃,干燥器的热损失很小可略去不计,试求:(1) 需要的空气量为多少 m³·h⁻¹(以进预热器的状态计);(2) 空气进干燥器的温度。

7. 在常压连续干燥器中,将某物料从含水量 5%干燥至 0.2%(均为湿基),绝干物料比热为 1.9 kJ/(kg·℃),干燥器的生产能力为 7 200 kg 湿物料/h,空气进入预热器的干、湿球温度分别为 25 ℃和 20 ℃。离开预热器的温度为 100 ℃,离开干燥器的温度为 60 ℃,湿物料进入干燥器时温度为 25 ℃,离开干燥器为 35 ℃,干燥器的热损失为 550 kJ/kg 汽化水分。试求产品量、空气消耗量和干燥器热效率。

8. 某湿物料在常压理想干燥器中进行干燥,湿物料的流率为 1 kg/s,初始湿含量(湿基,下同)为 3.5%,干燥产品的湿含量为 0.5%。空气状况为:初始温度为 25 ℃、湿度为 0.005 kg 水/kg 干空气,经预热后进干燥器的温度为 160 ℃,如果离开干燥器的温度选定为 60 ℃或 40 ℃,试分别计算需要的空气消耗量及预热器的传热量。又若空气在干燥器的后续设备中温度下降了 10 ℃,试分析以上两种情况下物料是否返潮。

9. 由实验测得某物料干燥速率与其所含水分呈直线关系。即 $-\frac{dX}{dr}=K_X X$。在某干燥条件下,湿物料从 60 kg 减到 50 kg 所需干燥时间 60 分钟。已知绝干物料重 45 kg,平衡含水量为零。试问将此物料在相同干燥条件下,从初始含水量干燥至初始含水量的 20%需要多长时间?

10. 已知常压、25 ℃下水分在氧化锌与空气之间的平衡关系为:相对湿度 $\varphi=100\%$时,平衡含水量 $X^*=0.02$ kg 水/kg 干料;相对湿度 $\varphi=40\%$时,平衡含水量 $X^*=0.007$ kg 水/kg 干料。现氧化锌的含水量为 0.25 kg 水/kg 干料,令其与 25 ℃、$\varphi=40\%$的空气接触。试问物料的自由含水量、结合水分及非结合水分的含量各为多少?

11. 干球温度 t_0 为 20 ℃、湿球温度为 15 ℃的空气预热至 50 ℃后进入干燥器,空气离开干燥器时相对湿度 φ_2 为 50%,湿物料经干燥后湿基含水量从 50%降至 5%,湿物料流量为 2 500 kg/h。试问:① 若等焓干燥过程,则所需空气流量和热量为多少? ② 若热损失为 120 kW,忽略物料中水分带入的热量及其升温所需热量,则所需空气量和热量又为多少? 干燥器内不补充热量。

12. 在恒定干燥条件下的箱式干燥器内,将湿染料由湿基含水量 45%干燥到 3%,湿物料的处理量为 5 000 kg 湿染料,实验测得:临界湿含量为 30%,平衡湿含量为 1%,总干燥时间为 25 h。试计算在恒速阶段和降速阶段平均每小时所蒸发的水分量。

13. 某湿物料经过 5.5 h 的干燥,含水量由 0.35(干基,下同)降到 0.10,若在相同的干燥条件下,要求物料含水量由 0.35 降到 0.05,试求干燥时间。物料的临界含水量为 0.15,

平衡含水量为 0.04。假设在降速阶段中干燥速率与物料的自由含水量($X-X^*$)成正比。

14. 某物料在定态空气条件下做间歇干燥。已知恒速干燥阶段的干燥速率为 1.1 kg/(m²·h)，每批物料的处理量为 1 000 kg 干料，干燥面积为 55 m²。试估计将物料从 0.15 kg 水/kg 干料干燥到 0.005 kg 水/kg 干料所需的时间。物料的平衡含水量为零，临界含水量为 0.125 kg 水/kg 干料。作为粗略估计，可设降速阶段的干燥速率与自由含水量成正比。

思考题

1. 指出下列基本概念的联系和区别：

(1) 绝对湿度与相对湿度；(2) 露点温度与沸点温度；(3) 干球温度与湿球温度；(4) 绝热饱和温度与湿球温度。

2. 在 H-I 图上分析湿空气的 t、t_d 及 t_w(或 t_{as})之间的大小顺序。在何种条件下三者相等？

3. 试说明湿空气 H-I 图上的等干球温度线、等相对湿度线、蒸气分压线是如何标绘出来的。

4. 当湿空气总压变化时，湿空气 H-I 图上各种曲线将如何变化？如保持 t、H 不变，将总压提高，这对干燥操作是否有利？为什么？

5. 如何区分结合水与非结合水？请说明理由。

6. 对一定的水分蒸发量及空气的出口湿度，试问应按夏季还是按冬季的大气条件来选择干燥系统的风机？

7. 根据干燥器热效率 η 的定义式讨论提高 η 的途径。

工程案例分析

气流干燥器与流化干燥器的联用

聚氯乙烯(PVC)树脂是一种热敏性、黏度小且多孔性的粉末状物料，其干燥过程包括非结合水分和结合水分的干燥，即经历表面汽化及内部扩散的不同控制阶段。为此，在干燥过程中采用两级装置。第一级主要用于表面水分的汽化，采用气流干燥器，利用其快速干燥的特点，使物料在很短的停留时间内，除去大部分表面水分；此时干燥强度取决于引入的热量，通过加风量和温度，使较高的湿含量能迅速地降至临界湿含量附近。第二级主要用于内部水分扩散，经降低风速和延长时间为宜，故采用流化床干燥器，使湿含量达到最终干燥的要求。

在 PVC 的生产工艺中，PVC 的干燥多采用气流干燥与流化床干燥器联合操作，其中第二级常采用卧式流化干燥器。某工厂经技术改造，用旋风流化干燥器替代卧式流化干燥器，获得了较好的效果，其干燥系统工艺流程如图所示。含水量约为 15％的 PVC 树脂湿料，经螺旋加料器送至第一级气流干燥器中干燥，离开气流干燥器的物料含水量为 3％，再进入下一级旋风流化干燥器进一步干燥，离开时物料含水量降到 0.3％以下，干燥后的物料颗粒经旋风分离器分离下来，经振动筛过筛，进行成品包装；少量细料再经过下一级旋风分离器分离下来，湿空气则由引风机出口排出。

在气流干燥器中,物料以粉粒状分散于气流中,呈悬浮状态,被气流输送而向上运动。要此输送过程中,二者之间发生传热及传质过程,使物料干燥。由于气速很高,物料在气流干燥器中停留时间极短(一般在 2~10 s),除去的是非结合水分。

在旋风流化干燥器中,气流夹带物料颗粒沿切线方向进入,在其中旋流上升。与气流干燥器相比,物料在旋风干燥器中的停留(干燥)时间延长,同时颗粒在热空气中处于流化状态,气、固接触面积大,故干燥强度很大,可将物料内部的结合水分除去,使干燥产品含水量更低、质量更均匀。

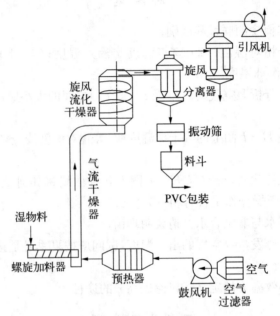

气流-旋风流化干燥系统

该工艺有如下特点:

旋风干燥器结构简单,操作容易,运行平稳,简化了干燥流程和操作控制;

降低了蒸气消耗,可节能 50% 左右;

卧式流化干燥器结构复杂,易积存物料,导致 PVC 树脂黑黄点较高,而旋风干燥器无死角,不积存物料,提高了产品质量;

旋风干燥器内的空气温度只有 50 ℃左右,树脂出口温度在 45 ℃左右,不需要再对树脂进行冷却,也不存在树脂的热解问题,既提高了产品质量,又降低了动力消耗。

提示:因干燥物料的形状和性质各不相同,用单一形式的干燥器常不能达到对物料湿分的要求,或需要单一设备体积过大、或需消耗的能量过大。此时,可将两种或多种形式的干燥器组合起来干燥,可满足干燥产品质量要求、达到节省能量、减少干燥器尺寸的目的。

第6章 燃 烧

学习要求

通过本章学习,要求掌握燃料组成、燃料性质、燃料计算和燃料理论及洁净燃烧技术等,并能够运用这些原理和规律去分析和计算燃烧过程的有关问题。

在世界燃料构成中,各种燃料的使用比例是不断变化的。在18世纪和19世纪上半叶,人们感兴趣的燃料是木材,之后则是煤。20世纪50年代,煤一度成为燃料的主角,之后其所占的比重日益下降,而石油所占的比重则日益增加。到了80年代,石油已成为燃料中的主角,但从世界燃料的使用远景看,煤的储量比石油大很多,因此,世界能源发展将进入一个新阶段,大力增产煤成为当务之急。

从我国现状来看,21世纪我国能源的主要来源仍将是煤(约占70%左右),石油和天然气所占比例较低。在油气资源不足的情况下,石油应首先用于运输式和移动式动力设备,而在地面固定式动力设备和生产中应尽量使用煤,这就是我国燃料政策的出发点。

随着科学技术的发展,煤、石油和天然气已不但是工业生产的热能来源,而且还是化学工业的宝贵原料。由于形成的原因、地质条件与年代的不同,燃料的种类、用途各不相同,在性质上也有明显的差异。燃料的种类、特性对燃烧设备的设计与运行有很大的影响,并与热工设备工作的安全性和经济性密切相关。为了有效地使用燃料、掌握生产工艺对燃料的技术要求,本章将分别介绍各种燃料的特点和使用性能。

6.1 燃料的组成

6.1.1 燃料的种类

燃料是指在燃烧过程中能够发出热量并能利用的可燃物质。从大类可分为矿物燃料和生物燃料。表6.1按种类列出了常用的矿物燃料。

1. 矿物燃料

矿物燃料的种类很多。按物态可分为固体燃料、燃料油和气体燃料。固体燃料中煤使用最普遍。煤是可以燃烧的含有机质的岩石,是古代植物深埋地下,在一定的温度和压力条件下,受到地质条件变化所引起的物理、化学和生物的复杂作用,而形成的一种天然矿物。根据埋藏时间(碳化程度)的长短,煤可分为无烟煤、烟煤、褐煤和泥煤。另外,也可根据煤中挥发分或发热量的大小对煤进行分类。但由于煤的组成、结构和性质极其复杂，到目前为止还没有一种分类方法能概括所有煤种的全部物理化学性质及其各种工业用途。目前工业窑炉中所采用的固体燃料以烟煤、无烟煤较为普遍。

表 6.1 矿物燃料的分类

种类	矿物燃料	
	天然燃料	人工燃料
固体燃料	泥煤、褐煤、无烟煤、油页岩、木柴	木炭、焦炭、粉煤
液体燃料	石油	汽油、煤油、柴油、燃料油（重油、渣油）等
气体燃料	天然气、石油气、矿井气	高炉煤气、发生炉煤气、炼焦炉煤气、地下气化煤气等

液体燃料有石油（原油）及石油加工产品等。石油是产于岩石中以碳氢化合物为主的油状黏稠液体，是生物有机物质经过几百年的地质变化及一系列物理化学变化逐步演变而成。石油是各种烃类的混合物，其各种成分具有不同的沸点，经过加工可制成各种石油产品。如在常压下蒸馏可分别提炼出汽油、煤油、柴油等高质量燃料，剩下的残渣就是直馏重油（常压渣油）；将直馏重油进行减压蒸馏，其残渣为减压渣油，将直馏重油进行裂化，可得到裂化煤气和裂化汽油等动力燃料，其残渣为裂化渣油。一般人们把可以作为燃料的这些石油产品包括轻质和重质称为燃料油。

气体燃料有天然气及人造煤气。天然气是一种蕴藏在地层内的天然气体燃料，成因与石油相似，常从近油田或煤田的地层中逸出，是一种很好的燃料。人造煤气种类很多，如石油气、焦炉煤气、高炉煤气、水煤气、发生炉煤气及城市煤气等。石油气是炼制石油时的副产品，为了便于输送，常加压使之成为液态，故又叫液化石油气。焦炉煤气是煤在炼焦时的副产品，高炉煤气是高炉炼铁时的副产品。水煤气是水蒸气与赤热的无烟煤或焦炭在煤气发生炉中作用而产生的煤气。发生炉煤气则是空气和少量水蒸气与煤或焦炭在煤气发生炉中作用而产生的煤气。城市煤气常由烟煤干馏或石油裂化等方法制取。工业中所采用的气体燃料，天然气、液化石油气和发生炉煤气较多。

2. 生物燃料

当前，随着石油资源的日渐枯竭，国际市场原油价格的持续上涨以及各国环城保护要求的不断提高，各国都在大力发展一种新的燃料——生物燃料。生物燃料属于生物能源，是太阳能以化学能形式储存在生物中的一种能量，它直接或间接地来源于植物的光合作用，并以生物质为载体。生物质主要指薪柴、农林作物、农作物残渣、动物粪便和生活垃圾等。生物燃料蕴藏量极大，仅地球上的植物每年生产的生物燃料量，就相当于目前人类每年消费矿物能的 20 倍。

目前，生物燃料主要有两大类，即生物乙醇和生物柴油。生物乙醇的生产原料主要是含糖量高的农作物，例如甘蔗、玉米、甜菜、大麦或小麦等，通过发酵和糖分转化等加工程序制成酒精，可以直接用于石油的添加剂与汽油混用。掺入 5%～10% 生物乙醇，不但不会减少发动机动力，而且还有助于汽油的充分燃烧，减少硫的排放量，有利于环境保护。生物柴油是用含油植物或动物油脂作为原料的可再生能源，是优质的石油和柴油代用品。

它与传统的柴油相比,具有润滑性能好,储存、运输、使用安全,抗爆性好,燃烧充分等特点。

6.1.2　固体燃料的组成及其换算

燃料是由多种可燃与不可燃物质组成的混合物。固体燃料的组成常用各成分所占质量百分数表示,有元素分析组成和工业分析组成两种表达方法。

从化学元素分析看,固体燃料是由碳(C)、氢(H)、氧(O)、氮(N)、硫(S)五种元素,以及水分和一些矿物杂质(通常统称灰分)所组成。其中碳、氢和硫为可燃成分,而氧、氮、灰分、水分和部分硫(硫酸盐硫)为不可燃成分。

碳、氢是固体燃料的主要可燃成分。理论上,碳、氢完全燃烧放出的热量分别为 32 793 KJ/kg、120 370 KJ/kg,显然氢的发热值是纯碳的 4 倍。煤中碳的含量随煤的变质程度加深而有规律地增加,而氢含量随煤的变质程度加深而减少。

硫(S)是燃料中最有害的可燃元素。硫在燃烧后生成的 SO_2 气体会污染大气,对人体健康带来危害。

氧(O)和氮(N)是固体燃料中的不可燃元素。煤的氧含量也随变质程度的加深而减少。烟煤中氧含量为 2%～10%,无烟煤中则小于 2%。煤中的氮主要来自成煤植物,其含量一般为 0.5%～3.0%,在燃烧时常呈游离状态逸出,不产生热量,但在高温下或有触煤存在时,部分氮会形成 NO,污染大气。

灰分(A)是燃料中不能燃烧的矿物杂质,其来源主要有两个方面,一是形成燃料植物本身的矿物质和燃料形成过程中进入的外来矿物杂质,二是开采运输过程中掺杂进来的灰、沙、土等矿物质。各种煤的灰分量差别较大,一般为 5%～50%。

水分(M)是固体燃料中的有害成分。水分含量高,会降低燃料中其他可燃物的含量,使燃料的发热量降低。水分在汽化过程中会消耗大量热量,且增加烟气量使热损失增加。另外,水分还会加速管道和设备腐蚀。

1. 元素分析组成

固体燃料的元素分析研究的是燃料中所含有机质元素碳(C)、氢(H)、氧(O)、氮(N)、硫(S)五种元素及灰分(ash)和水分(moisture)在其中的质量分数。固体燃料的元素分析是其的固有成分测定,可按如下公式计算:

$$C+H+O+N+S+A+M=100 \tag{6-1}$$

式中,C、H、O、N、S 是可燃质,分别为固体燃料中所含碳、氢、氧、氮、硫的质量分数(×100);A、M 是惰性质,分别为灰分、水分的质量分数(×100)。

2. 工业分析

工业分析是用于分析固体燃料组成的简易方法,也是我国动力用煤成分分析的一个重要项目,被厂矿广泛使用。这种分析按煤的燃烧过程来分析它的成分,把经空气干燥的煤样放入马弗炉中加热,水分会先蒸发,然后因温度升高而裂解,放出可燃气体称为挥发分(volatile),其质量分数(×100)以 V 表示;余下的固定碳与灰分(统称焦炭)放入马弗炉中燃烧,最后剩余的不可燃成分是灰分,其质量分数(×100)以 A 表示,固定碳(fixed carbon)的质量分数(×100)以 FC 表示。工业分析的结果由 M、V、A、FC 组成,这四项之和应为 100:

$$M+V+A+FC=100 \tag{6-2}$$

固体燃料的工业分析是经转化后的生成物的性质分析,就其性质来说是经验性的,它得出的结果并非元素的质量分数。

3. 常用的四种基准

由于煤中的水分与灰分随外界条件的变化而变动,煤中各种成分的质量分数也会随之改变,难以明确地表示它们的含量,因此,需要定出几种基准用以表示在不同状态下煤中各成分的含量,以便于应用和分类。

(1) 收到基:收到基成分(as received)以进入锅炉房的炉前煤,即实际应用或所收到的煤的总量作为计算基数,用脚码"ar"表示(也称为应用基,用上标"y"表示)。

$$C_{ar}+H_{ar}+O_{ar}+N_{ar}+S_{ar}+A_{ar}+M_{ar}=100 \tag{6-3}$$

在进行燃料的燃烧计算和热力计算时,均采用收到基,原煤的水分也以收到基含量表示。

(2) 空干基:空干基成分(air dry)以在实验室经过自然干燥,去掉外在水分的煤的总量作为计算基数,用脚码"ad"来表示(也称为分析基,用上标"f"表示)。煤在实验室中放置时,在室温>20 ℃、相对湿度为 60%的一般正常条件下会失去外在水分,留下一定量的稳定内在水分,称之为空气干燥水分。

$$C_{ad}+H_{ad}+O_{ad}+N_{ad}+S_{ad}+A_{ad}+M_{ad}=100 \tag{6-4}$$

比较收到基水分与空气干燥基水分,可以看出存在如下关系:

$$M_{ad}\times(1-M_{arf})=M_{ar,ink}$$

$$M_{ar}=M_{arf}+M_{ad}\times(1-M_{ar,f}) \tag{6-5}$$

(3) 干燥基:干燥基成分(dry)以去掉全部水分的煤的总量作为计算基数,用脚码"d"表示(也可用上标"g"表示)。煤在运输、贮存和燃烧前干燥时其水分会发生变化,而可燃质和灰分成分都不变。

$$C_d+H_d+O_d+N_d+S_d+A_d=100 \tag{6-6}$$

干燥基成分不受水分变化的影响,常用以表示灰分的含量。

(4) 干燥无灰基:干燥无灰基成分(dry and ask free)以将水分与灰分两种含量不稳定的成分去掉后剩余的煤的总量作为计算基数,用脚码"daf"表示也称为可燃基,也可用上标"r"表示。

$$C_{daf}+H_{daf}+O_{daf}+N_{daf}+S_{daf}=100 \tag{6-7}$$

干燥无灰基组成不受水分、灰分变化的影响,可以比较准确地表示出燃料的实质。同一煤矿、同一煤层所采煤的可燃质成分变化很小,而灰分、水分的变化则很大。

干燥无灰基常用来表示煤中挥发分的含量,而挥发分含量又常常用以判别煤种及其属性。

同样,煤的工业分析成分也有收到基、空干基、干燥基、干燥无灰基等基准,可以分别用下列诸式表示:

$$FC_{ar} + V_{ar} + A_{ar} + M_{ar} = 100 \qquad (6-8)$$

$$FC_{ad} + V_{ad} + A_{ad} + M_{ad} = 100 \qquad (6-9)$$

$$FC_d + V_d + A_d = 100 \qquad (6-10)$$

$$FC_{daf} + V_{daf} = 100 \qquad (6-11)$$

4. 各种基准的换算

实验室中实际分析工作所得到的是空干基成分,然后再根据水分含量等不同而换算成其他基的成分。表6.2为各种基准成分之间的换算因子。

表6.2 煤的不同基准的换算因子

已知成分	脚码	所求成分			
		收到基	空干基	干燥基	干燥无灰基
收到基	ar	1	$\dfrac{100-M_{ad}}{100-M_{ar}}$	$\dfrac{100}{100-M_{ar}}$	$\dfrac{100}{100-M_{ar}-A_{ar}}$
空干基	ad	$\dfrac{100-M_{ar}}{100-M_{ad}}$	1	$\dfrac{100}{100-M_{ad}}$	$\dfrac{100}{100-M_{ad}-A_{ad}}$
干燥基	d	$\dfrac{100-M_{ar}}{100}$	$\dfrac{100-M_{ad}}{100}$	1	$\dfrac{100}{100-A_d}$
干燥无灰基	daf	$\dfrac{100-M_{ar}-A_{ar}}{100}$	$\dfrac{100-M_{ad}-A_{ad}}{100}$	$\dfrac{100-A_d}{100}$	1

图6-1所示为各种基准成分之间的关系及其与元素分析之间的关系,其中S_p为不燃的硫酸盐硫品为可燃硫,M_i为内在水分,M_a为外在水分。

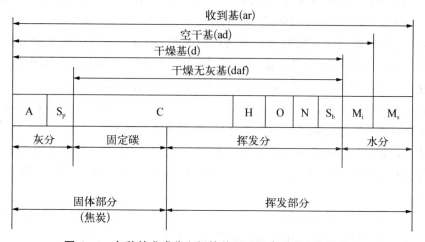

图6-1 各种基准成分之间的关系及元素分析之间的关系

【例 6-1】 已知煤的工业分析值 $C_{ad}=35\%$，$M_{ad}=10\%$，$M_{ad}=8\%$，求 C_{ar}。

解:1 kg 收到基燃料折合成空气干燥基燃料时,总质量为 $(1-M_{ar,f})$ kg。

用物质平衡关系:收到基时含碳量=空气干燥基时的含碳量,故

$$C_{ar}=(1-M_{ar,f})\times C_{ad}$$

由式(6-5)可得

$$M_{ar,f}=\frac{M_{ar}-M_{ad}}{1-M_{ad}} \tag{6-12}$$

代入上式得

$$C_{ar}=C_{ad}\times\frac{1-M_{ar}}{1-M_{ad}} \tag{6-13}$$

或

$$C_{ad}=C_{ar}\times\frac{1-M_{ad}}{1-M_{ar}}$$

所以

$$C_{ar}=\frac{35\%\times(1-10\%)}{1-8\%}=34.2\%$$

6.1.3 液体燃料的组成

天然的液体燃料为石油。石油是黑褐色的黏稠液体,其形成过程与煤相似。燃油主要是指从石油中炼制出的各种成品油,也可以从煤、生物质及天然气加工制得。燃油具有发热量高、运输储存比煤方便、燃烧污染较低等许多优点,是一种较理想的燃料。

1. 液体燃料的化学成分及其表示方法

石油类液体燃料主要由碳氢化合物(烃类)和非碳氢化合物(胶状物质等)组成。碳氢化合物主要是烷烃(C_nH_{2n+2})、环烷烃(C_nH_{2n})、芳香烃(C_nH_{2n-6})和烯烃(C_nH_{2n})。

石油所含各种碳氢化合物的分析方法比较困难,所以一般很少提供这方面的资料。根据元素分析的结果,石油也是由碳、氢、氧、氮、硫、水分与灰分组成。和固体燃料一样,可以采用元素成分碳、氢、氧、氮、硫、灰分、水分的质量分数表示其组成。

燃油的成分变化不大,含水分、灰分很少($M_{ar}=1\%\sim3\%$,$A_{ar}<1\%$),所以液体燃料的化学成分的表示方法比固体燃料简单,仅用收到基就可以表示。

燃油中的主要可燃元素碳元素的含量为 $83\%\sim87\%$,氢元素的含量为 $11\%\sim14\%$,两者在燃油中的总含量为 $98\%\sim99.8\%$,故其发热量相当高,低位发热量一般为 $39\,800\sim44\,000$ kJ/kg。

燃油中硫元素的含量为 $0.5\%\sim3\%$。重油含硫较高时,对锅炉尾部受热面的腐蚀、堵灰和环境污染影响很大。燃油中含硫的破坏作用较煤更为严重,这是由于燃油中的含氢量较煤高得多,燃烧生成的水蒸气也较多,因而硫燃烧后生成的氧化物很容易生成硫酸和

亚硫酸。

燃油中的灰分大多是碱金属或碱土金属的氯化物或硫酸盐,其含量一般在 0.05% 以上。虽然它们的含量不大,但当燃油燃烧后,它们将以灰渣的形式随烟气流动,遇冷后会附着在固体型面上形成灰垢,从而影响传热、堵塞气流通道和腐蚀设备。

燃油中的水分规定在 2% 以下。在贮存、装卸、运输过程中,水分可能会增加,在炼制过程中水分也会发生变化。燃油中含水在大多数情况下都是不利的。自然混入的水以游离状态存在,会使设备受到腐蚀,水分过多将降低燃料的热值(即发热量),当油水分层时还会造成无法燃烧。

2. 石油产品的理化性质

烃类燃料是各种烃类的复杂混合物,它的理化性质是各组成成分性能的平均值。燃油的主要性质有黏性、密度、闪点、燃点、凝固点、灰分、硫分、机械杂质、发热量和导热系数等。

1) 黏性

在工程中,重油黏度一般仍沿用恩氏黏度,单位为°E。恩氏黏度用恩氏黏度计测定,用 200 mL 温度为 t(单位:℃)的燃油流过恩氏黏度计的标准容器所需时间与同体积的 20 ℃ 的蒸馏水流过同一标准容器所需时间之比,表示该油在温度为 t ℃ 时的恩氏黏度。

$$E_t = \frac{t \text{ ℃ 200 mL 油流出的时间}}{20 \text{ ℃ 200 mL 水流出的时间}} \qquad (6-14)$$

式中,E_t 为温度为 t ℃ 时油的恩氏黏度,°E。

相同温度下,运动黏度与恩氏黏度 E 之间的换算关系式为:

$$\upsilon = 7.31E - \frac{6.31}{E} \qquad (6-15)$$

式中,υ 为运动黏度,单位 mm^2/s。

2) 闪点和燃点

燃油加热到适当的温度后,其中相对分子质量最小、沸点最低的组分会蒸发汽化。随着燃油温度的提高,油面附近空气中油蒸气的浓度越来越大。当有火源接近时,油面出现短促的蓝色闪光的最低温度,称为闪点。

闪点可用专门的仪器测定,测定方法有开口杯法与闭口杯法。开口杯法一般用于测定闪点较高的油种,如加重油、润滑油等;闭口杯法则用于测定闪点较低的油,如汽油、柴油等。对同一种油种,用开口杯法测定的闪点较闭口杯法要高出 15~25 ℃。

所谓燃点,即当燃油达到此温度后,已汽化的油气遇到明火能持续燃烧(不少于 5 s)的最低温度。燃点显然高于闪点,一般要高出 10~30 ℃,甚至更多。闪点与燃点都是燃油中轻质油含量的一种间接表示方法。轻质油少,则闪点与燃点就高,防火安全性就好。

3) 凝固点

凝固点是指当温度降低到某一值时,燃油变得很黏稠,以致使盛有燃油的器皿倾斜45°时,其中燃油油面在 1 min 内可保持不动。凝固点越高,燃油的低温流动性就越差。当温度低于凝固点时,燃油就无法在管道中输送。

4) 相对密度

在我国,燃油的密度通常以相对值表示,即以燃油在 20 ℃ 下的密度与纯水在 4 ℃ 时的密度($1\ t/m^3$)之比表示,记以符号 d_4^{20}。燃油在其他温度 t 下的相对密度 d_4^t 可按下式换算:

$$d_4^{20} = d_4^t + \alpha(t-20)$$

式中 α 为温度校正系数,可由表 6.3 查出石油类燃油的 α 值。

表 6.3　温度校正系数

相对密度 d_4^{20}	温度校正系数 $\alpha/℃^{-1}$	相对密度 d_4^{20}	温度校正系数 $\alpha/℃^{-1}$
0.800 0~0.809 9	0.000 765	0.900 0~0.909 9	0.000 638
0.810 0~0.819 9	0.000 752	0.910 0~0.919 9	0.000 620
0.820 0~0.829 9	0.000 738	0.920 0~0.929 9	0.000 607
0.830 0~0.839 9	0.000 725	0.930 0~0.939 9	0.000 594
0.840 0~0.849 9	0.000 712	0.940 0~0.949 9	0.000 581
0.850 0~0.859 9	0.000 699	0.950 0~0.959 9	0.000 567
0.860 0~0.869 9	0.000 686	0.960 0~0.969 9	0.000 554
0.870 0~0.879 9	0.000 673	0.970 0~0.979 9	0.000 541
0.880 0~0.889 9	0.000 660	0.980 0~0.989 9	0.000 528
0.890 0~0.899 0	0.000 647	0.990 0~0.999 9	0.000 515

5) 比热容和导热系数

比热容和导热系数表示了燃料油的物性中与热量传递有关的性能。燃油的比热容和油的种类有关,并随着温度的升高略有增加。燃油的比热容一般为 $1.8 \sim 2.1\ kJ/(kg \cdot ℃)$。根据实验数据得出的一些经验公式中,下列计算式比较适用:

$$C_t = 1.74 + 0.002\ 5t \qquad (6-16)$$

式中,C_t 为燃油在温度为 t 时的比热容,$kJ/(kg \cdot ℃)$。

燃油的导热系数与油的相对密度 d_4^{20}。和温度 t 有关。在相对密度 $d_4^{20} = 0.75 \sim 0.85$ 时,燃油的导热系数 λ(单位:$W \cdot m^{-1} \cdot ℃^{-1}$)可按下式计算:

$$\lambda = 0.111 - (t-20)\frac{5.46 \times 10^{-5}}{d_4^{20}} \qquad (6-17)$$

与实际数据相比,用式(6-17)计算相对密度较大的燃油的导热系数时误差较大,计算重油时可达 $6\% \sim 14\%$,计算裂化渣油时可达 25%。

对裂化渣油和直馏燃油,可按下式计算:

$$\lambda_t = \lambda_{20} - k(t-20) \qquad (6-18)$$

式中,λ_t 为燃油在温度为 t 时的导热系数,$W/(m \cdot ℃)$;λ_{20} 为燃油在 20 ℃ 时的导热系数,

W/(m·℃);k 为温度系数。

对裂化渣油,$\lambda_{20}=0.158$ W/(m·℃);对直馏燃油,$\lambda_{20}=0.145$ W/(m·℃)。对裂化渣油,$k=0.000\ 21$;对直馏燃油(50 ℃时黏度≤100 °E),$k=0.000\ 13$。

6)机械杂质和残碳

机械杂质含量是指一定量的油样用有机溶剂溶解后,不溶的残留物(经烘干)与油样的质量比值。

残碳是指油在隔绝空气的条件下加热,蒸发出油蒸气后剩余的固体碳,其大小以残碳率(质量分数)表示。残碳率高,可以提高火焰黑度,增强火焰辐射能力。

7)掺混适应性

掺混适应性是表示不同燃油掺混时产生分层和沉淀倾向的指标。为了达到使用要求,有时需将重油与柴油掺混以降低黏度,有时需将不同重油掺混使用。常用的检验方法是将掺混后的燃油在 315 ℃下加热 20 h,观察有无固体凝块附着于器壁上。

6.1.4 气体燃料的组成

1. 气体燃料的化学组成成分及其表示

气体燃料包括天然气与人造煤气两种类型。天然气可作为人造石油及多种化学工业的原料,只有少数产区附近的锅炉把它作为燃料使用。对于某些工艺要求比较严格的加热炉和热处理炉(尤其是低温热处理炉),为了便于控制炉温和炉气的化学成分,以保证产品的表面品质,除了电能之外,气体燃料是最理想的燃料了。

气体燃料由一些单一气体混合而成,包括可燃气体和不可燃气体。组成气体燃料的可燃气体主要有:一氧化碳、氢气、甲烷、乙烷、乙烯和硫化氢等。除了可燃气体外,在气体燃料中还有一些不可燃气体,如二氧化碳、氮气、氧气及水蒸气等。常见气体燃料的主要成分见表6.4。

6.4 气体燃料的成分及发热量

气体燃料种类	气体燃料的体积分数/%											低位发热量/(kJ·m^{-3})
	CH_4	C_2H_6	C_3H_8	C_4H_{10}	C_mH_n	H_2	CO	CO_2	H_2S	N_2	C_2	
气田煤气	97.42	0.94	0.16	0.03	0.06	0.08		0.52	0.03	0.76		35 600
油田气	88.59	6.06	2.02	1.54	0.06	0.07		0.2		1.46		39 327
液化石油气		50	50									104 670
发生炉煤气	1.8				0.4	8.4	30.4	2.2		56.4	0.24	5 650
水煤气	2.6					33.3	29.3	17.8		16.9		8 996
高炉煤气						2	27	11		60		3 678
焦炉煤气					1.9	57.5	6.8	2.3	0.4	7.8	0.8	16 600

气体燃料的化学组成是用各单一气体的体积分数来表示的。通常,把气体燃料分为干气体组成(不包含水分)和湿气体组成(包含水分)两种表示方法。气体燃料中的水分含量(大致为某温度下的饱和水蒸气量)随气体的温度变化而变动。作为燃料的特性资料多

用干气体组成表示,而进行燃烧计算、热力计算时,则用湿气体组成表示。因此,经常需要进行这两种组成之间的换算。干气体组成用上标"g"表示,可写成:

$$CO^g + H_2^g + CH_4^g + C_2H_4^g + C_2H_6^g + \cdots + CO_2^g + O_2^g + N_2^g = 100 \qquad (6-19)$$

湿气体组成上标"s"表示,可写成:

$$CO^s + H_2^s + CH_4^s + C_2H_4^s + C_2H_6^s + \cdots + CO_2^s + O_2^s + N_2^s + H_2O^s = 100 \qquad (6-20)$$

比较以上两式,各单一气体成分干、湿气体组成之间的换算可写成:

$$x^s = x^g \frac{100 - H_2O^s}{100} \qquad (6-21)$$

式中,x^s,x^g 为某种单一气体的体积分数($\times 100$);H_2O^s 为气体燃料中的水蒸气的体积分数($\times 100$)。

2. 气体燃料的理化性质

1）着火温度（即燃烧温度）

燃气开始燃烧时的温度称为着火温度。单一可燃气体在空气中的着火温度见表6.5,在纯氧中的着火温度比在空气中低 $50 \sim 100$ ℃。

2）爆炸浓度极限

同燃料油蒸气,可燃气体与空气的浓度达到某个范围时,一遇明火会发生爆炸。常见气体燃料的爆炸浓度极限见表6.6。

表 6.5　单一可燃气体在空气中的着火温度

气体名称	氢	一氧化碳	甲烷	乙炔	乙烯	乙烷	丙烯
着火温度 T(K)	673	878	813	612	698	788	733
气体名称	丙烷	丁烯	正丁烷	戊烯	戊烷	苯	硫化氢
着火温度 T(K)	723	658	638	563	533	833	543

表 6.6　常见气体燃料的爆炸浓度极限

名称	爆炸极限浓度		名称	爆炸极限浓度	
	上限	下限		上限	下限
甲烷	5.0	15.0	焦炉煤气	4.5	35.8
乙烷	2.9	13.0	发生炉煤气	21.5	67.5
乙烯	2.7	34.0	水煤气	6.2	70.4
乙炔	2.5	80.0	干井天燃气	5.0	15
苯	1.2	8.0	油田伴生气	4.2	14.2
氢气	4.0	75.9	液化石油气	1.7	9.7

6.2 燃料的燃烧理论及过程

燃烧是指燃料中的可燃物与空气发生剧烈的氧化反应,产生大量的热量并伴随有强烈发光的现象。

燃烧过程是一个极其复杂的综合过程,伴随有化学反应、流动、传热和传质等化学及物理过程,这些过程之间相互影响、相互制约。燃烧可以产生火焰,而火焰又能在适当的可燃介质中自行传播。这种火焰能自行传播的特性是燃烧反应区别于其他化学反应的最主要特征。

燃烧可分为普通燃烧和爆炸性燃烧两种类型。普通燃烧亦即正常的燃烧现象,靠燃烧层的热气体传质、传热给邻近的可燃气体混合物层而实现燃烧。在火焰传播过程中,传播速度较慢(为 $1\sim3$ m/s),燃烧时压力变化较小,一般可视为等压过程。另一种是爆炸性燃烧,是靠压力波将冷的可燃气体混合物加热至着火温度以上而实现燃烧,通常是在高压、高温下进行,且火焰传播速度大,为 $1\,000\sim4\,000$ m/s。工业窑炉的燃料燃烧过程均属于普通(正常的)燃烧。本章所涉及的理论及现象仅就普通(正常的)燃烧而言。

6.2.1 燃烧理论

固体、液体及气体燃料的化学组成各不相同,但从燃烧的角度来看,各种不同燃料均可归纳为两种基本组成:一种是可燃气体,如 H_2、CO 及 $C_m H_n$ 等;另一种是固态碳。例如,液体燃料受热汽化形成气态烃类,同时在高温缺氧处,煤气中的重碳氢化合物裂解,生成炭黑。而燃烧固体燃料时,首先是挥发分逸出,随后是可燃气体和固态碳燃烧。因此要了解燃料的燃烧理论,需先分别了解两种基本燃料可燃组分的燃烧。

1. 可燃气体的燃烧

已有的研究表明,可燃气体的燃烧过程并不是像上节燃烧计算所介绍的化学反应式那么简单,而是一系列连锁反应。连锁反应的发生必须要有连锁刺激物(中间活性物)的存在,如 H、O 及 OH。它们是由于分子间的互相碰撞、气体分子在高温下的分解或电火花的激发而产生的。

氢的燃烧反应是按连续分支连锁过程进行,H 为连锁刺激物,其连锁反应方程如下:

$$H+3H_2+O_2 \longrightarrow 2H_2O+3H$$

在上述的连锁反应过程中,以反应 $H+O_2 \longrightarrow OH+O$ 的速率最慢,它控制着整个连锁反应的总速度。

一氧化碳的燃烧与氢相似,其连锁反应过程如下:

$$H+O_2 \begin{cases} O+CO \longrightarrow CO_2 \\ OH+CO \longrightarrow CO_2 \\ \quad\quad\quad H \end{cases}$$

气态烃的燃烧,比氢或一氧化碳更复杂些,现以甲烷为例,其连锁反应过程如下:

$$CH_4 + O \longrightarrow CH_4O + O_2 \quad \overset{O}{\underset{CH_4O}{\searrow}} \quad \overset{H_2O}{\underset{HCHO + O_2}{\searrow}} \quad \overset{H_2O}{\underset{O}{\searrow}} HCOOH \quad \overset{H_2O}{\longrightarrow} CO + O \longrightarrow CO_2$$

显然,在氢气或一氧化碳的燃烧过程中,有氢或水汽的存在,可产生刺激物,加速反应的进行。而甲醛的存在,可产生 O 活性原子刺激物,对烃类的燃烧有利。

由此可知,可燃气体的燃烧是按连锁反应进行的。当可燃气体与空气的混合物加热至着火温度后,要经过一定的感应期,才能迅速燃烧。在感应期内不断生成含有高能量的中间活性物,此期间没有放出大量热量,故不能立即使邻近层气体温度升高而燃烧,这一现象叫作延迟着火。延迟着火时间不仅与可燃气体的种类有关,还与温度及压强有关。温度愈高,压强愈大,延迟着火时间愈短。

2. 固态碳的燃烧

碳的燃烧是两相(气-固相)反应的物理-化学过程,它是在碳表面上进行的,故与在整个容积中进行的均匀气相燃烧反应之间有很大差别。这里所指的表面不仅包括碳粒的外表面,还包括由碳粒表面裂缝(常称内孔)所构成的内孔表面。

在碳表面所进行的燃烧由以下分过程组成:

① 氧扩散至碳表面;

② 氧吸附于碳表面;

③ 氧与碳进行化学反应,产生生成物;

④ 生成物由碳表面解吸;

⑤ 解吸后的生成物扩散至周围环境。

下面重点讨论碳与氧的化学反应过程。

(1) 碳和氧反应的机理

碳的燃烧是两相(气-固相)反应的物理-化学过程。氧气扩散至碳粒表面与它作用,生成 CO 及 CO_2 气体后再从表面扩散出来。关于碳和氧反应的机理,有不同的说法,这里仅描述其中一种说法。

Hottel 在分析研究燃烧速度的同时,对固体燃料的燃烧机理进行了研究,他归纳出碳燃烧机理的四种可能性:

① 碳在表面仅氧化为一氧化碳。

$$C + \frac{1}{2} O_2 \longrightarrow CO$$

② 碳在表面完全氧化,生成二氧化碳。

$$C + O_2 \longrightarrow CO_2$$

③ 碳在表面仅氧化成一氧化碳,然后在离表面很近的气膜中与扩散进来的氧反应生

成二氧化碳,称为一氧化碳滞后燃烧。

$$C+\frac{1}{2}O_2 \longrightarrow CO$$

$$CO+\frac{1}{2}O_2 \longrightarrow CO_2$$

④ 氧气完全消耗于滞后燃烧,故没有到达固体表面。固体表面只有从气相扩散过来的二氧化碳,所以产生还原反应。CO 向外扩散,在颗粒四周的滞后燃烧层燃烧而变成 CO_2,

$$C+CO_2 \longrightarrow 2CO$$

$$CO+\frac{1}{2}O_2 \longrightarrow CO_2$$

图 6 - 2　燃烧碳粒附近 CO_2、CO、O_2 浓度的变化

因此,二氧化碳向两个方向即固体表面和外界扩散。碳表面附近,O_2、CO 和 CO_2 的浓度变化可见图 6 - 2。

目前被大家较普遍接受的是在碳的表面,由于氧气的不足,发生的是碳氧化成 CO 或 CO_2 还原成 CO。然后 CO 向外扩散,在颗粒表面四周的滞后燃烧层(气膜)与扩散进来的氧反应生成 CO_2。CO_2 再向两个方向即固体表面和外界扩散。

试验还发现氧气中微量的水蒸气对 CO 的均相滞后燃烧有很强的催化作用,这种现象验证了前面所述及的 CO 燃烧连锁反应理论。

工业窑炉所用的燃料总含有水分,因此燃烧后的烟气中一定有水蒸气存在。可以认为,煤中的固体可燃物的燃烧是先生成 CO 再生成 CO_2。前者的滞后燃烧发生在离颗粒表面很近的地方。因此只有在供氧不足或温度较低时才能在气相中发现 CO。

(2)燃烧反应过程控制机理

固体碳燃烧过程是扩散控制还是反应动力学控制,是多年来许多学者研究和讨论的问题。尽管判断反应过程中的控制环节对生产过程中如何有效地改善煤燃烧特性非常重要。

最简单的思考方式是把碳看作多孔的颗粒,不含灰分,也没有挥发分。在这一前提下,碳的燃烧反应就可看作在孔隙表面进行的化学反应。其反应速度取决于氧气从气相扩散到反应表面的传质速度和与碳发生的化学反应速度。显然,过程的总速度主要由其中进行得最慢的一步所控制。

在异相化学反应中,碳表面发生化学反应所消耗氧量应等于扩散到表面氧量,即可利

用化学反应速度和气流的扩散速度表示燃料速度,即

$$u=kC=\alpha_{ks}(C_o-C)$$

式中:k——化学反应速度常数;

C_o——气流中(无穷远处)的氧气浓度;

C——碳表面处的氧气浓度;

α_{ks}——扩散速度系数,与气流的相对速度成正比,与粒子直径成反比。

上式可进一步写成

$$u=\frac{C_o-C}{\frac{1}{\alpha_{ks}}}=\frac{C}{\frac{1}{k}}=\frac{C_o-C+C}{\frac{1}{\alpha_{ks}}+\frac{1}{k}}=\frac{C_o}{\frac{1}{\alpha_{ks}}+\frac{1}{k}}$$

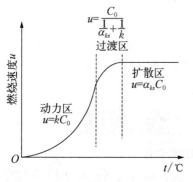

图 6-3 扩散和化学反应控制的范围

如图 6-3 所示,当温度低时,化学反应是燃烧中最慢的步骤。即 k 很小,$1/k$ 很大,所以 $1/k\gg1/\alpha_{ks}$,$u\approx kC_o$,即碳燃烧的活化能与化学反应的活化能相同,化学反应速度控制了碳燃烧速度,我们称其为动力控制区。由于化学反应速度常数与温度关系符合阿累尼乌斯定律,因此此时提高燃烧环境温度是提高燃烧速度的最有效方式。

温度提高后,由于碳的内表面大于外表面,故孔内的燃烧量大大高于外表面。这样总燃烧速度就由孔内的反应速度决定。

高温时,由于碳燃烧过程中化学反应速度大大快于氧气的扩散速度,即 k 很大,$1/k$ 很小,$1/k\ll1/\alpha_{ks}$,故过程只受后者的控制,$u=\alpha_{ks}C_o$,即燃烧处于扩散区。此时改变温度对提高碳燃烧速度的影响不太明显,而提高氧气浓度或增加气流紊流程度则更加有效。

在低温与高温之间,$1/k$ 与 $1/\alpha_{ks}$ 大小相差不多,燃烧处于过渡区,由化学反应、氧气的扩散联合控制:

$$u=\frac{C}{\frac{1}{\alpha_{ks}}+\frac{1}{k}}$$

6.2.2 不同燃料的燃烧过程

1. 气体燃料的燃烧

气体燃料的燃烧一般包括三个基本过程:燃料与空气的混合,混合气体升温着火,燃烧。其中混合速度和混合程度对燃烧速度和燃烧完全程度起着决定性作用。根据燃气与空气的混合方式,可将气体燃料燃烧分成扩散燃烧和预混燃烧。

(1)扩散燃烧

扩散燃烧是指可燃气体与助燃空气不需预先混合,燃烧所需空气由周围环境或相应

管道供应、扩散而来。可燃气与空气在燃烧室内边混合边燃烧,燃烧速度较慢,火焰长而亮,有明显轮廓,所以又称为长焰燃烧、有焰燃烧。扩散燃烧有如下特点:

① 不需要很高的可燃气压力,在一般情况下,只要有 500～3 000 Pa 即可,所以常把有焰烧嘴称为低压烧嘴。

② 由于无回火和爆炸的危险,可以将空气、煤气预热到较高的温度,有利于提高炉温和节约燃料。

③ 火焰较长,需要较大的燃烧空间。它的燃烧速度主要决定于空气、可燃气的混合速度。因此,强化燃烧过程的主要手段是改善空气、可燃气的混合条件。

④ 烧嘴的结构对空气、可燃气的混合速度起着决定性的作用。当其他条件一定时,通过改变烧嘴的结构,就可以得到不同燃烧速度和火焰长度。但应取较大的过剩空气系数($\alpha=1.15～1.25$),否则会出现不完全燃烧现象。

⑤ 在高温缺氧的条件下,可燃气中的重碳氢化合物容易裂解,生成炭黑,造成机械不完全燃烧。同时火焰中生成的炭黑,提高了火焰黑度和辐射换热强度。

2. 液体燃料的燃烧

目前,燃油锅炉、加热炉、工业窑炉等设备使用的液体燃料一般为重油或渣油。由于燃料油的沸点总是低于其着火温度,因此燃料油总是先蒸发成油蒸气,再在蒸气状态下燃烧,其燃烧过程与气体燃料燃烧几乎完全相同。燃料油的燃烧包含了油加热蒸发、油蒸气和助燃空气的混合以及着火燃烧三个过程,其中油加热蒸发是制约燃烧速率的关键。为了加速油的蒸发,扩大油的蒸发面积是主要的措施,为此,油总是被雾化成细小油滴来燃烧。

(1) 液体燃料的雾化方法

燃油的雾化是通过各种雾化器来实现的。雾化器又称喷油嘴,按其工作形式可以分为两大类:机械式喷油嘴(压力式和旋转式)和介质式喷油嘴(以蒸气或空气作为介质)。根据雾化原理不同,工程上常见的雾化方法有压力式、气动式和旋转式三种。

① 压力式(又称机械式)

这类装置利用喷嘴内油压与喷嘴外气压之差使燃油以高速从喷孔中喷出,破碎成具有一定直径分布的液滴群,以满足燃烧的要求,见图 6-4(a)。油压一般为 $(14.7～19.6)\times10^5$ Pa,有的高达 78.5×10^5 Pa,甚至更高。有直流式和离心式两种。

② 气动式(又称介质式)

它利用空气或蒸气作为雾化介质,利用高速气流流出时对液体表面的扰动,使液体破碎并随气体流出,见图 6-4(b)。有高压[用 $(2.94～11.77)\times10^5$ Pa 蒸气或 $(2.94～6.86)\times10^5$ Pa 的压缩空气作为雾化介质]和低压[用 $(3～10)\times10^3$ Pa 的空气作为雾化介质]两种类型。这种雾化方法的雾化质量高,且不随燃油量的变化而变化,如燃气轮机的气动喷嘴、汽油机空气辅助喷射雾化喷嘴等。

③ 旋转式(又称转杯式)

它利用转杯高速旋转产生的离心力将油流雾化。较低压力的液体燃料在流出喷嘴之前被旋转,当薄膜状的液体流出喷嘴后,由于旋转的作用,很快破碎,形成中空的伞状喷雾,见图 6-4(c)。转杯速度一般为 3 000～6 000 r/min。如汽油机缸内直喷喷嘴、部分外燃式动力装置喷嘴等。

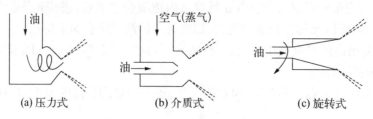

图 6-4　工程上常见的雾化方法

（2）液体燃料的燃烧过程

液体燃料的燃烧是一个边蒸发、边混合、边燃烧的过程。液体燃料的蒸发温度较其着火温度低得多。在燃烧室内，燃料着火前处于蒸气状态，燃油蒸气与空气之间进行扩散、混合，发生化学反应。由于油蒸气与空气之间的扩散、混合速率远远低于化学反应速率，因此类似气体燃料的扩散燃烧。在燃油蒸气与空气之间进行化学反应过程中，如果燃烧温度很高，燃烧室内空气供应不足或者燃油和空气混合很不均匀，就会有部分烃类因高温、缺氧而发生热解、裂化，析出炭黑。当液体燃料急剧受热到 $500\sim600$ ℃时，裂化对称进行，生成较轻的碳氢化合物，有足够氧存在时很快燃烧；急剧受热到 650 ℃以上时，裂化不对称进行，轻的碳氢化合物呈气体逸出，剩下游离碳粒和难以燃烧的重碳氢化合物形成"结焦"，如果随烟气排出，即能见到黑烟。

因此，稳定和强化液体燃料燃烧的基本途径主要有三种，即提高蒸发速率、加强燃油液雾与助燃空气的混合、保证燃烧室内具有足够高的温度。液体燃料燃烧装置的设计与运行管理必须遵循这些原则。

6.3　洁净燃烧技术

燃料燃烧过程产生的污染物种类较多。其中对人类威胁较大的是烟尘、硫氧化物（SO_x）、氮氧化物（NO_x）、一氧化碳（CO）、碳氢化合物（HC）和二氧化碳（CO_2）等。了解燃烧污染物形成机理，探索减少或消除污染物生成的有效办法，实现洁净燃烧，已成为燃烧技术研究的一个重要方向。目前为降低污染、减少能耗、提高生产效率、实现材料工业的可持续发展，一些洁净燃烧新技术已在材料生产中得到应用。

6.3.1　燃烧污染与防治

1. NO_x 的生成与控制

燃料燃烧所生成的 NO_x，主要形式是 NO 和 NO_2（其中绝大部分是 NO）。按 NO_x 的生成机理可分为三种，即燃料型 NO_x、热力型（温度型）NO_x 和快速温度型 NO_x。

燃料型 NO_x 是燃料中的氮受热分解和氧化而生成的。由于在生成 NO_x 的同时，NO_x 还会被氮化合物（NH、HCN 等）和 C、CO 等还原分解，故燃料中氮只有一部分转变为 NO_x。据测定，由挥发分中含氮化合物生成的 NO_x 占燃料型 NO_x 总量的 $60\%\sim80\%$，其余则是焦炭中的氮通过多相氧化而生成的 NO_x，其量较少。因此，减小炉内空气系数或抑制挥发分燃烧区燃料与空气的混合，可使燃料型 NO_x 减少。

热力型 NO_x 是指燃烧用空气中的 N_2 在高温下氧化而生成的氮氧化物。由于燃烧区的温度对 NO_x 的生成具有明显影响，因此又称为温度型 NO_x。苏联科学家捷里道维奇对此进行了研究，提出 NO_x 生成速度表达式，即

$$d[NO_x]/dt = 3 \times 10^{14}[N_2][O_2]^{0.5}\exp(-542\,000/RT) \qquad (6-22)$$

式中

　　$[O_2]$、$[N_2]$、$[NO_x]$——烟气中 O_2、N_2、NO_x 的浓度，mol/cm^3

　　R——通用气体常数，$8.314\ J/(mol \cdot K)$

显然，由式(6-22)可知，燃烧温度越高、氧浓度越高，$d[NO_x]/dt$ 越大，生成 NO_x 越多。因此降低燃烧室内氧的浓度和避免局部高温区是抑制热力型 NO_x 生成的有效方式。

快速温度型 NO_x 一般发生在碳氮化合物较多的燃料燃烧火焰中，此时因火焰里有 CH、CH_2、C 等基团，破坏了空气中 N_2 分子键，使其氧化而生成 NO_x，且生成速度快，故称快速温度型 NO_x。在燃煤火焰中，它只占 5% 以下，故其意义不大。

由上述可见，燃料燃烧所生成的氮氧化物 NO_x 与燃烧温度、燃烧环境中氧浓度及空气系数有密切关系。因此，控制 NO_x 的生成，应从这三个方面着手。目前已在工程实践中采用的 NO_x 控制燃烧技术主要有以下几种：

（1）低过量空气燃烧

低过量空气燃烧是在炉内总体过量空气系数 α 较低的工况下运行。对预混火焰，当空气系数 $\alpha < 1$ 时，增加 α，燃烧温度随之增加，导致 NO_x 增加；当 $\alpha > 1$ 时，氧浓度增加，但燃烧温度大大降低，故 NO_x 反而降低；当 $\alpha = 1$ 时，NO_x 最大。对于扩散火焰，因混合情况较差，故 NO_x 的最大值移至 $\alpha > 1$ 的区域，且因燃烧温度较低，NO_x 最大值降低，如图 6-5 所示。总之，要降低 NO_x，必须在运行中严格控制 α 值，使燃烧在远离理论空气比的条件下进行。

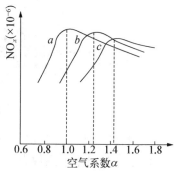

图 6-5　预混燃烧和扩散燃烧的 NO_x
a—预混火焰；b—扩散火焰；
c—混合不良的扩散火焰

一般采用低过量空气燃烧可以降低 15%～20% NO_x 排放。但值得注意的是，采用这种方法有一定的限制。如炉内氧的浓度过低，低于 3% 以下时，将造成 CO 浓度急剧增加，从而大大增加了未完全燃烧损失；飞灰含碳量也会增加，会使燃烧效率降低；还会引起炉壁结渣和腐蚀的危险。因此在锅炉和窑炉的设计及运行时，应选取最合理的过量空气系数，避免出现为降低 NO_x 排放而产生的其他问题。

（2）烟气再循环

将部分低温烟气直接送入初始燃烧区，或与燃烧用空气相混合后送入燃烧区，由于烟气吸热并稀释了氧浓度，使燃烧速度和炉内温度降低，因而可降低温度型 NO_x。

由于该法主要是降低温度型 NO_x，因而在燃气炉中应用较多。燃油和燃煤炉中，因燃料型 NO_x 较多，其生成温度低，故用烟气再循环的效果较差，燃用着火困难的燃料时，会影响燃烧稳定性。

（3）分级燃烧

分级燃烧有空气分级燃烧和燃料分级燃烧两种技术。

空气分级燃烧是目前国内外燃煤电厂采用最广泛、技术上也比较成熟的低 NO_x 的燃烧技术。空气分级燃烧的基本原理是将燃料的燃烧过程分阶段来完成。在第一阶段，将主燃烧器供入炉膛的空气量减少到总燃烧空气量的 $70\%\sim75\%$（相当于理论空气量的 80% 左右），使燃料先在缺氧的条件下燃烧。此时由于过量空气系数小于 1，因而降低了该燃烧区内的燃烧速度和温度，抑制了 NO_x 在这一燃烧区中的生成量。为了完成全部燃烧过程，完全燃烧所需的其余空气则通过布置在主燃烧器上方的专门空气喷口（称为"火上风"喷口）送入炉膛，与在"贫氧燃烧"条件下所产生的烟气混合，在过量空气系数大于 1 的条件下完成全部的燃烧过程。图 6-6 所示为空气分级燃烧原理的示意图。实践表明，采用空气分级燃烧的方法可以降低 $15\%\sim30\%$ 的 NO_x 排放。

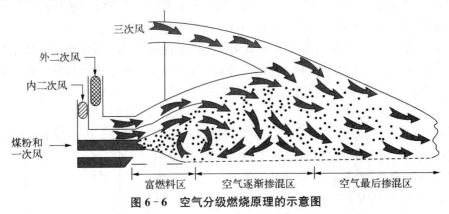

图 6-6　空气分级燃烧原理的示意图

燃料的分级燃烧与空气分级燃烧类似。它先将 $80\%\sim85\%$ 的燃料送入第一级燃烧区，使之在过量空气系数大于 1 的条件下燃烧，并生成 NO_x；其余 $20\%\sim15\%$ 的燃料则在主燃烧器的上部送入第二级燃烧区，在过量空气系数小于 1 的条件下形成很强的还原气氛，从而使得在第一级燃烧区中生成的 NO_x 在第二级燃烧区中被还原成氮分子（N_2）；与此同时，新的 NO_x 的生成也受到了抑制。采用此法可使 NO_x 的排放量降低 50%。

（4）浓淡燃烧技术

浓淡燃烧又称为浓淡偏差燃烧，其工作原理也是基于空气系数 α 对 NO_x 生成量的影响。即使一部分燃料在空气不足、燃料过浓的条件下燃烧，而使另一部分燃料在氧气过浓的条件下燃烧。无论上述哪种燃烧，空气系数均偏离 $\alpha=1$，所以也成为非当量比燃烧。燃料过浓、氧气不足时，燃烧温度较低，燃料型 NO_x、热力型（温度型）NO_x 生成量都较低。在氧气过浓区域，因空气量大，燃烧温度也有所降低，故 NO_x 降低。

另外，缩短燃料在高温区的停留时间，使 NO_x 生成反应不充分，也可以减少 NO_x 的生成量。

习　题

1. 若煤质分析表中列出如下成分：$FC_{ad}=38.6\%$、$H_{ad}=2.6\%$、$S_{ad}=3.8\%$、$N_{ad}=0.8\%$、$O_{ad}=3.1\%$、$M_{ad}=11.0\%$、$A_{ad}=40.1\%$，而工业分析表明，实际水分 $M_{ar}=16\%$。

试求实际燃料的收到基成分及发热量。

2. 已知燃料干燥无灰基成分：$C_{daf}=85\%$、$H_{daf}=6\%$、$S_{daf}=4\%$、$O_{daf}=5\%$，收到基水分 $M_{ar}=18.6\%$，干燥基灰分 $A_d=30\%$。试求燃料的收到基成分及燃料的发热量。

3. 已知某窑炉使用的重油组成如下：

组分	C	H	O	N	S	M	A
含量 /%	87.5	11.0	0.15	0.75	0.5	0.06	0.04

空气系数 $\alpha=1.1$，用油盆为 100 kg/h，计算：
(1) 每小时实际空气用量（Nm³/h）；
(2) 每小时实际湿烟气生成量（Nm³/h）；
(3) 干烟气及湿烟气组成百分率。

4. 已知某窑炉用煤的收到基组成如下：

组分	C_{ar}	H_{ar}	O_{ar}	N_{ar}	S_{ar}	M_{ar}	A_{ar}
含量 /%	75.0	6.8	5.0	1.2	0.5	3.5	8.0

空气系数 $\alpha=1.2$，计算：
(1) 实际空气量（Nm³/kg）；
(2) 实际烟气量（Nm³/kg）；
(3) 烟气组成。

5. 试求 1 kg 如下成分的燃料燃烧时理论所必需的空气量：$FC_{ad}=37.2\%$、$H_{ad}=2.6\%$、$S_{ad}=0.6\%$、$N_{ad}=0.4\%$、$O_{ad}=12\%$、$M_{ad}=40\%$、$A_{ad}=7.2\%$。求过量空气系数 $\alpha=1.2$ 时燃烧产物的容积。

思考题

1. 矿物燃料分哪三类？常见的固体燃料、液体燃料、气体燃料有哪些？
2. 何为生物燃料？目前已在生产与使用的是哪两种？
3. 固体、液体燃料组成的表示方法与气体燃料组成的表示方法有何不同？分别有哪几种？
4. 表示燃料组成的常用基准有哪些？各是什么？
5. 简述气体燃料、固体燃料、液体燃料的燃烧过程。
6. 何为扩散燃烧、预混燃烧？它们具有哪些特点？
7. 燃料燃烧污染有哪些？如何控制？
8. 何谓高温低氧燃烧技术？特点是什么？目前应用现状如何？
9. 全氧燃烧技术概念、基本特征是什么？应用时需解决的关键技术有哪些？

工程案例分析

三氟化氯的彪悍

你有没有想过这世界上存在一种物质，你把它和几乎任何东西放在一起，它都会马上开始燃烧？它可以点燃玻璃、橡胶，也能点燃沙子和岩石；甚至铁、铜、铝等金属，遇到它也会燃起熊熊火焰；即使是著名的防火材料石棉，和它在一起也马上会燃烧；如果你想用水去浇灭火焰，那就相当于用汽油去灭火，它会马上让水也急剧燃烧，并轰然一声爆炸开来。

你可能会说，怎么可能有这样的物质？要是真有这样的物质存在，世界岂不乱套了。

然而它确实存在，世界也没有乱套。它就是三氟化氯，或许是世界上已知最强烈最有效的氧化剂。你不能把它从容器里拿出来，因为它遇到任何东西都会燃烧（我们等会儿再说用什么容器装它）；由于它的燃烧不需要氧气参与，因此干冰灭火器对它也只有干瞪眼；三氟化氯溅到几乎任何东西上，都会不停燃烧，没有什么东西能熄灭它的火焰，所以它一旦到了你的衣服、房屋或你的身体上，除了等它自发燃完，你几乎没有任何办法；通用化学公司在把一吨三氟化氯装进钢瓶时，曾自作聪明地先用干冰冻了一下钢瓶，结果钢瓶变脆，发生破裂，三氟化氯从容器中泄漏出来，下面30厘米厚的混凝土和90厘米厚的砾石被完全烧穿，整个地区都充满了浓烟，周围居民不得不紧急疏散。

最恐怖的是，三氟化氯燃烧时会产生各种可怕的气体，其中最可怕的是氢氟酸烟雾，具有极为强烈的毒性；最最恐怖的是，这种烟雾一旦到了你的皮肤上，皮肤就会吸收它，让它进入你的血液，与钙发生反应，终致心脏骤停；最最最恐怖的是，这种死亡需要两周的时间，虽然你可以用葡萄糖酸钙进行治疗，然而它进入你身体时，实际会马上损坏你的神经，你根本不会觉得自己已经受伤，而是在一天之后，烧伤才会出现，那时候往往一切都已经晚了。

三氟化氯如此厉害，人们当然希望能好好利用它了。纳粹曾想用它做武器，计划每月生产90吨，然而成本高昂又极难处理，到1945年工厂被占领时，也仅仅生产了30到50吨；美国曾希望将它作为火箭推进剂，因为它密度大，反应迅速，燃烧猛烈，可以说是火箭最理想的燃料，然而它燃烧太过猛烈，燃烧室温度接近4000 K，这让制造发动机变得非常困难，即使在发动机试车时获得了理想的燃烧效率，最后还是不得不放弃了。所以到现在为止，三氟化氯也只有一些零星的应用，比如清洁半导体行业的化学气相沉积室，生产六氟化铀，用于核燃料的处理等。

既然三氟化氯如此彪悍，和任何东西都反应激烈甚至燃烧爆炸，人们究竟用什么东西来容纳它呢？刚才已经说了，其实它可以装在钢、铝、铜等容器里，因为它可以在这些金属的接触面形成一层稳定的氟化物薄膜，和金属隔离开来，就像铝表面的致密氧化铝一样，保护铝不被进一步地氧化，所以可先用氟化物气体处理钢瓶表面后再装入三氟化氯。然而这层氟化物如果被融化或划伤，你就不要想着如何补救了，你能做的唯一一件事，就是马上逃之夭夭，并警告所有人赶快撤离！